环境友好型智慧风电

ENVIRONMENTALLY FRIENDLY SMART WIND POWER

吴智泉 编著

内 容 提 要

本书分析了百年未有大变局之下，风电在推进“双碳”目标与构建新型电力系统中的关键作用及落实好新型工业化与新质生产力发展要求的必要性，从我国可再生能源的发展现状出发，总结了风电发展对可再生能源行业的影响，分析了风电发展面临的技术挑战，在此基础上提出环境友好型智慧风电的基本概念与发展思路，结合实际案例，从全生命周期角度系统介绍了相关技术并简要展望环境友好型智慧风电的发展趋势。

图书在版编目（CIP）数据

环境友好型智慧风电 / 吴智泉编著. —北京：中国电力出版社，2024.5（2024.6重印）
ISBN 978-7-5198-8844-2

Ⅰ. ①环… Ⅱ. ①吴… Ⅲ. ①智能技术–应用–风力发电 Ⅳ. ①TM614-39

中国国家版本馆 CIP 数据核字（2024）第 080902 号

出版发行：中国电力出版社
地　　址：北京市东城区北京站西街 19 号（邮政编码 100005）
网　　址：http://www.cepp.sgcc.com.cn
责任编辑：薛　红　马雪倩
责任校对：黄　蓓　朱丽芳
装帧设计：赵丽媛
责任印制：石　雷

印　　刷：北京瑞禾彩色印刷有限公司
版　　次：2024 年 5 月第一版
印　　次：2024 年 6 月北京第二次印刷
开　　本：710 毫米 × 1000 毫米　16 开本
印　　张：20
字　　数：293 千字
定　　价：112.00 元

前　言

千里之行，始于足下。我国现代风力发电事业起步于 1986 年。此后，一座座里程碑勾勒了风电发展的披荆斩棘之路。2001 年，我国自行设计生产的首台风力发电机并网发电；2006 年，《中华人民共和国可再生能源法》施行后，我国风电产业化发展加速；2010 年，中国风电装机规模超越美国，成为世界风电第一大国；2021 年，中国风电并网装机容量突破 3 亿 kW 大关；2023 年，我国风电装机容量达 4.4 亿 kW，已连续 14 年装机总量位居全球第一。

积跬步，求突破。从无到有，从弱到强。中国风电人风雨兼程，从跟跑、并跑，实现了全球领跑。数字孪生、大数据、物联网与风电技术融合发展的今天，我国风电产业装机规模保持领先，风力发电机组的制造、风电场运营相关技术水平持续提升，应用场景更加广阔多元。风电已成为我国能源绿色转型发展的推动者、生态文明建设的实践者、“双碳”目标实现的引领者、新型电力系统的先行者、新型工业化的贡献者、新质生产力的落实者。2024 年是“四个革命、一个合作”能源安全战略提出十周年，在奔山赴海的征程中，风电行业更应正视挑战与机遇。作者认为撰写《环境友好型智慧风电》，与业内同仁们共同探讨风电发展的现在和未来十分有必要。

本书绪论中梳理了百年未有之大变局、新型工业化的新形势、新机遇、新要求下风电的发展脉络以及风电落实新质生产力要求的发展思路。正文共分为 8 章：第 1 章回顾了风电发展的历程与面临的基本挑战；第 2 章是全书的顶层设计和指导思想，提出了环境友好型智慧风电的概念及其发展思路和逻辑；第 3～第 6 章围绕风电的智慧化和环境友好，从全生命周期的角度，梳理和研究了规划建设期、运行维护期以及关键基础设施的相关主要技术；第 7 章结合前文研究成果，分别列举了陆上与海上风电的实际案例；第 8 章对环境友好型智慧风电的发展进行简要展望。

风力发电是新型电力系统的重要组成部分，风电产业是新型工业化的重要组成部分，风电也将在新质生产力发展中提供新动能。因此，要站在能源变革和新型工业化两个角度审视和谋划风电行业与产业，还应从锻造新质生产力的高度思考风电自身的发展及与其他产业的创新融合发展。智慧风电不仅具有学习性、成长性、开放性、异构性的基本特征，还与自然环境、生态环境、人文环境和电网环境实现高度融合，唯有实现环境友好和内部交互友好才能推进智慧风电高质量发展。通过科学合理的规划、建设和生态修复措施以及多种技术手段，实现风电开发的生态环境友好、自然环境友好、人文环境友好、电网环境友好和全生命周期环境友好。

本书的完成得益于国家电投集团云南国际电力投资有限公司和国家电投集团科学技术研究院有限公司同事们的倾力付出，得到了国家电投集团广东电力有限公司等单位的帮助，使本书内容更加系统充实，多位优秀学者在本书的研究中提供了帮助和支持，在此表示诚挚的感谢。

本书基于作者对能源行业发展的系统思考，希望能够助推我国风电抓住百年未有之大变局与新型工业化发展新机遇，在落实新质生产力发展新要求中，乘势而上，乘风而起。

由于时间、精力有限，虽力求完美，仍难免有疏漏不足之处，还请行业内外专家、学者、同仁与广大读者批评指正。

作　者

2024 年 3 月

目 录

绪论

0.1 百年未有大变局之“变”

当前，世界百年未有之大变局加速演进，世界之变、时代之变、历史之变正以前所未有的方式展开，已不再是一时一事、一域一国的独立变革。深刻认识百年未有之大变局，需要多维度、多层次的分析，而贯穿各维度和层次的主线则是人类对美好生活的追求。纵观人类发展史，每一次美好生活的更高实现，都有新的能源品种及其利用方式出现。能源，始终是民族繁荣昌盛、国家兴旺发达、人民生活幸福的基石。

18 世纪中叶以来，人类历史上先后发生了三次工业革命，第一次工业革命开创了“蒸汽时代”，煤炭取代柴薪成为主力能源；第二次工业革命开创了“电气时代”，电力、钢铁、铁路、汽车等重工业兴起，石油成为新能源，推动交通的迅速发展；第三次工业革命开创了“信息时代”，全球信息和资源交流变得更加便捷和深入。三次工业革命将人类发展带入空前繁荣的时代，与此同时，化石能源的大量利用也带来很多负面影响，造成巨大的能源、资源消耗，付出沉重的环境代价、生态成本。人与自然之间的矛盾，迫使人类重新审视自身发展。

在历史与未来接续交汇、中国与世界密切合作的新时代，全球能源系统平衡风险加剧，无论是既有能源发展，还是新能源产业变革，都面临严峻的形势。2022 年，化石能源在全球能源消费中的占比仍高达 82%，全球总计温室气体排放量达到 574 亿 t 二氧化碳当量，再次刷新纪录。人类面临空前的全球能源与资源危机、生态与环境危机、气候变化危机多重挑战。

为共同应对气候变化挑战，减缓全球变暖趋势，2015 年 12 月，联合国第十二次巴黎气候变化大会达成《巴黎协定》，这是人类历史上第一个关于气候变化的全球性协定，其长期目标是在21世纪末将全球平均气温较前工业化时期上升幅度控制在2℃以内，并努力将温度上升幅度限制在1.5℃以内。2023年12月，在阿联酋迪拜举行的《联合国气候变化框架公约》第二十八次缔约方大会达成的最终协议中，近200个缔约方代表一致同意“以公正、有序、公平的方式减少能源系统对化石燃料的依赖，在这关键的10年加快行动，以便在2050年实现与科学相符的净零排放”，同时呼吁在2030年前将全球可再生能源产能增加2倍，展现出发展清洁能源、加快绿色转型的强大决心。

全球气候治理将各国的利益紧紧联结，中国作为协定的重要缔约方，积极承担大国责任。面对国际形势的深刻变化和世界各国同舟共济的客观要求，我国统筹中华民族伟大复兴战略全局和世界百年未有之大变局，提出构建人类命运共同体理念，展示了协和万邦的胸襟，体现了天下为公的担当。共建“一带一路”倡议正是这一理念的重要实践。

共建“一带一路”十年，能源行业硕果累累，为建设更加美好的世界提供了中国方案。中国能源企业积极与相关国家和地区签署战略合作协议，在共建“一带一路”国家绿色低碳能源的投资已超过传统能源，推动中国清洁能源领域先进技术、重大装备、产业标准走向世界，将能源高质量转型发展的中国标准、中国技术、中国方案、中国制造转化为新的国际合作增长极。

这正是百年未有大变局下，给中国，给中国能源行业带来的新使命、新机遇、新挑战和新任务。

百年未有之大变局下，能源安全愈加成为攸关国家经济发展的主动脉。目前，我国国家能源安全外部环境面临前所未有的挑战，作为正在加速工业化的大国，电力需求持续刚性增长，叠加应对气候变化的现实需要、化石能源短缺与低碳经济发展的背景，加速可再生能源发展成为保障国家能源安全、实现经济可持续发展的必然要求。

当前中国的能源结构中，低碳能源技术经济条件可有效规模利用的主要是风、光、水、核和生物质五类。其中，水电受制于水资源的潜能和相对“挑剔”的开发条件与开发周期，核电主要受安全、布局、周期较长等因素制约。而其他品种的低碳能源，比如波浪能、潮汐能、温差能等，在短期内很难看到大规模发展的技术和经济可行性。这就意味着未来很长一段时期，超常规发展风、光和生物质等可再生能源是实现“双碳”目标的必然选择。

作为当前碳排放量最低的发电方式，风电的技术进步将可再生能源绿色溢价一降再降。根据国际可再生能源署数据，2022 年新增陆上和海上风电的全球加权平均度电成本相比 2010 年分别下降 69%和 59%，陆上风电已经比最便宜的化石燃料还要低 50%左右，成为全球最低廉的电力。可以预测的是，风力发电将强势替代燃煤发电，大幅贡献二氧化碳减排额度，成为我国以及全球实现碳减排的重要路径。

0.2　新型工业化之“新”

我国新型工业化发展取得了一系列历史性成就，全部工业增加值于 2022 年突破 40 万亿元大关，制造业规模已经连续 14 年居世界首位，形成了具有中国特色的发展优势。一方面，通过发挥集中力量办大事的体制机制优势，为新型工业化培育了优渥的发展土壤。另一方面，全球范围内，我国是唯一拥有联合国产业分类中全部工业门类的国家，产业体系完备健全，为新型工业化的推进提供了扎实的发展基础。在此基础上，2018 年，“新基建”概念在中央经济工作会议中被提出，此后，我国的交通、物流、通信、网络等基础设施及配套服务发展快速，使新型工业化的发展具备了可靠、全面的保障基础。并且，随着经济的飞速发展，国内与国际市场规模齐头并进，给新型工业化的发展创造了公平高效的商业环境。

2023 年，我国重点工业领域取得了诸多全球瞩目的重大成果，C919 大型国产客机、首艘国产大型邮轮“爱达·魔都号”、中国空间站、“海上巨无霸”中国海油“深海一号”能源站等大国重器先后亮相，我国的新型工业化已经奋力加速在发展的高速路上。2023 年 9 月，全国新型工业化推进大会作出“以中国式现代化全面推进强国建设、民族复兴伟业，实现新型工业化是关键任务”重要指示。

工业，一直是国家国民经济的主体构成和增长引擎，是国家综合实力的体现。从总量看，我国工业体系齐全且具有规模发展优势，产业韧性强，有很大的升级发展空间。从发展水平看，我国工业产业结构持续优化，尤其在钢铁、有色、石化、化工、建材、机械、汽车、电力装备、轻工业、电子信息制造业这 10 个重点行业，优势产品不断涌现，带动相关产业快速发展。

但也应看到，全球重大前沿技术和颠覆性技术加速突破的当下，我国工业经济仍处于恢复增长和转型升级的关键期，重点产业链脆弱、关键技术“卡脖子”、制造业“大而不强”与“全而不优”等内部问题仍然存在，来自外部的压力也不断增大。在机遇与挑战面前，新型工业化的发展将更多体现在“新”上，为我国工业发展注入“新”动力，推动我国工业发展取得“新”突破。

新型工业化之“新”体现智慧化发展。在工业发展由大变强的重要关口，改变关键技术“卡脖子”的困境，需要突出科技创新的驱动作用，打通从技术到产业的良性发展模式，中国不仅是全球最大的生产工厂，也将发挥全球技术创新的关键推动力量。在奔腾的数字经济大潮中，随着人工智能（artificial intelligence，AI）、大数据、云计算等技术的快速发展应用，数据要素价值不断释放，数字化日益成为时代发展的基调，推动新产品和新工艺的研发，数字化赋能工业发展将成为新型工业化发展的重要抓手。新型工业化的发展需要数字技术的支持，尤其在战略性新兴产业和未来产业的培育中，新型工业化将不是简单地展现智能，而是展示出“类人”的智慧特征。

新型工业化之“新”要求低碳化转型。与传统工业化高消耗、高排放、低效率的生产方式相反，绿色低碳是新型工业化的生态底色。新时代生态文明建设的核心思想是理顺高质量发展和高水平保护之间辩证统一关系的指导思想和理论基础，绿色发展理念将帮助新型工业化找到降本增效提质的关键钥匙。生态优先、绿色低碳的高质量发展不能单纯依靠高水平保护，更需要清洁能源、环保生产工艺、高效管理流程的综合投入。我国已经作出了碳达峰碳中和的庄严承诺，这是推动经济结构转型升级、形成绿色低碳产业竞争优势、实现高质量发展内在要求的深思熟虑，将促进我国新型工业化更健康、更持续的发展，同时，新型工业化也将助推我国包括能源行业在内的双碳事业稳步前进。

新型工业化之“新”形成链条化建设。新型工业化是一项复杂多元的系统工程，涉及产业、数据、金融、贸易、科技、区域、环境、人才等方方面面。产业链、供应链在关键时刻不能掉链子，这是大国经济必须具备的重要特征。产业链、供应链、创新链是新型工业体系的重要抓手，通过延链补链强链夯实发展基础，深挖发展潜力，增强链条韧性，通过技术链、数据链、金融链、人才链形成价值链群生态，链条化构成现代化产业体系的发展网络。产业链不断优化、延伸、升级，价值提升培育新增长、新动力，促进形成“点－链－面”相结合的创新发展模式，推动各类创新要素加速向产业汇集，形成产业发展优势，构筑适宜产业成长的内外部环境，使现代化产业体系不断得到完善。

风电是工业体系中不可小觑的重要组成部分。风力发电机组的平台化、模块化、标准化、智慧化发展是新型工业化技术创新的标杆；风力发电机生产厂商作为可再生能源行业的重要成员，率先开展绿色低碳管理，是新型工业化低碳发展要求的先锋队伍；风电产业园、多能互补能源基地、海上风电产业已形成产业发展生态圈，是新型工业化“点－链－面”发展模式的典型案例。目前，我国风电装备产量占全球 2/3 以上，是全球范围内最大风电装备制造基地。我国的风力发电机组大型化发展特征突出，发展速度全球遥遥领先，将推动新材料、新技术研发，倒逼可靠性提升，进一步促进成本降低。我国的风电技术、风电工业、风电产业已形成自身良性发展循环，将在新型工业化发展的新要求下继续领跑。

从历史发展的角度来看，推进新型工业化是巩固提升高质量发展成果以及建设社会主义强国的必由之路，是在百年未有大变局为背景的新一轮科技革命和产业革命中，抓住机遇，构筑起强大产业体系的关键任务。清洁能源领域多种新技术融合发展及清洁能源产业链构建将持续为新型工业化提供动力，提升经济性竞争力。清洁能源的基础设施建设和清洁能源发展所依赖的关键原材料成为各国新的博弈焦点，未来成为主体能源的可再生能源将重塑全球能源地缘版图。当前，全球清洁能源正以前所未有的速度进行技术迭代。清洁能源产业，尤其是先进风电产业，与现代化产业体系相辅相成，共同将绿色的中国制造带入更高端的市场，让中国智慧、中国方案在全球的影响不断扩大。

0.3 大风起天地之“大”

人是自然的有机组成部分，与自然是相互作用、不可分割的统一整体，人与自然的和谐共处直接关系到人类自身的命运，是人类生存和发展的基础。尊重自然、顺应自然、保护自然，方可实现文明发展；无视自然、破坏自然，人类将成为无本之木[1]。风力发电作为人与自然和谐共生的绿色样本之一，承载着人类对美好生活的愿景。

我国风电经历 40 余年的发展，实现了从无到有，从弱到强，再到领先的发展历程，装机规模快速增长，政策体系逐步完善，技术水平显著提升，开发布局不断优化，且形成了成熟稳定的商业模式，构成了与煤电竞争的经济性优势，从补充能源进入到替代能源的发展阶段。

风电是我国打赢脱贫攻坚战的重要能源力量，并从产业、民生、教育、就业等多方面在乡村振兴中持续发挥作用，为我国乡村电气化发展、农村绿色能源体系建设、能源结构低碳化发展做出了重要贡献。

风电已成为我国能源转型发展的重要名片，擦亮美丽中国的绿色底色。2022 年初，当张北的风点亮北京的灯，中国的风电与北京冬奥会同受瞩目，一台台风力发电机，源源不断送出清洁电力，向全球展示了中国能源转型的风电篇章[2]。

我国是全球最大的风电装备制造业基地，也是整机和零部件的重要出口基地。全球多个国家的广袤土地和浩瀚海域都树立着中国制造的大型风力发电设备，它们源源不断地将风能转化为绿色电力。在彭博新能源财经发布的2022年全球风电整机制造商新增吊装容量排名中，中国企业在榜单前十名中占据六席。

2023年5月，我国自主研发的MySE10.X－23X陆上风电机组正式下线，该机组叶轮直径长230余米，刷新了全球已下线陆上风电机组叶轮直径最大纪录，并且针对三北地区超低温环境特点，以及“沙戈荒”风电大基地的极端环境条件，机组创新性采取抗低温、防风沙等系列设计方案，有效应对高温、严寒、风沙等极端环境条件，是我国超大型陆上风电机组研发、设计、制造一体化能力达到世界领先水平的代表。

经过多年的稳步发展，我国海上风电也已经具备了大规模开发的基础。2023年，大规模海上风电开工、并网消息频出。11月，山东1600MW海上风电项目启动；12月，粤港澳大湾区首个百万千瓦级海上风电项目全容量并网，年发电量约30亿kWh。

在海南文昌136km之外的海上油田，“海油观澜号”装机容量7.25MW，整体高度200m，吃水总重达11000t，投产后年发电量将达2200万kWh，是我国第一个工作海域距离海岸线100km以上、水深超100m的浮式风电平台，为我国风电开发从浅海走向深海奠定坚实基础。值得一提的是，这座“海上摩天轮”也是全球首个给海上油气田供电的半潜式深远海风电平台，其所处海域最深最远，环境最恶劣，单位兆瓦投资、单位兆瓦用钢量、单台浮式风力发电机容量等多个指标处于国际先进水平[3]。

2012年以来，清洁低碳的新动能风电机组装机容量节节攀升。大数据、物联网、人工智能、云计算等互联网技术融合发展，助力风电实现从项目开发、工程建设到运行维护全生命周期的智慧化管理，为风电产业高质量发展赋予科技力量。面对资源约束越发趋紧、环境保护更加重要、生态系统治理标准逐步提升的新形势，风电比之前更加承担人与自然和谐共生的中国式现代化新使命、新期待。

0.4 长风破浪时之“破”

风伴随地球而生，无论是凉风习习还是秋风瑟瑟，风无时无刻，或呢喃或诉说或怒吼它的存在。风能是地球与生俱来的能源，且可再生、零污染，风能的能量储备巨大，理论层面，1%的风能即可满足人类全部的能源需求。

人类对风的探索由来已久，当世界经济摆脱对化石能源的依赖，当全球能源版图面临革命性重构，预示着地球上普遍存在的风，在很大程度上抹平了各国在自然资源上的差距，预示着未来风电利用的重点将不再是资源争夺，而是技术竞争。面对气候变化给人类生存和发展带来的严峻挑战，绿色发展成为中国一切发展的指南。

然而，随着风电发展进入快轨，其分散度高、能量密度低、稳定性差、区域差异化显著等明显区别于其他能源的特征，给发展带来全新挑战。由于电网建设相对滞后于风电场建设，加之新增风光发电并网规模大、灵活调节电源少、外送能力不足、跨省跨区市场不成熟等因素，严重的弃风现象一度限制风电的装机速度。

全球风电产业一路高歌猛进的同时，安全和生态隐患也日渐凸显，倒塔、起火、叶片断裂，运输、吊装中的安全事故逐渐繁密，已引起各方的重视。相较于高碳排、高污染的化石能源，风电是公认的绿色能源，在节能减排、降低污染方面具有绝对优势。但是风电的开发和运营对植被、动物、水土、气候等自然条件以及人类居住环境带来各种可见或正在显现的影响。

另外，我国陆上风能资源主要集中在西北大部分地区、华北北部地区、东北大部分地区、沿海地区以及青藏高原内部腹地，用电负荷主要集中在中东部和南方地区，由此带来的跨省区输电压力较大。加之风电的波动特性，对输送通道和调峰能力的配套建设提出了更高要求。

根据中国气象局风能资源详查初步成果，我国 5～50m 水深线以内海域、海平面以上 70m 高度范围内，风电可装机容量约 5 亿 kW[4]，考虑技术进步后，70m 高度以上的可开发量，海上风资源储量更为丰富，大规模开发优势十分突出[5]。资源及区域优势为海上发电提供了便利条件，加上海风平稳、风速高、风切变小，海上没有静风期等海上风电自身的优势，为其增添了巨大的发展空间。但相比陆上风电，海上风电的机组安装是在风、海浪、洋流耦合环境下，载荷工况更为复杂，海上的高盐雾、高湿度环境对防腐要求更高，不同海域，如北方海域的浮冰、南方海域的台风等恶劣气候不尽相同，使海上机组的设计、安装、运维技术更为复杂。

这些需要突破的技术难题是挑战，更为风电发展指明了前进方向。2024 年 1 月，我国首个可并网的兆瓦级高空风能发电示范项目在安徽绩溪成功发电。该项目总装机容量 2×2.4MW，采用陆基伞梯组合型高空风能发电技术，该技术原理类似于放风筝，通过飞行器利用 500m 以上高空风能，带动缆绳在地面做功发电。高空风资源具有储量丰富、稳定、风速高等优点，高空风电技术代表陆上风电技术的最前沿，是风电面向更高、更远的发展需求不断技术破局的印证。

随着“一带一路”和“中国制造 2025”等国家战略的推进，我国风电制造企业加快了高端装备制造“走出去”的步伐，为我国风电技术的广泛应用开辟了更为广阔的市场，带来了更好的发展机遇。智能制造和绿色能源这两个新型工业化发展的重要抓手，恰好是风电发展的核心竞争力和目标。依托技术优势，我国风电已经建立了完善的技术链、产业链、供应链、人才链，全球统一大市场为风电的发展提供了良好的商业土壤，将继续滋养中国风电持续提升绿色价值。风电的发展必将是百年未有大变局下能源变革的突破口，风电也必然成为新型工业化的重要组成部分和关键能源保障。

“双碳”时代，我国对风的驾驭越来越纯熟，以数字化、智慧化、网络化、低碳化为特征，整体已处于风电产业全球领先水平，形成了风电制造核心技术集群。在推动高质量发展的新时代要求下，应当关注到 AI 技术给未来带来的更多可能性，拥抱 AI 技术的风电将变得更加智慧。海量优质数据的积累不断提高模型计算及预测精度，已开始改变风电的制造、运维模式。随着学习理解能力的加强，AI 技术将进一步融入产业的方方面面，如开发环境评估、气象预测、电网主动支撑、碳足迹评价、生产运维人员身心健康监测等等。从解决，到预测，再到推动，其带给风电行业的将是颠覆性的业态改变。

瞬息万变的未来已来，风电必须勇立风口，享受赋能，主动迎接风起云涌，因地制宜发展新质生产力是推动高质量发展的内在要求和重要着力点。新质生产力本身就是绿色生产力，以科技创新为核心要素，催生新产业、新模式、新动能。新质生产力将从战略和应用层面推动培养更多新型劳动者，基于原创性技术、颠覆性技术创造更多新型劳动工具，并将劳动对象延伸至数据等不受空间和时间限制的非物质形态资料，同时，不断优化创新，催生更加丰富多元的生产关系。绿色风电产业的发展思路要更好地落实新质生产力快速发展要求，在发展中将不断重塑生产要素，驱动产业链延伸，打造产业生态圈，加速生产关系迭代，实现附加值增加，为高质量发展注入新动能。

站在重要的历史发展十字路口，从科技创新出发，风电发展迫切需要智慧化和环境友好两方面要素突破发展困境，保持发展优势，充沛发展新动能。立于数字潮头，把握风电频率，紧握绘就美丽中国新画卷的风能画笔，陆海齐鸣，绿意涌动，让风吹向更加绿色清洁的未来，将中国新型工业力量吹遍全球。

第 1 章

风电发展现状及挑战

1.1 引　　言

风能作为一种清洁的可再生能源，一直受到广泛关注。随着我国能源转型战略和“双碳”目标的推进，风电发展再次加速，必须科学认识可再生能源在我国能源结构中的重要地位，同时，必须深刻总结风电开发对未来可再生能源发展的支撑作用，预测其发展趋势，正视发展中存在的问题。环境友好型智慧风电是先进风力发电技术发展的产物，与数字化、信息化、智能化发展水平密切相关，具有更强的学习性、成长性、开放性、异构性、友好性，是实现我国风电高质量发展的必经之路。研究和发展环境友好型智慧风电具有重要意义。

1.2 我国可再生能源发展情况

1.2.1 可再生能源作用

人类祖先很早就懂得借助自然力便利生产，如利用高山流水带动水车臼米磨粉，利用风力行船运输，利用阳光烘干食品等。进入工业时代，机械化生产作业给人类带来更多财富以及生活上的便捷，同时也带来了前所未有的挑战[6,7]。一方面，工业时代大量化石能源的使用引起环境污染以及气候变暖等问题，数次石油危机给经济带来重创甚至倒退。另一方面，化石能源是有限的，许多矿区产量大幅下降，面临枯竭甚至早已枯竭。

可再生能源是自然界中可以不断再生并有规律地得到补充或重复利用的能源[8,9]。相比传统能源，使用可再生能源发电或产热不会产生二氧化碳和其他温室气体，几乎不产生与空气污染相关的氮氧化物、氧化硫和颗粒物等排放，对环境和人类健康的不利影响都要小得多。

随着社会和经济的快速发展、新型工业化进程的不断深入、能源需求量的持续增长，对我国来说，发展可再生能源有多方面作用。简单来说，有以下 3 个方面。

（1）保证能源安全。在未来较长时间内，全球都将面临严重的能源安全问题[10,11]。发展可再生能源可以降低对化石能源的依赖，将在保障能源安全方面发挥十分重要的作用。

（2）减少环境影响。以煤炭为主的能源消费结构和单一的能源消费模式带来严重的环境问题，在“双碳”目标背景下，发展可再生能源可以降低二氧化碳等温室气体排放，有效应对气候变化。

（3）促进经济增长。加快发展可再生能源可有效带动装备制造业等相关产业发展，是调整产业结构、促进经济发展方式转变的有效途径，有望成为当前全球经济增长的新引擎。

1.2.2 我国可再生能源发展趋势

我国已建成全球最大的清洁发电体系，根据国家能源局发布的全国电力工业统计数据，截至 2023 年底，我国电源总装机容量 29.2 亿 kW，其中，风电装机容量约 4.4 亿 kW，同比增长 20.7%；太阳能发电装机容量约 6.1 亿 kW，同比增长 55.2%。中国电力企业联合会发布《2023—2024 年度全国电力供需形势分析预测报告》指出，2023 年，非化石能源发电装机容量占总装机容量比重首次超过 50%，达到 53.9%，取代火电成为主力电源；非化石能源发电投资持续增长，占电源投资 89.2%；并网风电和太阳能发电总装机容量突破 10 亿 kW；预测 2024 年累计并网风电将达 5.3 亿 kW、并网太阳能发电 7.8 亿 kW，并推算该年度我国风电新增装机容量约 89GW，光伏新增装机容量约 171GW。

根据全球能源互联网发展合作组织发布的《中国 2030 年能源电力发展规划

研究及 2060 年展望》预测，2025 年，我国煤电装机容量达峰。2030 年，电源总装机容量 38 亿 kW，其中，清洁能源装机容量 25.7 亿 kW，占比 67.5%；风电、光伏装机容量分别为 8 亿、10.25 亿 kW，合计占比 48%[12]。

按照国家能源局的研判，我国可再生能源呈现大规模、高比例、市场化、高质量发展的新特征，市场活力充分释放，产业发展领跑全球，已经进入高质量跃升发展新阶段。预计 2025 年，我国风电和太阳能发电量将在 2020 年的基础上翻一番，在全社会新增的用电量中，可再生能源电量将超过 80%。

1.3　我国风电产业发展情况

风能是指空气流动所产生的动能，具有分布广、不均匀、不稳定、能量密度低等特点，是由于太阳辐射造成地球表面各部分受热不均匀，引起大气层中压力分布不平衡，在水平气压梯度的作用下，空气沿水平方向运动所形成的。

1.3.1　我国风能资源分布特点

由于季风气候显著，我国风能资源十分丰富，然而受多种因素影响，我国风能资源分布并不均匀。

我国风能资源受季节性和地域性影响较大。大部分地区夏季风速较弱，冬季风速强，春秋风速稳定。东部沿海地区受季风影响，风速较为稳定但相对较低，适合建设大规模风电场。内蒙古、新疆、青海、甘肃等地风能资源较为丰富，风速较高，同样适合建设大型风电项目。西藏和西南地区由于地形复杂和海拔较高，风能资源相对较弱，适合开发小型风电项目。

我国地形复杂多样，从平原到高山，随着海拔的增加，风速通常会相应增加，但高海拔地区气候条件相对恶劣，且地形多变，导致风电场复杂性增加，风能设备的运行和维护难度更大，需综合考虑设备布局和风电场设计，除了传统大型风电机组外，也可以考虑利用小型风力发电设备，以适应地形复杂的特点[13–15]。

1.3.2 我国风电产业发展阶段

我国风电产业的发展通常可以划分为以下 4 个主要阶段[16–19]。

1.3.2.1 起步阶段（1970 年代—1980 年代）

该阶段，风能被认为是一种潜在的可再生能源，但技术和商业应用处于起步阶段，主要是技术验证和概念探索。主要开发了小型风电机型尝试小规模建立和测试，建设了一些小型示范风电场，如山东荣成风电场、新疆达坂城风电场的一期和二期项目等，这个时期的建设及生产中，我国在风电场的前期选址与风电场设计、风电场设备运维方面积累了一定经验。

1.3.2.2 实验阶段和技术改进（1990 年代—2000 年代早期）

该阶段开启了风能技术的一系列改进，包括风力发电机组设计、材料选择和风电场布局优化，中华人民共和国科学技术部通过国家 863 专项计划和科技攻关项目促进了技术的改进和提升。在该阶段，我国建立了强制性的收购、还本付息电价和成本分摊等制度，促进了风电场建设的发展，并鼓励风电商业化应用，开始建设小型商业化项目。

1.3.2.3 商业化和扩张阶段（2000 年代中期—2010 年代）

该阶段是风电实现规模化发展的过渡阶段。政策的推动促进风电市场在一些国家迅速增长，风电开始成为主要的可再生能源之一，风电产业逐渐迈向商业化。该阶段，风电技术成熟度大幅提高，风力发电机容量和效率显著增加，风电场规模扩大，我国 200～750kW 风电设备国产化率超过 90%，兆瓦级风电机组研制成功并且并网发电。

1.3.2.4 成熟和国际化阶段（2010 年代后期至今）

该阶段，风电已经成为全球能源转型的重要组成部分，风电技术继续发展，特别是海上风电取得了重要进展。风电整机制造能力大幅提升，目前，5MW 以

上大型风电机组实现规模化生产，并且技术还在不断发展和进步。在 2023 北京国际风能大会暨展览会（CWP2023）上发布了最新最大风力发电机单机容量，海上达到了 22MW、陆上达到了 15MW 的规模，其中，陆上 15MW 机组已于 2024 年 1 月成功下线，并以 131m 取得全球最长叶片新突破。风电产业国际化程度逐渐增加，海外风电项目投资大幅提高。同时，风电成本不断下降，对传统能源的竞争性持续增强。

总体来讲，我国风力发电装机容量在 2000 年至今迅猛增长，新能源高比例发展，风电呈百倍增长，对电源结构快速调整，绿色低碳转型成效非常显著。图 1－1 是 2012—2023 年中国风电新增和累计装机容量情况。

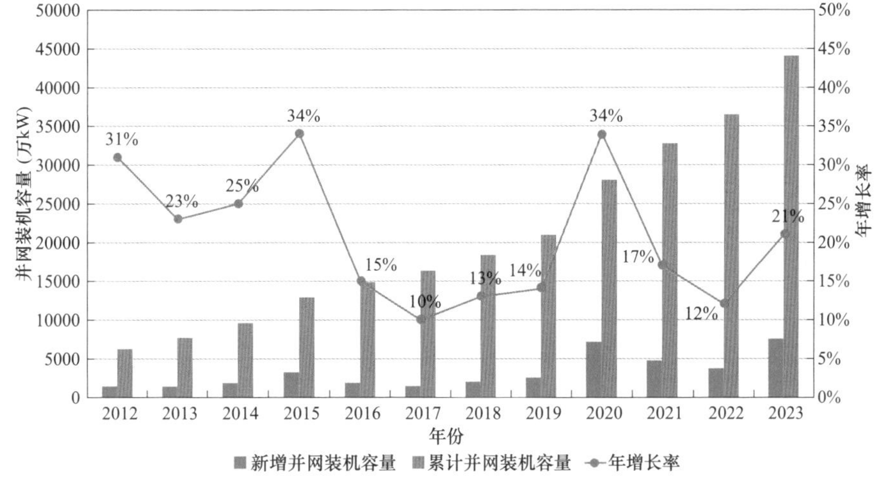

图 1－1　2012—2023 年中国风电新增和累计装机容量

1.3.3　我国风电产业发展形势

随着我国能源转型日益深入，对可再生能源的支持和投资力度加大，风电装机容量将不断增加，且随着新型工业化推进，我国风力发电机制造将进一步领跑国际市场。然而，风电产业发展需要密切关注技术发展、政策形势以及市场需求的演变，只有深入分析风电产业发展趋势，正视当中的挑战，才能在不断变化的内外部环境中取得成功。

1.3.3.1 技术创新助力成本下降

随着技术创新和成本降低相辅相成的促进作用，风力发电技术创新将逐渐加快，从而进一步使风电变得更加高效、经济和环境友好。风力发电机组在风轮设计、发电机和传动系统等方面技术不断进步，新一代风电机组具有更高容量、更高效率和更低噪声水平，大幅提高风电发电效率和可靠性。随着风电装机容量的增加，规模效应逐渐显现，尤其是大规模风电项目，可以实现材料采购和施工优化，同时提高运维效率，降低运营成本。

准确评估和预测风能资源是风电项目的重要基础，通过使用先进的风能资源评估和预测技术，可以更好地确定风电项目可行性，并提供准确的发电量预测，降低项目风险。储能技术应用可以解决风电的波动性和间歇性问题，提高风电可靠性和可调度性，随着储能技术不断发展和成本下降，风电与储能系统结合将成为未来发展的关键。通过对风电项目的运行数据进行分析和利用，可以实现智能化运维管理，及时发现和解决设备故障，进一步提高设备利用率和可靠性，降低运维成本，通过技术革新使风电更具竞争优势，从而在更广泛的地区和市场中得到应用。

1.3.3.2 数字化和智能化发展

通过数字化、智能化技术的应用可实时掌握设备健康状况，提高运行适应能力，进而提升发电效率，同时降低人工成本投入，保证风电项目经济性。

在设备健康方面，通过传感器和数据采集设备，可以实时监测风电系统运行状态和性能参数，包括风速、风向、温度、振动等。通过挖掘分析大量运行数据，将结果应用于故障诊断、预测维护和性能优化等方面，可以自动检测设备异常行为和故障风险，发现潜在故障和问题，预测设备寿命和运行状况并及时发出警报，以便及时采取措施维修和调整。通过机器学习和人工智能技术，可以对风电系统进行智能预警和故障诊断，有助于制定更科学的维护计划，减少停机时间和维修成本，提高风电系统可靠性和可用性。通过远程监控系统，可以实时监控风电系统运行状态，并远程操作和控制，运维人员可以远程调整参数、检修设备、优化运行策略，提高运维效率和响应速度。

在运行适应性方面，利用智能化控制技术，可以根据实时的风速、温度等环境参数，调整风电系统运行模式和参数，实现自适应控制和优化，有助于提高风电系统发电效率和电网接入能力。通过虚拟仿真和可视化技术，可以在计算机系统中建立风电场景模型，并模拟不同运行参数和策略，有助于优化风电系统的设计和运行，提高发电效率和经济性。

风电数字化和智能化应用可以系统提升风电系统运行效率、可靠性和安全性，降低运维成本，实现可持续发展和低碳经济目标。随着技术不断发展和应用推广，智能化将成为风电行业的重要趋势。

1.3.3.3　风电配储能模式更加成熟

风电具有间歇性、不稳定性等特点，即使在草原、山地、海洋等风力强劲且稳定的风资源优势地区，风力变化范围仍然很大。风速和风向随机变化导致出力不均，当大规模风电并网时，冲击电网的频率及功率平衡，对电网稳定性造成不利影响。储能技术，包括以调频为主的飞轮储能、超级电容储能等和以调峰为主的电化学电力储能等，通过将风力发电多余电力储存起来，缓冲风力发电量的波动，让风电和电网更加友好和协同，成为解决这些问题的关键方案。一方面，减少风电电量在强风期间的浪费，提高风能利用率；另一方面，帮助平衡电力供需，解决风电的随机性和间歇性问题，提高风电系统可靠性和可调度性。

储能技术路线日趋多元和成熟，国家能源局关于《“十四五”新型储能发展实施方案》中提出，推动新型储能与新能源、常规电源协同优化运行，充分挖掘常规电源储能潜力，提高系统调节能力和容量支撑能力。随着储能安全性提升、成本进一步下降，其与新能源协同发展的模式将更加清晰、丰富。

1.3.3.4　海上风电快速增长

风力发电根据项目建设地点分为陆上风电和海上风电，我国陆上风电技术相对成熟，海上风电起步较晚。但近年来，海上风电发展迅猛，截至目前已进入规模化开发阶段。

我国海上风电自 2018 年实现新增装机容量全球第一，2021 年累计装机容量跃居全球第一。2023 年，我国海上风电累计装机容量 3729 万 kW，并网风电设备等效满负荷小时可达 2225h。

我国有绵延的海岸线，海上风电资源十分丰富。不同于陆地复杂多变的地形限制和城市化快速发展的建筑阻挡，海上风电场可以充分利用海上开阔空间和强劲稳定的风能资源，更适宜大规模开发。并且相对于陆上风电，海上风电不占用土地资源，远离居住区域，对人类生活环境、景观环境和生态环境影响相对较小，更符合环境友好发展理念。

随着技术不断发展和成熟，新一代海上风力发电机组具有更大容量和更可靠设计，同时具备抗风、抗浪等特点，更加适应海洋环境。技术进步、规模效应和工程经验的积累使海上风电度电成本在过去几年中不断下降。为进一步推动海上风电项目开发，鼓励投资者和开发商参与海上风电项目，我国出台了支持海上风电发展的政策和激励措施，大大降低项目开发风险和成本。

由于风能资源丰富、政策支持、技术成熟度提高、经济成本下降、环境友好以及带动就业和经济效益等因素的综合作用，海上风电在全球范围内快速增长。未来，随着技术进一步突破和政策积极引导，海上风电将继续保持快速增长势头。海上风电项目快速增长将为相关产业链提供就业机会，促进经济增长和区域发展。

1.3.3.5 国际项目合作持续深入

不同国家和地区的风能资源具有差异性，一些国家拥有丰富的风能资源，但电力需求相对较低，而另一些国家电力需求较高，但风能资源匮乏。借助国际合作和跨境项目开发，可实现资源互补和优化利用，解决电力供需不平衡问题，提升区域国际合作水平和能源安全协同保障能力。通过跨境项目，可以将风电输送到需求较高的地区，实现资源的共享和优化利用；也可以促进不同国家和地区电力市场整合和能源互联互通。另外，跨境风电项目可以促进国际技术交流和合作，共享最新风电技术和经验，推动技术进步和创新，提高风电系统效率和可靠性，进一步提高电力市场竞争力，降低用能成本，促进全球环境保护和碳减排。

跨境风电项目通常需要大量投资和工程建设，可带动相关产业链发展，促进当地经济发展并创造就业机会。我国通过“一带一路”合作，已与多国建立了良好的合作关系，积累了大量境外工程项目实践经验，可以预见，风电产业将继续国际化发展，通过国际合作分享经验、进一步降低成本，促进技术创新，在能源转型中发挥更大作用。

1.3.3.6　政策支持和能源转型加速

世界各国先后出台政策鼓励可再生能源发展，通过补贴、减税和配额制度支持风电项目建设和运营。我国风电产业一直在政策引导下不断成长。从 2006 年《中华人民共和国可再生能源法》施行到现在，我国已基本形成清晰的可再生能源发展目标和相对完备的可再生能源电价政策、上网收购制度、费用分摊制度、税收减免制度、退役与循环利用指导等多方面法律政策体系。

未来，随着能源转型推进，风电将在能源供应结构中扮演更加重要的角色，其高质量发展仍然需要积极的政策引导和支持。应进一步加强生态保护相关政策引导，推动绿色能源转型；完善财政和税收支持、电力市场引导、可再生能源配额等方面相关制度，指导风电市场化发展；通过金融、投资政策以及提供低息贷款、风险分担、项目投资补贴等方式鼓励民间投资和金融机构参与风电项目，吸引更多投资，降低风电项目资金成本和风险。

另外，应加大对风电项目电网接入和输电设施建设的支持力度，建设风电接入电网基础设施，并优化电力系统规划和运行，以便更好地接纳和利用风力发电；鼓励和支持风电技术研发和创新，资助科研机构和企业进行风电技术研究和开发，推动新技术应用和产业化；通过各种渠道和方式加大对风电的宣传和推广力度，提高公众对风电的认知和接受度，组织宣传活动、开展教育和培训、推广风电的社会效益和环境效益等。

1.4　风电产业对能源行业的影响

近年来，环境友好型智慧风电技术已成为全球能源领域热点，吸引越来越多的关注和投资，在可再生能源行业地位越发重要，对可再生能源发展的影响日益深远。

1.4.1 调整能源结构

1.4.1.1 降低对传统化石能源的依赖

化石能源燃烧过程产生多种污染物，对空气质量造成严重威胁，同时产生大量温室气体，对全球气候产生负面影响。根据国家气候中心最新发布，全球有气象记录以来，2023 年成为最暖年份。全球表面平均温度较工业化前水平（1850—1900 年平均值）高出 1.42℃，较 1991—2020 年（气候基准期）平均值偏高 0.53℃。中国同样创下有气象观测记录以来平均温度历史新高，较 1991—2020 年平均值偏高 0.81℃。2023 年度《柳叶刀人群健康与气候变化倒计时中国报告》指出，气候变化带来的健康威胁正在持续扩大，相比历史基准，2022 年平均干旱暴露的人口事件数上升 906%，热浪相关死亡人数上升 342%。

可再生能源是取之不尽、用之不竭的绿色低碳能源，加快向清洁和可再生的能源过渡，不仅能缓解气候变化，还可以改善空气质量，减少空气污染，对于改善能源结构、保护生态环境、应对气候变化、实现经济社会可持续发展具有重要意义。环境友好型智慧风电技术更加充分利用风能这种可再生能源，有效减少对传统化石燃料的依赖，且避免化石能源开采和加工对水资源造成的损耗。

1.4.1.2 提高能源供应多样性和可靠性

化石能源除带来环境问题外，本身也具有资源有限性，我国资源禀赋决定了煤炭为主要能源，石油天然气需大量进口，原油对外依存度多年超过 70%。石油作为重要的化石能源，一直处于国家战略资源的关键地位，与国际政治、经济联系紧密，关系到国家安全，常受到地缘政治冲击和大国博弈影响，过度依赖传统能源可能使国家面临供应短缺和能源安全风险。

我国有良好的风光资源，可再生能源的发展重塑了我国能源结构，风能资源开发将提升能源供应多样性和可靠性，减轻传统能源供应压力，为国家能源提供保障，使国家能源安全由资源的客观受限转为技术牵引的风光无限。尤其是环境友好型智慧风电技术的应用有助于更好地捕捉和利用风能资源，提高风力发电效率和可靠性，使可再生能源在能源供应中的作用更加凸显。

1.4.2　引领产业发展

1.4.2.1　提升能源生产和管理效率

借助智能化监控和预测分析手段，风电场可以更加精准地掌握风能资源变化情况以及风力发电机组性能表现，实现整个风电场运营维护优化。通过精密的监控系统，风电场可以实时获取大量数据，对风能资源分布和风力发电机组工作状态进行全面分析，优化发电过程，最大程度利用风能资源，使发电效率显著提高。另外，传统维护往往需要定期检查或在出现故障时再进行修复，不仅耗时费力，还可能导致意外停机维护，影响发电效率，借助自动化技术，维护过程也得以优化。通过实时监测和预测，可以更早发现潜在问题，采取相应措施，大大减少停机维护时间，提高风电场稳定性和可靠性。

1.4.2.2　带动可再生能源产业链发展

环境友好型智慧风电技术不断创新和进步带动了整个可再生能源产业链发展，为新型工业化注入不竭动力。随着环境友好型智慧风电技术广泛应用，与之相关的风力发电机制造、电网连接、储能技术等领域也得到快速发展。环境友好型智慧风电技术不断成熟和规模化开发，造价逐渐降低，使风能发电成本更具竞争力。

通过智能化监控和控制系统，制造商能够更加精确地设计和制造风力发电机组，风力发电机制造领域不断涌现更高效、更可靠的风力发电设备，发电效率和稳定性大幅提高，满足不断增长的市场需求。环境友好型智慧风电技术可以实现风电场与电网之间的智能互联，使风电输送和分配更加高效和可靠，智能化电网连接系统能够根据电网负荷和风能资源变化，实现风电场灵活调度和响应，确保清洁能源稳定供应，提高电网运行效率。此外，环境友好型智慧风电技术与储能技术相结合，将多余风能转化为电能，在需要时释放电力，从而平衡电力供应和需求，提高能源利用效率，随着储能技术进步，能源储备和调节能力得到显著提高，为可再生能源大规模应用提供有力支持。

这种技术的扩散和应用将推动相关产业壮大，带来更多就业机会和经济增长点，制造业、电力行业、能源服务行业等都因环境友好型智慧风电技术发展而蓬勃发展，进一步促进可再生能源行业繁荣。为当地经济带来直接的投资和收入，从而促进区域经济腾飞。

高质量发展是我国工业发展的根本任务，工业绿色发展是生态文明建设的重要组成部分，更是新型工业化的内在要求和基本特征，高质量工业发展离不开清洁能源。我国绿色能源技术实现了群体性重大突破，整体处于世界领先水平。环境友好型智慧风电的发展将整合智能制造和绿色能源这两个新一轮工业革命核心技术集群，推动实现我国工业向高端化、智能化、绿色化发展，并带动清洁能源相关技术发展，打造新型清洁能源产业链。

1.4.3 能源转型发展

1.4.3.1 推动新型电力系统发展

新型电力系统是以新能源为主体的电力系统，其中，风光是主要的电源构成。环境友好型智慧风电技术是将人工智能、大数据、物联网等先进技术手段相结合并应用于风电全生命周期的综合性、系统性应用技术。通过提高发电效率、降低成本、提高供电可靠性和促进新能源互联等方面优势，满足新型电力系统清洁低碳、安全充裕、经济高效、供需协同、灵活智能的要求，为新型电力系统可持续发展和智能化转型提供强大支持。

通过大数据分析和机器学习算法，可实现发电量精确预测和优化。通过对未来风能资源的预测，调整风力发电机组运行策略，最大限度提高发电效率。实时监测风力发电机组运行状态和性能指标，及时发现故障并诊断，提前采取维护措施，减少故障停机时间，提高风力发电机组可靠性和可用性。

通过与电力系统其他电源联动调度以及智能控制系统协调，实现风力发电平稳输出，提高电力系统可调度性和供电可靠性。环境友好型智慧风电技术

还可将风力发电与其他新能源互联互通，实现能源互补和共享。通过建立新能源互联网，实现能源高效利用和供需平衡，推动新型电力系统稳定构建和快速发展。

1.4.3.2　促进能源行业数字化转型

随着信息技术蓬勃发展，能源行业也呈现数字化和智能化变革趋势。在这一浪潮中，环境友好型智慧风电技术脱颖而出，成为引领能源行业数字化转型的重要推动力量，环境友好型智慧风电技术不断发展使风电产业降本增效，让风电产业商业化利用更具竞争力，吸引更多投资和资金注入，进一步推动风电技术创新升级，促进整个产业健康循环。

环境友好型智慧风电技术的数字化特性将引发传统能源企业的思考和行动，为能源行业转型带来新机遇，并且在加速推动能源行业创新发展方面发挥重要作用，推动能源行业数字化转型探索新路径。通过数字化手段，企业可以更好地监测能源生产过程，精确掌握能源消耗情况，优化资源配置和能源利用，在企业转型中加大信息技术投入，加强信息化建设和人才培养，推动企业可持续发展。

1.5　我国风电发展主要技术挑战

1.5.1　并网消纳

受系统规模、电源结构、负荷特点、调峰能力、调频能力、接入点电能质量、线路输电能力等多方面影响，电网能够承受的风电装机容量有限。风能自身随机性、波动性特点突出，风电出力波动幅度和波动范围相对较大，如果不能准确预测发电出力，在风电大规模接入电网时，将对电网调度、无功与电压调节产生很大影响。风电机组运行中受湍流、尾流效应影响，极易造成并网点电压波动以及闪变、谐波，使电能质量下降。再加上电力电子设备增加，峰谷电量差不断变大，风电出力与电力需求常常不能匹配，负荷增加时，风电输出功率可能很低，系统负荷降低时，风电可能满发，对电网调度提出了更高要求。

中国陆上风能资源大部分分布在三北地区，用电负荷主要集中在中东部和南方地区，由此带来的跨省区输电压力较大，加之风电的波动特性，对输送通道和调峰能力的配套建设提出更高要求。由于新增风光发电并网规模大、本地用电负荷增长缓慢、本地电力系统调峰能力不足以及外送能力不足[20]等原因，我国曾产生较为严重的弃风现象。2015 年开始，全国弃风情况逐年好转，但西北地区仍然较为严重，青海风电弃风率曾达 10.7%，风电消纳问题严峻，这些现象几乎都与能源价格形成机制密切相关[21]。

1.5.2 安全挑战

随着行业的快速发展，安全环境日趋复杂，安全风险形势更加严峻。总体来讲，风电安全问题分为物理安全和网络安全两类。其中物理安全主要是设备层面机身故障导致的人员伤亡和财产损失，网络安全问题主要是网络攻击引起的数据泄漏、设备故障或停摆等问题。

（1）物理安全方面，由于近年来风电整机技术快速迭代，叶片越来越长，机舱越来越重，塔筒越来越高，给前期运输、施工带来新挑战，同时也给风电场运维提出更高要求，风电场中物理设备，如传感器、监测设备等，可能受到物理攻击，从而影响风电场正常运行。即使是在技术成熟、工况相对稳定的陆上风电项目，也常有倒塔、起火、触电等安全事故发生，带来严重的人身伤亡和经济损失。近年来，海上风电快速发展，海上风电项目施工受离岸远、水深较深、海况恶劣、海域差异性大、海洋气象多变、作业窗口期短、施工经验不丰富等客观条件影响，难度系数更大，安全隐患更多。

（2）网络安全方面，由于风电发展离不开大数据、云计算、物联网、数字孪生等新兴信息技术，传统网络安全与风电新技术融合的网络安全正在给风电网络安全带来新挑战。没有网络安全就没有国家安全，没有信息化就没有现代化。能源安全离不开网络安全，俄乌冲突爆发以来，欧洲多家风能公司遭遇网络攻击，导致设备停摆。网络安全问题是未来风电发展不可忽视的重要问题，其主要有以下 3 个方面[22–24]。

1）数据泄漏。风电场涉及大量的数据采集和传输，包括风力发电机运行数据、电网互联信息等，如果这些数据遭到未经授权的访问或泄漏，可能会导致商业机密泄漏、运营数据被篡改等问题。

2）远程攻击。风电场网络连接和远程监控使其更容易受黑客攻击。黑客可能通过网络入侵手段，对风电场控制系统进行攻击，导致风力发电机运行异常或停止，甚至对整个电网安全造成威胁。

3）恶意软件。风电场中使用的各种智能设备和系统可能受到恶意软件感染，比如病毒、木马等，极有可能引起系统崩溃、数据丢失等安全问题。

1.5.3　运维难点

风电场数量增多、规模扩大，布局比较分散，且设备及配件不断更新换代，维护管理存在很多不容忽视的难点。

（1）运维管理人才缺口大。风电场常常建设在偏僻的高山峻岭等风资源丰富区域，工作条件较为恶劣，难以吸引优秀人才。且风力发电场设备众多、技术复杂、管理难度大，不仅要求相关人才具备专业技能，还需要具有长期相关工作经验以及深厚的知识储备。恶劣环境给人才吸纳造成阻碍，人力资源缺乏最终对风电场管理造成影响。

（2）特殊作业加大管理难度。风力发电机组作为独立的发电终端分布点分散且较广，维修人员工作强度和风电场管理难度较大。高空作业方面，作业难度对工作人员技能水平要求很高，需具备高空特种作业操作证，且作业面较狭窄，具有一定危险性。高压作业方面，涉及风电场电气设备运行、巡视、倒闸、检修等方面，电压等级高，气体绝缘金属封闭开关、主变压器设备较为复杂，若没有相应的组织措施和技术措施极易出现人身和设备事故。继电保护及安全自动化作业方面，涉及风电场一次、二次设备运行、巡视、检修等，要求从业人员具备一定的理论知识和实践经验积累。

（3）针对风电场设备全生命周期运维意识不足。风电场运维管理工作是一项极其复杂的系统工程，由于风电场业主与独立运维机构工作目标不一致，为了保证发电量，运维合同中拟定的检修运维方案需要双方根据现场情况不断协调，很难按照全生命周期运维理念实施[25]。

（4）设备故障处理被动。由于风电场日常运维工作量大，有些机组设备故障甚至严重影响正常生产时才“被迫”处理。出质保后，设备生产商与风电场工作人员之间技术交流时常出现断层，加上缺少先进科技方法和数据智能分析能力，风电场工作人员无法针对机组设备故障成因仔细分析和如实记录，难以提前发现早期故障异常，致使风电机组“一机一档”设备健康管理工作无法深入开展，直接影响设备可利用率[31]。

1.5.4 环境影响

近年来，我国风电逐渐实现规模化开发，为解决我国风电资源分布不均、生产重心与电力负荷重心错位、弃风限电等问题，负荷需求大、并网条件好、消纳能力强的中东部地区风电资源开发成为新热点[26,27]。但中东部地区风电场大多位于自然条件优越、植被茂盛、物种丰富的区域。

风电场在开发、建设、运行全过程中，由于人的活动、施工区域占用以及临时和永久性道路、建筑建设，无法避免对当地生态与人文环境产生负面影响，造成环境破坏。风电开发对生态、人文环境的负面影响主要分为 3 个方面。

（1）对当地生态、人文环境一致性的影响。风电项目施工的诸多环节均对当地的生态和人文环境一致性产生破坏，如道路修建、场地平整、基础开挖等对植被覆盖、地表形态、土层结构造成一定破坏。若没有及时做好植被复栽和生态恢复，则会造成大面积水土流失、周边植被进一步退化以及原有生物种群稳定性的破坏[28,29]。升压站及其他必要建筑与周围环境或当地建筑风格的显著差异，会对人文景观结构一致性造成负面影响。

（2）项目建成后生态恢复过程中过度美化对当地生态、人文环境一致性的影响。地方政府对环境评价要求的不断提高使部分项目在生态恢复阶段采用了过高标准，例如“花园式”厂区规划、“景观式”边坡造型以及“豪华型”建筑风格无形中形成了生态与人文景观的“过度美化”问题。不仅如此，风电项目的过度美化也会导致风力发电机、升压站等关键设备附近人类靠近概率大幅提升，从而带来电力生产安全的不确定性以及管理难度和成本增加。

（3）项目投产后，机组运维过程对生态环境造成持续影响，存在风力发电机组视觉污染、噪声、鸟类安全及电磁干扰等环境污染问题。风力发电机组运行过程中，因气流作用及转动部件摩擦，叶片及机组部件会产生较大噪声。太阳光照射在旋转的叶片上产生晃动的阴影，使人产生眩晕、心烦意乱等症状，影响正常工作和生活。另外，在传统风电场运维模式中，需要在风电场内建设运维人员宿舍，人的频繁活动造成植被恢复率降低、啮齿动物数量增加，在一定程度上加剧了对当地生态的破坏。有相关研究曾指出，山地、丘陵地形中，风力发电机的运行与森林病虫害之间存在正相关。例如，2011 年，我国华北地区某风电场附近落叶松用材林大规模暴发鞘蛾和尺蠖危害，随后的调查发现，尺蠖幼虫主要通过吐丝借风飘移的方式在林木间传播，风力发电机运转造成周边空气湍动度增大，扩散效应明显，导致此处尺蠖借风传播效率远高于其他区域[30]。

第 2 章

环境友好型智慧风电发展思路

2.1 引　　言

得益于制造业技术的持续创新与智能化的长足发展，大容量、长叶片、高塔筒、精准测风等技术不断突破，大幅增强机组在低风速条件下发电能力的同时，也对运输、施工及运维提出更高要求。环境友好型智慧风电是破解目前风电行业发展困难和瓶颈的密码，其利用先进智能化设备和信息技术手段，实现风能资源高效利用和风电场智能化管理，提高风力发电效率，保障安全性，降低能源消耗，减少环境污染，与环境友好互动，是实现可持续发展、应对气候变化、促进能源转型、降低能源成本的重要途径[31]。为了推动环境友好型智慧风电发展，需要准确理解其概念、体系架构、系统组成，以及规划、建设、运营规律，并把握未来发展方向。

2.2 环境友好型智慧风电概况

在过去 20 年，大多数成熟的工业都经历了一场数字化革命，风电行业也不例外，从之前的工业化和信息化“两化融合”，到后来的互联网化、智能化，数字化的内核精髓已经并将继续影响风电产业的成长轨迹。风电运营商与周边电网生态系统之间的传感器数据收集和高质量数据传输的频率显著增加，这些数据将打开产能的新视野，让行业充分认识到其巨大潜力。智慧化将为风电运营商创造新的经济机会，创新数字智能技术还将提高风力发电产量和生产力，降低设计、运营和维护成本，从而降低能源成本，提升竞争力，同时，行业对环境友好的认识，也在随着项目推进不断进步和完善。但是，完整意义上提出环境友好型智慧风电的论述和案例还非常缺乏。

2.2.1 环境友好型智慧风电发展现状

美国国家可再生能源实验室（NREL）在美国能源署风能技术办公室的大气与电力（A2e）应用研究规划的支持下，提出了技术支撑下的大气资源系统管理（system management of atmospheric resource through technology，SMART）战略[32]。该战略以下一代智能化新技术为支撑，以在风电场设计和运行中实现更高的发电量和材料使用效率、更低的运行维护费用和投资风险、更长的风电场寿命、更强的电网协调能力为目标，建成实时响应大气变化并且提供电网支撑的未来集成化风电场系统，达成 SMART 战略后期望能够降低 50%度电成本[33]。

欧洲风能学会（EAWE）联合欧洲 14 国的重要风电研究高校与机构，在《Wind Energy Science》期刊创刊首篇文章中讨论了未来风电领域长期的研究挑战，从 11 个不同的研究领域阐述了当前风电的技术前沿以及技术局限，并进一步提出未来风电发展应优先解决的问题[34]。

通用电气（GE）于 2015 年启动数字化风电场战略，是一个综合性软硬件解决方案，是 GE 扩展服务协议的一部分。GE 数字化风电场的核心在于建立风电机组数字化模型，以自身长期数据积累优势，提供更多基于数据的优化服务，其重点在于基于大数据挖掘的服务应用[35]。

国内整机厂商一直孜孜以求如何更好地融合大数据、互联网和数字化技术，积极探索风电与电网友好互动的实现方式，为风力发电机组和风电场赋能。远景科技集团有限公司在国内较早提出智慧风电场概念，主推“智慧风电场全生命周期管理系统”，目前进一步延伸为智慧物联网系统，并基于全球最大的能源物联网平台 EnOS 打造了“直连、安全、高精度、机器学习”的智慧电场软件解决方案，帮助运营商打造“少人、透明、预测维护、电网友好”的智慧电站[36]。金风科技股份有限公司的智慧运营系统 SOAM，整合了风电场运维过程中各个

环节的数据，融入故障诊断、健康状态预警、功率精准预测、风力发电机组优化运行等专业技术，打造了强大的智慧运营软件平台；该公司发布行业内首个通过数字验证、单机验证、场站验证的构网型机组，可更好地实现风电与电网的互动，适用于“沙戈荒”大基地、深远海源网荷储、分散式等丰富应用场景。中国明阳风电集团有限公司在 2014 年完成了大数据平台搭建，将控制策略与互联网技术、大数据、云存储前沿技术融合，进行风电场优化、定制化设计、资源评估、智能风电场管理，推进无人值守智慧风电场建设。明阳大数据中心实现从气象预测，到风力发电机组健康状态监测预警，到风电场优化运行，再到风电场群的协同协调。国电联合动力技术有限公司开发的新一代智慧风电场服务系统 UP－WindEYE 集成高速互联风电场实时通信、卓越电网支撑技术、先进的能量管理功能、强大的数据采集和分析功能，精准的寿命评估、故障预警诊断等功能，为打造智慧风电场提供全面解决方案。上海电气集团股份有限公司的“风云集控”系统在风电行业首创基于互联网技术的分布式数据处理技术，基于 ABC 技术（artificial intelligence + big data + cloud computing）高效利用数据监控资产，预测机组故障，通过预测性控制技术“预言”风力发电机组的运行，实现用户资产使用价值最大化。

各风电运营商也在积极构建大数据平台，进行智慧电厂方面的探索，利用大数据和人工智能技术进行智能运维和故障预警，实现降本增效。如中国华能集团有限公司较早将工业物联网、大数据技术运用到电力生产和物料管理方面，科学指导检修，有效控制成本，优化生产过程。中国能源建设集团的智慧海上风电项目，通过设计海上风电场一体化监控系统、海上风电场智能运维管理系统和海上风电场智能巡检系统，挖掘海上风电场运行规律和最佳运营模式[37]。

近年来，传统风力发电机制造商、风电开发商纷纷与人工智能科技企业合作，试图联合突破技术，使用更加精密的算法来满足电网要求，提高发电效率。阿里巴巴、微软、谷歌、亚马逊等科技巨头公司都已入局可再生能源领域。使用人工智能技术预测风电场发电功率的早期研究可以追溯到 2000 年代末至 2010 年代初。在这个时期，随着人工智能技术的发展和应用范围的扩大，一些研究机构、学术界和工业界开始尝试将人工智能技术应用于风电场发电功率预测。2019 年，谷歌利用人工智能技术预测风电场发电功率。2022 年，法国公用事业公司 ENGIE 与谷歌达成合作，利用谷歌研发的人工智能软件预测风电场发电功率，初步测试结果显示，风电场发电收益可上涨 20%。同年，阿里巴巴达摩院开发出了可精准预测风电场风速及发电功率的人工智能算法，可实现预报平原、山地、海岸等不同地形的风速并预测相应区域内风电场的发电量，测试结果显示，在山地风电场中，人工智能预测准确率较传统天气预报有大幅提升。另外，风力发电机制造商西门子歌美飒也将与英伟达（NVIDIA）合作研发数字孪生风电场，使用人工智能和机器学习技术降低运营成本，提高风电场发电量。浪潮超融合系统利用云计算与大数据技术打造云边协同的智慧风电设备监测平台，通过传感器设备将风电设备数据信息高效接入系统中，提供“一柜即云”的信息技术（information technology，IT）基础设施与云边协同完整方案，助力海上风电项目实现全生命周期智慧化运营管理。

学术界对智慧电厂整体概念和体系架构也展开了研究[38–41]。在智慧电厂的基本概念方面，中国自动化学会发电自动化专业委员会于 2016 年发布的《智能电厂技术发展纲要》对智能电厂作如下定义：智能电厂是指在广泛采用现代数字信息处理和通信技术基础上，集成智能的传感与执行、控制和管理等技术，达到更安全高效环保运行，与智能电网相互协调的发电厂。现阶段讨论的智慧电厂特点和架构，多是针对相对集中的火电、燃气轮机和水电厂，而由于风电场高度分散特性，这些智慧电厂的架构不能完全适用于风电，智慧风电建设仍然处于初级阶段，智慧风电建设道路仍然任重道远。

风电增量发展受到气候、生态和环保可持续发展的制约，需要科学研究环境友好型智慧风电的规划建设和运营管理，梳理我国生态、气候和环境对风电发展政策要求，同时结合当前智慧风电技术促进风电产业高效、健康、持续的发展。在此背景下，大自然保护协会与国家发展和改革委员会能源研究所（2019 年）提出了生态友好的可再生能源开发理念，并以国家主体功能区规划和中国风光资源分布为基础进行了可再生能源开发空间布局规划及选址的初步探索。

随后，惠婧璇[42]等针对我国陆上风电和光伏与生态环境之间的潜在冲突、规避策略和政策等进行了跟进研究。刘畅[43]等研究了澳大利亚风电场在风力发电机控制系统中引入了鹰类追踪预警系统，实现了对当地稀有鹰类进行保护，实证了环境友好型智慧风电的控制系统。何则[44]等研究了风电场站建设对气候环境的影响，梳理总结了丹麦和德国环境友好型风电场建设的规划管理经验。

主要风力发电机型全生命周期碳排放评估结果显示，在 20 年生命周期内，其单位发电量产生的碳排放量为 3.88～4.55g，不到火电的 1%。充分说明了其生产的低碳性，也证明了风电的全生命周期绿色优势。

环境友好型智慧风电能够在提供清洁能源的同时，与环境友好交互，促进项目开发与当地生态、人文环境充分融合，提高项目综合效益，推进绿色低碳发展。当前已有环境友好型智慧风电示范项目的有益尝试。

例如位于波黑西波斯尼亚州利夫诺市的波黑伊沃维风电项目。该项目总装机容量 84MW，年上网电量约 2.72 亿 kWh，每年预计减少二氧化碳排放约 24 万 t，是中国 – 中东欧国家领导人峰会成果清单首个落地的新能源项目，建成后也将成为波黑最大的新能源发电项目。该项目对当地生态环境进行多方面维护。为了保护当地生物多样性，该项目的全部叶片在靠近顶端部分都有一截涂红，以帮助飞鸟识别、躲避。与当地野马保护协会携手合作保护项目所在地栖息的波黑野马群，努力改善野马的生活环境。另外，项目建设过程中，持续开展鸟类监测、周围水质监测等工作，避免对周边生态环境造成不良影响，促进人与自然和谐共生。

再如位于江西的某风电场。在该项目建设过程中，为避免风电场挖山修路对道路下边坡原有生态的破坏，项目部经多次实地勘察确定了“下边坡零扰动”的道路施工方案，即在施工过程中将“开挖边线”尽量靠近山体内侧，除运输车辆安全通过区域必须回填外，所有余土外运至弃土场，将对下边坡植被扰动降到最低，守护了绿水青山。

2.2.2　环境友好型智慧风电面临的挑战

当前，国内外对环境友好型智慧风电的研究，大多侧重于智能算法、智能运维等局部功能智能化，或仅关注智慧风电的局部控制或故障诊断，只体现了某一部分数字化、智能化。环境友好型智慧风电建设过程中虽然尝试使用了一些智能化和环境友好新技术，但无法代表具有了“智慧”，真正实现与环境和谐共处的项目并不多。总之，环境友好型智慧风电建设仍然处于初级阶段，任重道远。归纳起来，主要有以下 3 方面原因。

2.2.2.1 发展仍需科学引导

从环境友好型智慧风电技术自身发展来看，技术成熟度还相对较低，仍处于快速发展阶段。从项目开发角度来看，环境友好型智慧风电项目需要在全生命周期内统筹开展各项工作，需要沟通协调政府、电网、民众等多方要求与需求，系统性、规划性更强。从发展环境来说，相关政策体系仍在不断完善，环境友好型智慧风电需投入大量通信、传感设备，现阶段成本相对较高，并且大规模风电开发的生态和气候环境效应研究内容涵盖范围广，涉及学科领域包括空气动力学、气象学、气候学、动植物生态学和恢复生态学，以及能源系统工程、信息工程等，目前我国缺乏标准化评价机制，标准体系仍不完善。

2.2.2.2 评估体系仍不完善

对环境友好型智慧风电的评估和量化是多元的、多方面的，目前仍然缺乏相应标准和手段。在环境友好方面，风电项目在建设和运营过程中势必会对环境产生一定影响，如对野生动植物、生态系统、土壤和水质等的影响，需要对环境影响进行评估，但评估指标复杂且相互关联，目前相关标准还不够完善。在能源效率评估方面，风电项目的能源效率是评估其可持续性和环境友好性的重要指标，目前仍缺少统一评估方法和标准。在碳排放量计算方面，风电相比传统能源具有碳排放优势，但从全生命周期角度出发，整个周期的碳足迹评价方法仍不明确，如何保证客观、准确、完整，仍需进一步深入研究。在综合评估指标方面，环境友好型智慧风电的评估应综合考虑多个方面的因素，如环境影响、资源利用、能源效率等，仍缺乏统一的综合评估指标。

2.2.2.3 多方监督协同不足

环境友好型智慧风电的监管手段应从政府和开发单位两个层面考虑，双方

共同努力，才能确保环境友好型智慧风电项目的合规性和可持续发展。

政府层面可以通过法律法规、准入许可、环境影响评估、检测和检查四方面开展监管。法律法规方面，通过制定相关法律法规，明确环境友好型智慧风电项目的建设、运营和监管要求，包括环境保护、土地使用、土地复垦、噪声和振动控制等方面的规定。准入许可方面，通过建立准入许可制度，对环境友好型智慧风电项目进行准入审批和监管，确保项目符合相关标准和要求。环境影响评估方面，通过要求环境友好型智慧风电项目进行环境影响评估并实施监管，要求项目方采取相应措施减少不良影响。监测和检查方面，通过建立监测和检查机制，对环境友好型智慧风电项目定期检查和监测，确保项目运营符合相关要求。

开发单位也应开展内部管控、技术支撑、报告和披露、社会责任等方面的自我监督。内部管控方面，应自觉遵守相关法律法规和要求，建立健全环境管理体系，制定环境保护措施和运营标准，确保环境友好型智慧风电项目合规。技术支撑方面，应积极研发或引进相关监测和管理技术，包括环境监测设备、噪声控制技术、风电机组运行监测技术等，提高对项目运营的环境影响监测和控制能力。报告和披露方面，应及时向政府和社会公众公开项目运营情况和环境影响，加强信息公开和透明度。社会责任方面，应积极承担社会责任，参与环境保护和区域发展，与当地政府和社区合作，共同推动环境友好型智慧风电项目可持续发展。

2.3　环境友好型智慧风电基本概念

智慧不是智能的简单升级，而是要充分展现“类人”的思维模式、价值判断和相机决策能力；环境友好也不仅仅是污染物及温室气体减排，而是要实现全面的“零碳”建设和运行、局部小微生态的和谐共生、与外部系统的友好互联。同时，环境友好要求风力发电系统更加智慧，智慧化发展也为风力发电系统的环境友好提供更佳保障，二者相辅相成、相互促进提升。因此，从智慧和环境友好两个方面分别明确其概念后再融合定义更易理解。

2.3.1 智慧风电概念

2.3.1.1 智慧的定义

智慧属于哲学范畴，是由智力系统、知识系统、技能系统、情感系统等多个子系统构成的复杂体系所蕴含的能力，是区别人与动物、人与人的关键特征，表现为及时做出正确判断和选择抉择，并具有较强学习能力。随着大数据、人工智能、互联网、物联网等信息技术的飞速发展，智慧城市、智慧企业、智慧医疗、智慧教育等万物互联、融合发展得到越来越多的关注和进步。

《现代汉语词典》（第 7 版）对智慧的释义是辨析判断、发明创造的能力。《辞海》（第七版）对智慧的释义是对事物能认识、辨析、判断处理和发明创造的能力。百度词条对智慧的释义是生命所具有的基于生理和心理器官的一种高级创造思维能力，包含对自然与人文的感知、记忆、理解、分析、判断、升华等所有能力，在日常生活中，智慧体现为更好地解决问题的能力。

智慧可以帮助人类全面深刻地认识理解人、事、物、社会、宇宙、现状、过去和未来。智慧系统由人的智力与知识文化系统、方法理论与应用技能系统、非智力实践活动系统、观念理论与经济管理思想系统、审美与鉴赏系统、文学艺术与评价认知系统等多个综合智能子系统构建[45]。其拥有超越人类思考、分析、探求真理与奥秘极限的一切特殊能力，能够自主学习、决策、执行、适应和进化，可实现全流程智能化、一体化，实现高效协同、安全稳定、灵活高效、数据准确、及时共享。

2.3.1.2 智慧赋能风电[46–53]

智慧风电是先进风力发电技术发展的产物，与数字化、信息化、智能化发展

水平密切相关，具有更强的发现问题、分析问题、解决问题以及创新发展能力。

未来的智慧风电以数字化、信息化、标准化为基础，以管控一体化、大数据、云平台、物联网为平台，以数字孪生技术为辅助，以计算资源弹性配置为保障，以异构计算（包括计算能力、计算方法和计算层次）为核心任务，高效融合计算、存储和网络，并提供标准化、模型化的开放接口，避免了封闭、孤立，不再受特定标准限制，通过“人－机－网－物－环”跨界融合，形成边缘到云端全层次开放架构，实现不同层级的智慧，追求不断提升风电智能感知、智能运维、智能控制、智能决策等方面的智能化水平，完成更加友好、安全、高效、可靠的能源供应。

2.3.2　环境友好型风电概念

风能作为可再生能源重要组成部分，储量丰富，永不枯竭，技术成熟度相对较高，是当前最具发展前途的绿色能源和经济持续发展新动力之一。然而，风电资源开发过程造成了植被退化、水土流失、景观一致性降低、动植物生存环境和人文环境破坏等，并且随着风电项目开发由西部地区向东部地区迁移，这种影响范围正在逐渐扩大，已成为制约风电可持续发展的因素。

中国式现代化是人与自然和谐共生的现代化，建设人与自然和谐共生的现代化，必须牢固树立和践行“绿水青山就是金山银山”的理念，站在人与自然和谐共生的高度谋划发展，将绿色发展内化于社会主义现代化远景目标之中，将绿色发展作为人类永续发展的底色，将绿色发展作为人民对美好生活追求的重要指标。坚定不移走生态优先、绿色低碳的高质量发展道路，为解决风电项目建设工作中面临的生态与人文环境破坏的难题指明方向。

推进环境友好型风电项目建设，是解决风电发展环境问题的最优路径。环境友好型风电是指结合项目自身需求与特点，以“人与自然和谐共生”为宗旨，通过科学合理的规划建设和生态修复措施以及多种技术手段，实现风电开发的生态环境友好、自然环境友好、人文环境友好和电网环境友好。环境友好型风电必须充分结合基于景观生态体系评估的环境融合技术、资源综合集约化措施以及区域性绿色运维方案，对提高项目综合效益、推进绿色低碳发展，提高可再生能源比例等方面具有重要意义。[54,55]

2.3.3 环境友好型智慧风电概念

环境友好型智慧风电，以智慧为内核，以环境友好为底色，是落实新质生产力发展要求的绿色动能。智慧化是风电行业促进能源变革、绿色低碳、新型工业化发展聚焦的方向；环境友好是风电健康、可持续发展的保障。

环境友好型智慧风电具有学习性、成长性、开放性、异构性和友好性等基本特征。通过构建融合不同计算架构的多元异构智慧风电体系架构，研究解决大数据、人工智能在风电行业中应用的技术瓶颈，实现多种智能技术在风电行业集成应用，达到更加安全、高效、清洁、低碳、经济的总体目标。环境友好必须要强调全方位全生命周期，智慧化强调全面透彻的感知、判断和（辅助/自主）决策。智慧化既服务于环境友好需求，也服从于环境友好发展；环境友好因智慧化而更加可监测、可度量、可考核、可推广。

紧密结合风电项目需求，构建创新技术体系，建设环境友好型智慧风电项目，积极推动绿色技术与制度创新，在项目可研、设计、施工、运行及维护的全生命周期内通过数字孪生、人工智能等智慧技术的运用，实现项目开发与当地生态和人文环境的融合。通过资源综合集约化措施，在项目开发各个阶段尽可能减少土地占用导致的生态破坏；推进基于智能集控系统的无人/少人值守风电场建设，减少由于人的活动对于风电场生态环境的破坏，缩短项目生态恢复期；基于区域性绿色运维思路，在无人值守的前提下，实行区域化运维，并在运维、检修过程中加入生态监测和生态补偿环节，帮助加速风电场周边区域生态恢复以及保持生态平衡；通过智能监测等智能化技术和新型储能技术，适应电网的严格高效，通过电网友好性实现风电高安全性、高产出效益、规模化发展。

2.4　环境友好型智慧风电发展目标和体系架构

经过多年发展，尤其是近几年产业化步伐逐步加快，风电产业发展已经具备了规模化开发基础。随着数字技术在风电产业的深入应用，智慧风电技术得以快速发展，随着能源行业智能化长足发展和深度融合推进，智慧能源系统日益成为发展共识，也对环境友好型智慧风电提出更高要求。

2.4.1　环境友好型智慧风电发展目标

环境友好型智慧风电通过全面提高运行稳定性、实现运维智能化自主化、提升经济效益、实现环境友好，系统实现全生命周期安全、经济、高效、绿色的发展目标。

2.4.1.1　提高运行稳定性

提高运行稳定性是风电项目效益提升的基础和关键，也是一直以来风电行业的发展瓶颈，主要通过以下 4 个方面的技术手段提高风电场运行效率。

（1）优化风力发电机控制策略。采用先进的风力发电机控制策略，如模型预测控制（model predictive control，MPC）或模糊逻辑控制（fuzzy logic control，FLC），可以根据实时风速和风向等参数对风力发电机进行精确控制，优化风力发电机功率输出，减少能量损失，提高整体效率。

（2）调度与优化系统。运用智能调度和优化系统，通过集成风力发电机组数据、气象数据和电网数据，实现风电场运行和资源调度的智能化。通过动态调整风力发电机运行参数、风力发电机组协调和电力调度等方式，达到最佳发电效率，实现系统稳定性。

（3）高效转换系统。使用先进的转换系统和变频技术，优化转换系统设计运行参数，提高整体能量转换效率，将风电转换为更高质量的电能。

（4）数据分析和预测。利用大数据分析和机器学习等技术，对风电场气象数据、风力发电机组运行数据和电网数据进行分析和建模，预测风力发电机发电性能，并提前做出优化调整。

2.4.1.2 实现运维智能化自主化

由于风电场机组点多面广，降低设备故障发生率、减少故障停机时间，并尽可能避免突发故障是风电场日常运维的主要目标，环境友好型智慧风电通过运维智能化和自动化可以更好地实现该目标。

（1）远程监测与诊断。利用传感器和监测设备对风力发电机运行状态进行实时监测，收集关键运行数据，如振动、温度、电流等。这些数据通过远程传输到监控中心，运用数据分析和机器学习进行故障诊断和预测，实现对风力发电机运行状态的远程监控与管理。

（2）自动化维护与修复。通过机器学习算法和自动化控制技术，风电场运维系统能够自动识别故障并触发相应的维护和修复操作。当监测到风力发电机组故障信号时，系统可以自动发送警报并调度维修人员，实现快速响应并减少停机时间。

（3）数据驱动优化。利用大数据分析和预测技术，将历史数据和实时数据应用于运维决策和优化。通过数据分析发现风电场潜在问题，优化维护计划和资源调度，提高效率和可靠性。

（4）自主巡检与机器人技术。运用机器人和无人机等技术，实现风力发电机组自主巡检。机器人设备搭载传感器和摄像头，收集详细的风力发电机组状态数据和图像信息，再通过图像处理和机器学习算法，自动检测缺陷、磨损、腐蚀等问题，为运维决策提供支持。

2.4.1.3 提升经济效益

风电已从补充能源转变为主要能源，风电发展的最终目标是实现更大的价值创造能力，在大规模发展的需求下，经济性是引导和促进其高质量发展的重要因素。环境友好型智慧风电可从降低初始投资、提升风能资源利用能力、优

化运维成本、改善人力资源使用效率等多维度提升项目经济性。

（1）优化风力发电机布局。通过精细化风电机组选型，结合风电场风向、风速和地形等数据信息，采用优化算法确定最佳风力发电机位置和排布方案，实现风能资源最大化利用。

（2）提供准确的风功率预测。综合风功率预测、电网负荷和电价等因素，动态调整风力发电机组运行模式、功率输出等参数，并通过智能调度和优化算法确定最佳发电策略，以满足电网需求和市场要求，实现发电效益最大化。

（3）通过更“聪明”的方法实现运营成本控制。风电项目在产品运营期间的所有成本之和即为运营成本，主要包括维护成本和检修成本两个部分。维护成本主要包括人工成本、材料成本以及技术改造成本。检修成本指在设备发生故障时，对其进行检查维修使其恢复正常工作花费的一切费用。环境友好型智慧风电通过多种技术手段，大幅降低以上成本，全面实现降本增效。

2.4.1.4　实现环境友好

坚持“绿水青山就是金山银山”，通过智慧化手段的运用、细致全面的勘察沟通，围绕生态环境友好、自然环境友好、人文环境友好、电网环境友好，实现风电项目全生命周期环境友好。

（1）生态环境友好。从规划期开始以生态环境治理、水土保持、生物多样性保护等相关要求为底线，为风电项目全生命周期打下环境友好的“地基”，通过智慧监控设备推进无人值守，在运行期减少人类活动的生态干扰，给项目留有充裕的生态恢复时间，使风电的环境效益最大化。

（2）自然环境友好。通过设备设计优化、合理布局、施工路径规划等手段解决风电场施工及运行带来的光污染、声污染、电磁污染、视觉污染等问题，最大程度保持风电场与周围自然景观的融合，将对周围居民和动物的生活影响降到最低。

（3）人文环境友好。通过实地调研、访问，充分了解项目所在地特点，发挥风电机群的工业美感，将风电场打造成区域的宣传窗口，展示当地风土人情、人文特色，让风能作为清洁能源代表真正融入人民的幸福生活感中。

（4）电网环境友好。通过大数据分析、实时监测、新型储能等技术的综合运用，提升预测、响应能力，解决风电随机性、间歇性导致在电网接入中无功功率、短路容量、转动惯量等方面的问题，实现与电网的主动友好互动。

2.4.2 环境友好型智慧风电技术架构

2.4.2.1 技术架构

环境友好型智慧风电功能的实现，需要有效的数据采集和传输、强有力的运算处理平台，以及先进的算法支撑。单一计算架构无法满足实际需要，需要构建融合不同计算架构的多元异构智慧风电体系架构，研究解决风电大数据应用的技术瓶颈，实现多种智能技术在风电行业的集成应用。

风电物联网设备的增加给网络带宽带来了很大的压力，有些场景需要立即对周围环境做出反应，云计算已经不足以支撑即时处理和分析由物联网设备生成的数据。边缘计算将部分计算功能下放到网络边缘，使数据能够在设备最近端进行处理，减少在云端来回传输，形成“边缘+云端”体系架构。由于风电的分散性特征，各区域或风电场离数据中心的网络传输压力仍然很大，需要在边缘和数据中心之间添加一层，把不需要放到“云”上的数据在这一层直接处理和存储，以减少“云”的压力，这就是所谓的“雾计算”。雾计算采用的架构呈分布式，更接近网络边缘，与边缘计算不同的是，雾计算可以将基于云的服务，如基础设施即服务（infrastructure as a service，IaaS）、平台即服务（platform as a service，PaaS）、软件运营服务（software as a service，SaaS），拓展到网络边缘，而边缘计算更多专注于终端设备端。除了边缘网络，雾计算也可以向上拓展到核心网络，也就是边缘和核心网络的组件都可以作为雾计算的基础设施。

环境友好型智慧风电生态体系需要高效融合计算、存储和网络，以计算（包括计算能力、计算方法和计算层次）为基础来构建，形成边缘加云端的智能架构，不同层级的计算能力、侧重点不同，整个体系结构层次的不同而引入不同计算能力，使之更加高效、实时地处理数据，达到不同层级的智慧。多元异构环境友好型智慧风电体系架构如图 2－1 所示。

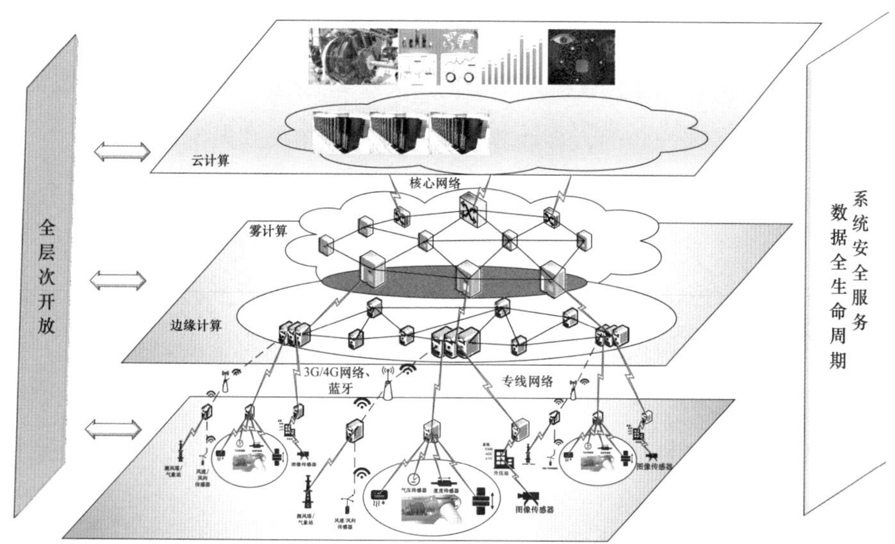

图 2-1　多元异构环境友好型智慧风电体系架构

环境友好型智慧风电体系架构的最高层在集团级或更高级别云平台，所有数据处理结果都汇聚到集团云平台。边缘计算近设备端，一般到风电场设备层，各风电机组数据在风电场端融合汇聚后，在到集团云平台之前，可先在区域汇聚处理，减少网络传输压力，即采用雾计算技术来完成。

2.4.2.2　技术架构特点

环境友好型智慧风电技术架构应具备如下特征：

1. 异构计算资源弹性配置

由于建设对象的不均衡发展，技术体系架构从底层的边缘计算到顶层的云计算，存在计算能力提升速度不同、计算力发展不均衡的情况，需要对体系架构的异构计算资源实行弹性配置来满足不同场景的需求。此外，区域集控的软硬件基础设施条件差别较大，环境友好型智慧风电体系架构需要根据这种不均衡现状灵活配置计算资源。对于基础设施差的风电场或集控，可以将计算部署于集团云平台，对于软硬件设施先进的风电场，可以直接将计算过程部署在本地，条件更好的风电场还可以部署边缘 AI 运算。

环境友好型智慧风电技术体系架构计算资源的弹性配置包括以下 3 个方面。

（1）计算边界的弹性划分。边缘计算、雾计算和云计算的边界根据风电场的实际情况灵活配置。有区域集控中心的，雾计算的边界可以拓展到区域集控，风电场直连集团数据中心的，雾计算的边界也可以拓展到风电场层面。

（2）计算方法的弹性配置。各种机器学习和 AI 算法可在不同层配置不同的功能版本。

（3）计算力的弹性配置。计算力是算法快速运行实现的基础，随着计算软硬件技术的发展，环境友好型智慧风电体系架构可以根据需要，将不同计算力灵活配置到不同的功能层。例如，由于计算资源的限制，之前 AI 算法的训练需要在云端完成，边缘端只部署模型，随着边缘计算技术的发展，可以将云计算服务进一步下沉，形成边缘云计算。

2. 全层次开放架构

为避免封闭、孤立，智慧风电技术体系架构在每层提供了标准化、模型化的开放接口，受特定标准和原有系统的限制，通过“人–机–网–物–环”跨界融合，实现架构全层次开放。

充分利用人类新知识、新思维产生智慧，用智慧指导创新，为构建智慧风电解决方案提供架构支撑。一方面，每层的计算能力都可以与外界交互，实现计算的全面开放。另一方面，体系架构允许每层扩展，云计算层可实现云的连接，纳入新的云，雾计算层可实现雾的连接，纳入新的雾节点，边缘层允许边缘端设备的加入。这种全层次开放的体系架构可以在不同层级做任意设备增删、风电场和区域集控，并且通过标准化的开放环境，与其他系统互联、互操作，使计算全面开放，持续提升计算能力。

3. 全生命周期学习成长

在数据全生命周期中，整个环境友好型智慧风电技术体系中，从感知层到决策层都在互动中持续学习成长。一方面，不同层级的计算能力和侧重点不同，每层随着系统演化，不停地自我学习，并有侧重地提升，具备自我成长性。另一方面，下层对上层提供该层任务内容计算后的数据支撑，上层在此基础上完成更加综合的数据计算和处理，并对下层予以指导、指挥、协调、完善，构成

一个不停自我成长完善的生态系统。

4. 不同计算能力贯穿不同层级

环境友好型智慧风电技术体系架构以计算为基础，架构的层级不同，采用的计算方法不同，计算能力也不同。在感知层数据智能感知后，自下向上分别有边缘计算、雾计算和云计算。不同层级的计算实现了不同层级的智慧，从传感设备的精准感知，到场站级的快速应对，再到区域级的系统思维，实现整个系统全面开放的智慧。环境友好型智慧风电体系不同层级的计算能力与能量损耗如图 2－2 所示。

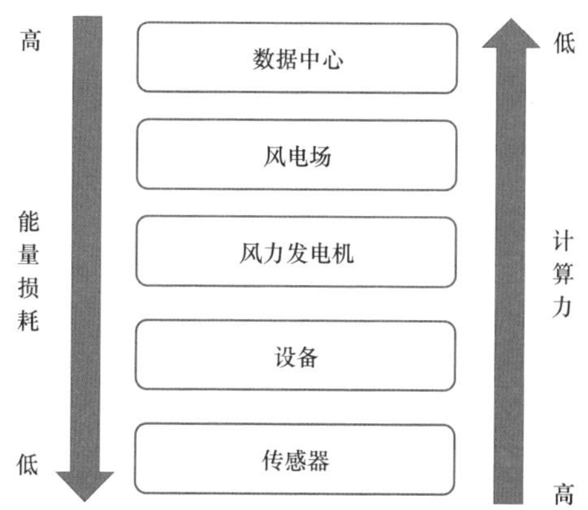

图 2－2　环境友好型智慧风电体系不同层级的计算能力与能量损耗

在环境友好型智慧风电中，紧紧围绕技术体系架构特征，以人的知识体系创新为基座，以计算为基础，通过全生命周期的学习，达到智能感知、智能运维、智能控制、智能决策的目标。

2.4.3　环境友好型智慧风电系统架构

环境友好型智慧风电一般采用 5 层系统架构，包括硬件资源与感知层、数据层、平台层、应用层和前端展示层，系统架构如图 2－3 所示。硬件资源与感知层是环境友好型智慧风电空间信息采集的关键部分，是整个环境友好型智慧风电的 IT 基础设施。数据层包含对风电场的监控和数据采集(supervisory control

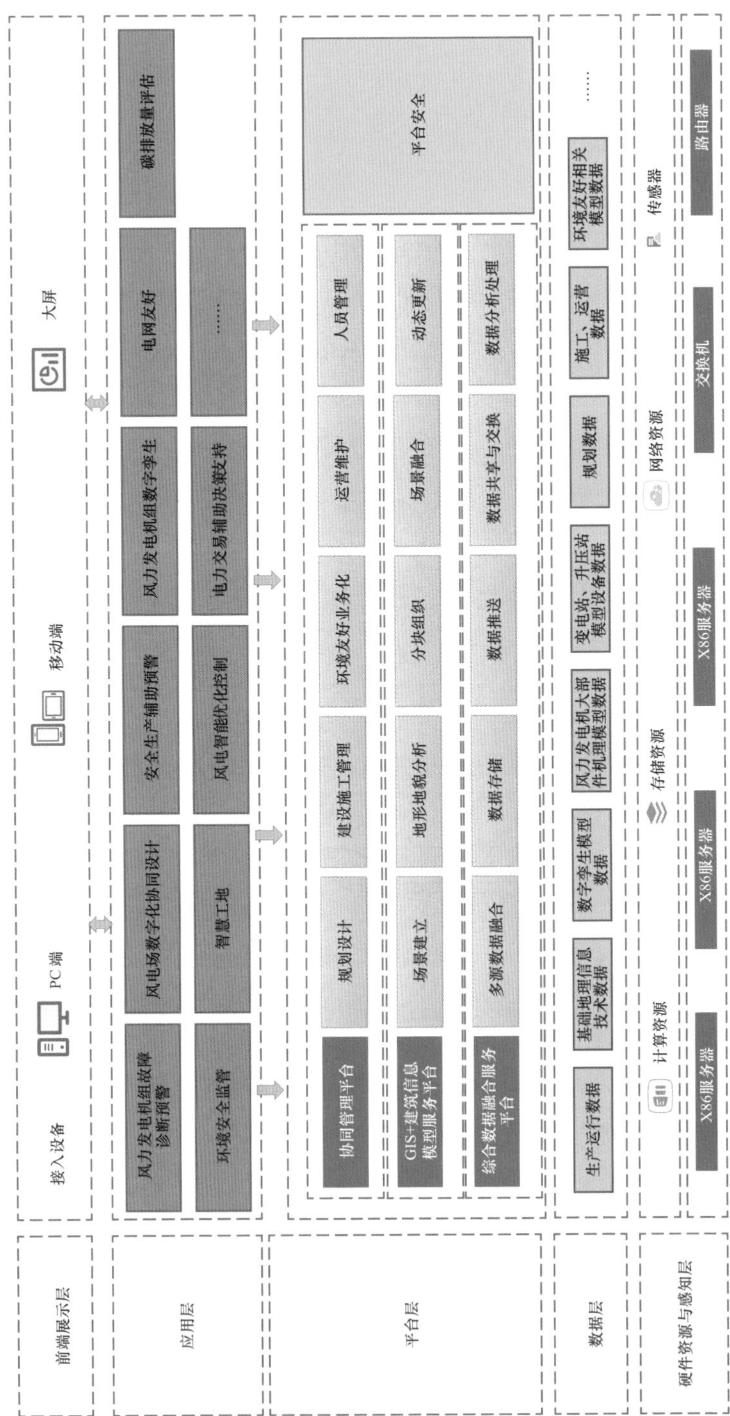

图 2-3　环境友好型智慧风电系统架构

and data acquisition，SCADA）生产运行数据、基础地理信息技术（geographic information system，GIS）数据、数字孪生模型数据、风力发电机大部件机理模型数据、变电站、升压站模型设备数据、规划数据、施工运营数据、环境友好相关模型数据等。数据层负责环境友好型智慧风电系统各类数据的存储、组织、管理与共享，通过建立系统数据信息映射标准，以行业标准规范管理和分发数据信息，实现不同行业系统间的数据共享，为应用层提供有效、完整的数据支撑。平台层具有综合数据融合服务、GIS + 建筑信息模型（building information modeling，BIM）服务、协同管理功能。应用层根据环境友好型智慧风电的研究内容实现风力发电机组故障诊断预警、风电场数字化协同设计、安全生产辅助预警、风力发电机组数字孪生、电网友好、碳排放量评估、环境安全监管、智慧工地、风电智能优化控制、电力交易辅助决策支持等功能。前端展示层包括个人电脑（personal computer，PC）端、移动端、大屏展示。

2.5　环境友好型智慧风电发展逻辑

风电多元化特征日趋明显，越是多元化发展，越需要更多外部交互。比如，分散式风电对附近居民的影响远大于其他风电；海上风电对海洋气候、渔场的影响也需要进一步评估等。因此，环境友好型智慧风电必须着眼于发展目标，关注不同阶段的重点，实现全生命周期高质量发展。

环境友好型智慧风电研究没有终点，只能是在信息化、数字化技术不断发展的基础上，在新型电力系统建设不断完善的背景下，融入我国新型工业化发展链条，不断突破创新，更好地服务于全球气候治理，提供源源不断的绿色电力。

2.5.1 环境友好型智慧风电技术思路

环境友好型智慧风电技术思路主要从技术创新、智能化系统、环境友好、综合优化管理等方向展开，分阶段、分步骤取得提升和突破，不断提高技术水平和经济效益，实现发展目标。

2.5.1.1 技术创新

通过技术创新来提高风力发电机组的效率和可靠性。其中包括改进风力发电机组设计制造工艺，提高发电机组转化效率和输出功率；研发新型风力发电机组，提高风能利用效率；引入先进风速和风向预测技术，使风力发电机组能够根据实际风速和风向提前进行自适应调整等。

2.5.1.2 智能化系统

引入智能化系统来监测和管理风力发电机组的运行状态和性能指标。其中包括使用传感器和监测设备对风力发电机组进行实时监测，并将监测数据传输至中心控制系统进行分析和处理；利用人工智能和大数据分析技术预测风力变化和优化风力发电机组运行策略；建立远程监控系统，实现对风力发电机组的远程监控等。

2.5.1.3 环境友好化设计

在设计风力发电机组时，充分考虑环境友好性，减少对周围环境的干扰和污染。其中包括优化风力发电机组的结构和外形，减少机组噪声和振动；采用环保材料和工艺，降低环境污染和资源消耗；合理规划风电场整体布局，减少生态环境破坏；融合地方人文特色，增强景观一致性和协调性等。

2.5.1.4 综合优化管理

通过综合优化管理提高风力发电系统运行效率和经济效益。其中包括建立运行和维护管理体系，确保风力发电机组正常运行和及时维护；优化风力发电机组调度和运行策略，根据实际情况灵活调整出力和售出发电量；与电网系统进行协调，提高风力发电系统并网能力，保证并网安全。

2.5.2　环境友好型智慧风电技术路径

环境友好型智慧风电的研究与实践是从风电规划建设期相关技术、运行维护期相关技术、物联网关键支撑技术、环境友好关键技术四个维度开展的。规划建设期相关技术维度围绕管理体系构建、生态环保政策与措施、规划选址及设备选型、智慧工地管理、气象服务技术、可持续施工实践展开。运行维护期相关技术维度围绕数字孪生技术、智能优化控制技术、智能诊断预警技术、风电场群控技术、电网适配性技术、风电功率预测技术、无人值守技术展开。物联网关键支撑技术维度围绕安全技术、云计算技术、通信技术、大数据技术展开。环境友好关键技术维度围绕生态环境友好、自然环境友好、人文环境友好、电网环境友好、全生命周期环境友好展开。归纳起来，这四个维度的关注重点主要是技术方面和环境方面内容。从全生命周期角度出发，按照风电项目阶段划分，环境友好型智慧风电研究与实践技术路线如图 2－4 所示。

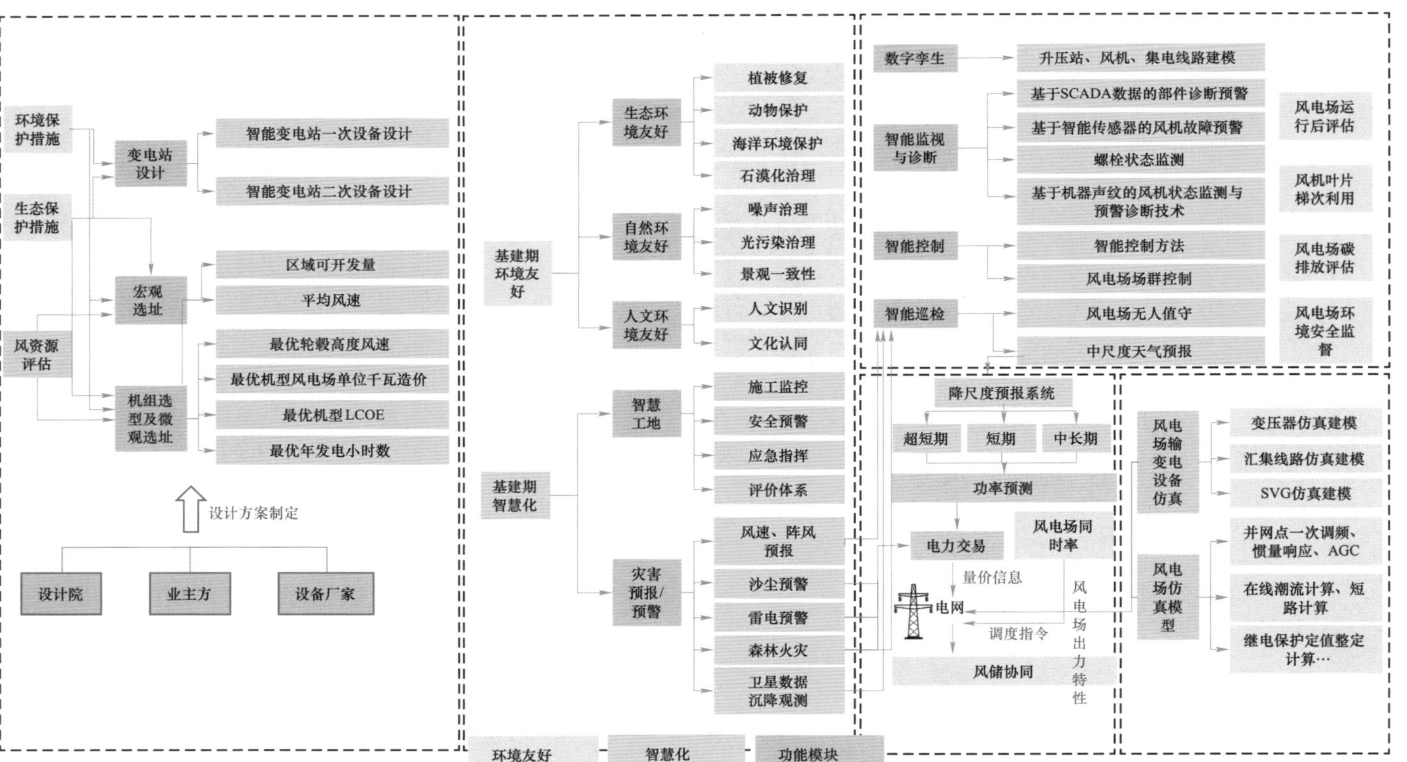

图 2–4 环境友好型智慧风电研究与实践技术路线

LCOE—平准化度电成本（levelized cost of energy）；SVG—静止无功功率发生器（static var generator）；AGC—自动发电控制（automatic generation control）

第 3 章

规划建设期关键技术

3.1 引　　言

风电具有“出生即决定一生”的鲜明特征。规划建设期作为项目前端工作具有非常重要的作用，尤其对于环境友好型智慧风电项目，科学、合理、系统的规划能够将关键技术更好地嵌入项目中，帮助风能利用效果达到最优，起到降低项目风险、提高运营效率、保证投资回报率的作用。另外，规划建设期更是实现环境友好的关键起点，对项目的可持续发展至关重要。

3.2 规划建设期管理体系构建思路

在规划建设期，应灵活运用包括战略思维、系统思维、法治思维、精准思维、辩证思维、底线思维、创新思维在内的七大思维方法，重点推进项目规划建设管理体系的构建与完善，从而确保项目开发工作的质量与效益。图 3－1 是项目规划建设管理体系的示意图，其设计思路如下：

七大思维方法分别指：运用战略思维明确项目规划建设管理制度体系构建工作的必要性，确定制度体系的战略布局、主攻方向和工作的着力点，为能源项目高效、安全、迅速地开发奠定坚实的基础，确保项目开发符合国家、行业发展战略和趋势。运用系统思维指导项目规划建设管理制度体系的顶层设计，从而确保各项管理制度的实用性和可操作性，实现项目全生命周期内各节点的可控、在控。运用法治思维制定并完善项目管理的法律法规、政策标准，开发合规程序，让决策者以及管理人员得以确认管理制度的目的、权限、内容、

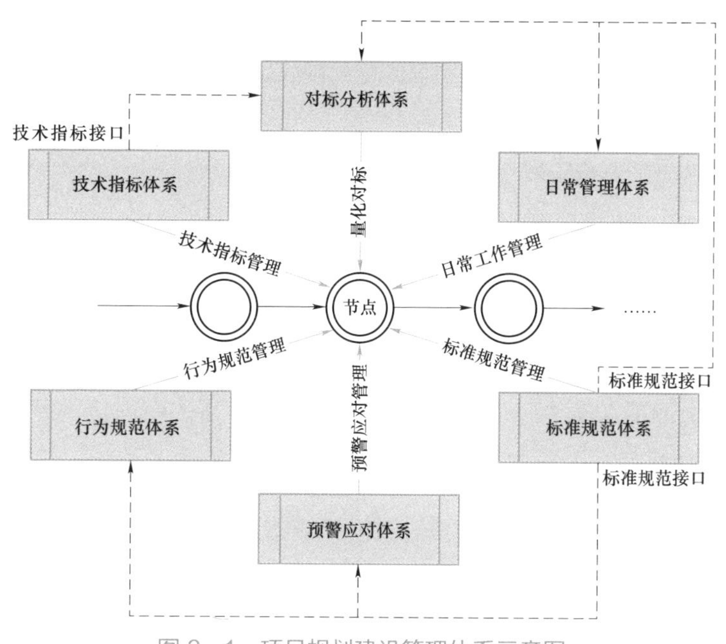

图 3-1　项目规划建设管理体系示意图

手段、程序是否合法合规。运用精准思维紧抓项目管理问题的关键点，细化、量化、标准化项目管理流程，强调管理过程中的具体性和准确性，要求其中每一条管理制度精准到位、解决项目进展中的具体问题。运用辩证思维建立六大体系间的动态联系，体现量化、精准化管理、评估、考核的功能。运用底线思维实现项目规划建设过程的全面风险管控，防患于未然，赢得主动。运用创新思维找准突破方向，切实解决施工生产中遇到的各项难题，促进项目在全生命周期内的动态更新、可复制性。

3.3　规划建设期生态环境保护要点

在风电场规划建设期的生态环境保护工作中，应密切关注生态环境保护政策的指导和实施措施的落实，确保项目开发与生态环境保护相互衔接，实现可持续发展目标。

3.3.1 生态环境保护政策

为进一步规范风电场建设林地使用，减少对生态环境尤其是植被的损害，我国陆续出台了一系列相关政策加以引导，多个省市均下发了风电项目使用林地的相关规范。随着风电的不断发展和进步，与之开发相关的生态环境保护政策也在逐步的优化完善中。尤其海上风电，因其涉及范围广泛，现有政策体系已基本涵盖其所涉及的海洋环境保护和管理要求，这里不再逐一列举。

2018 年 4 月，国家林业和草原局发布《在国家级自然保护区修筑设施审批管理暂行办法》[56]，其中明确指出，禁止在国家级自然保护区修筑光伏发电、风力发电、火力发电等项目。

2019 年 3 月，国家林业和草原局发布《关于规范风电场项目建设使用林地的通知》[57]，其中明确规定，严格保护生态功能重要、生态脆弱敏感区域的林地，对风电项目林地的使用范围进行限制，加强风电场建设使用林地的监管工作，依法规范风电场建设使用林地。

2023 年 6 月，生态环境部发布《关于促进土壤污染绿色低碳风险管控和修复的指导意见（征求意见稿）》，鼓励因地制宜推动严格管控各类农用地退耕还林还草增汇，因势利导研究利用废弃矿山、采煤沉陷区受损土地、已封场垃圾填埋场、污染地块等规划建设光伏发电、风力发电等新能源项目。

3.3.2 生态环境保护措施

3.3.2.1 生态调查和评估

风电规划期生态调查和评估指在进行风电项目规划之前，对项目所在区域的生态环境进行调查和评估。风电规划期生态调查和评估必须充分考虑相关法律法规和政策要求，通过评估区域的生态环境状况，确定风电项目对生态环境的影响，并提出相应的保护和修复措施，确保项目符合环境保护和生态保护要求，确保风电项目的可持续发展。

生态调查主要是对项目区域的植被、动物、水域、土壤等生态要素进行调查，了解其种类、数量、分布等情况。评估主要是对风电项目可能造成的土地利用变化、生物多样性减少、栖息地破坏、环境污染等生态环境影响做出分析。

在风电项目规划期生态调查和评估过程中，需要生态学、环境科学等相关领域的专业人员进行实地调查和数据分析，调查和评估结果将作为风电项目规划的依据，为项目的实施提供保障。

3.3.2.2　避免敏感地区建设

在风电规划期，应充分考虑相关法律法规和政策要求，确保项目符合环境保护和生态保护要求，应进行周密的环境评估和地理信息系统分析，确定敏感区域的范围和位置，并将其纳入风电项目规划的禁区范围内。避免在以下常见的敏感区域建设风电项目：

（1）生态保护区。包括自然保护区、野生动植物保护区、森林公园、天然乔木林等，这些区域通常具有较高的生物多样性和生态系统价值，应避免在其中建设风电项目。

（2）水源保护区。这些区域负责供应城市和乡村饮用水的重要水源，为了保护水源的安全和质量，应避免在水源保护区建设风电项目。

（3）历史文化遗产保护区。包括古建筑、考古遗址、传统村落等，这些区域具有重要历史和文化价值，应避免对其进行改变和影响。

（4）鸟类迁徙路线和栖息地。鸟类是重要的生态指示物种，其迁徙和栖息地对于生态平衡和物种保护具有重要意义，鸟类生存环境也极易受风电项目影响，应避免在鸟类迁徙路线和栖息地建设风电项目。

3.3.2.3　减少和优化土地占用

规划和设计风电项目时，应采取相应措施减少和优化土地占用。通过减少土地占用，最大程度保护土地资源，减少对生态环境的影响。

（1）优先利用已开发的工业用地、废弃地等非敏感土地，避免占用原始森林、湿地等具有高生态价值的土地。

（2）通过优化风力发电机布局，增加风力发电机布置密度，在相同土地面积上扩大装机规模，提高土地使用率。根据地形、土地利用状况和环境条件，充分利用土地垂直空间，采用高塔架和大叶轮风力发电机，以提高风能利用效率。

（3）结合县域经济、乡村振兴要求，在保护耕地的前提下，因地制宜建设就地就近开发利用的风电项目，推动生态旅游、特色小镇、零碳园区等协同产业发展。

（4）集中布局多个风电项目，形成风电场或风力发电集群，最大程度利用土地，并减少对其他区域的占用。

（5）积极与当地政府、社区和利益相关者沟通合作，共同寻找最佳土地利用方案。

3.3.2.4　保护物种多样性

联合国《生物多样性公约》（1992）将生物多样性定义为所有来源的活的生物体中的变异性，这些来源包括陆地、海洋和其他水生生态系统及其所构成的生态综合体。《中国的生物多样性保护》（2021）中的定义是生物（动物、植物、微生物）与环境形成的生态复合体以及与此相关的各种生态过程的总和。《昆明–蒙特利尔全球生物多样性框架》（2022）指出，生物多样性是人类福祉和健康的地球及所有人经济繁荣的基础，这包括与地球母亲平衡和谐相处，人类依靠生物多样性获得食物、医药、能源、清洁的空气和水、免于自然灾害的安全以及娱乐和文化灵感，它还支持着地球上的所有生命体系。生物多样性对地球生态系统和人类本身有重要意义，生物越丰富、越多元，地球就越充满生机。在风电项目规划建设期间，应从以下两方面确保对生物多样性的潜在影响最小化。

（1）在项目建设前，进行全面的生物多样性调查，了解项目区域的物种组成、分布和数量，评估项目对物种多样性的潜在影响，特别是关注和保护濒危物种或受保护物种等敏感物种，提前规划，并制定相应保护措施，确保项目对其生存和繁殖没有负面影响。

（2）重点保护和修复项目所在区域的栖息地和食物源，包括植被恢复、湿地保护、树木保护等，为动物提供适宜的自然环境。避免在其繁殖季节或其他关键时期施工，严控项目建设时间，定期进行生物监测，及时发现物种多样性的变化并调整和改进保护措施。

3.3.2.5　监测和监管

在建设和运营期间，通过对生态环境进行监测和监管，及时发现和解决潜在环境问题，确保项目对生态环境影响最小化。以下是主要做法：

（1）制定详细生态环境监测计划和方案，包括监测的指标、方法、频率、责任人等，确保监测工作的科学性和全面性。监测内容包括但不限于土壤质量、水源质量、空气质量、噪声、振动、野生动植物种群和栖息地、生态系统功能等指标，以及项目对当地社区的影响。

（2）选择适合的监测方法和技术，确保监测数据的准确性和可靠性。根据项目特点和环境要求，确定监测频率和持续时间，在项目建设前、建设期间和运营期间，通过现场采样、遥感技术、传感器、气象站等方式与设备进行监测，以全面了解项目对生态环境的影响。

（3）对监测数据进行分析和评估，编制监测报告，向相关部门和利益相关者提供监测结果和建议，并配合监管和审查工作，根据监测结果和评估，及时采取措施纠正或改进项目的环境管理和保护措施。

3.3.2.6　弥补措施

在风电建设过程中，还应采取如下生态环境弥补措施：

（1）采取措施减小风电设备产生的噪声和振动，减少对周边居民和野生动物的干扰和影响。

（2）与当地社区合作，开展生态环境保护的宣传和教育活动，提高当地居民的生态环境保护意识，促进社区参与和共同管理。

（3）设立生态补偿基金，用于生态环境保护和改善，包括生物多样性保护、生态修复、环境治理、环境监测等。

3.4 规划选址及设备选型

风电场规划选址包括宏观选址和微观选址，选址优劣将影响风电场可靠性，风电机组选型将决定风电场发电效率。例如某风电场，总装机容量 49.5MW，可行性研究阶段设计等效满负荷小时数可达 2070h，由于风电场宏观选址未充分考虑限制性因素，实际施工机位与可研设计位置相差较大，导致项目实际等效满负荷小时数仅 1500～1700h，远低于设计值。

针对不同区域进行精确到风力发电机点位的数据查询，快速掌握拟开发区域的风资源分布情况、电力系统现状及规划、海拔、行政区划、不同位置、不同高度的风速、风功率密度等一系列地理、气象信息。并结合地质、保护区、道路等公共信息，快速直观地推荐出可用的优势资源区域，计算推荐规划区域及规模，并自动推荐机型、排布风力发电机点位，计算发电量指标、收益指标，最终给出风电开发规划选址结果。

3.4.1 宏观选址

在准备阶段，首先，收集整理区域的自然环境保护、水源保护、耕地保护、文物保护、动植物保护、航空管制等敏感区资料，从环境保护方面分析该地区是否符合兴建风电场的硬性条件以及兴建风电场对环境的影响程度。其次，还需收集整理区域的土地利用规划、矿产资源分布情况，分析规划风电场场址与规划利用土地、矿产资源的覆压关系，以及矿产资源的重要性与开发利用状况等，确定该风电场的建设是否受土地利用规划和矿产资源的限制。此外，还应考虑规划区域内的地形地质、交通运输与电网接入条件，对开发建设条件较差的风电场场址，应在规划阶段予以否定，不纳入规划选址范围。

在风电场规划选址阶段，可将 GIS 技术、大数据技术和中尺度天气预报模式（weather research and forecasting model，WRF）技术等先进技术进行有机结合，并通过可视化工具选择风能资源较优的区域优先作为风电场场址。通过收集整合大量的行业相关数据，包含地理信息数据，行政区划数据，水源保护区、自然保护区、森林公园等环境规划数据，风能、冰冻、雷暴、天气预报等气象数据，地质结构、矿产资源数据，地表粗糙度数据等。

3.4.2　风资源评估

风电规划期风资源评估是对拟建区域的风能资源进行评估和分析，确定该区域是否适合风电项目建设运营。利用大数据技术、数值模拟等多种技术手段对风电场选址开展宏观及微观的风能资源评估，可以提高风能资源评估的准确性，为风电场选址、风力发电机选型和微观选址提供基础支撑，帮助确定风电项目的适宜布局和容量，为风电项目的规划和设计提供科学依据，实现风能资源的高效利用。同时，还需要评估风电项目的经济可行性和预测收益，为风电项目的投资决策提供参考。

3.4.2.1　风资源评估目标

能量丰富的风能资源是建设风电场的基本条件。开展区域风能资源评估的目的是充分了解拟规划建设区域的风能资源禀赋，从而确定是否适合建设风能发电项目。开展区域风能资源评估的目的有以下 4 点：

（1）确定风资源开发潜力。通过区域风资源评估，确定可开发量，从而明确是否有足够的资源来支持风电项目的开发。

（2）帮助选择合适的风电机组。区域风资源评估结果应用于风电机组选择，如适应高风速、高海拔、低风速、高湍流和高切变的风力发电机等，从而提高发电效率和机组安全性、稳定性。

（3）优化风电项目布局。评估区域风能资源可以帮助确定风电项目的最佳布局，最大程度地利用风能资源，提高发电量和经济效益。

（4）辅助决策和投资。区域风资源评估的结果可以为政府和投资者提供政策指导和决策依据。

3.4.2.2 风资源评估途径

风资源评估是风电场设计、建设前的重要环节，也是风电场运行的重要依托，风资源评估的准确性是风电场能否取得经济效益的关键。风资源评估主要通过测风塔观测数据评估、风资源数值模拟评估、基于气象站历史观测资料的评估实现。具体来讲，有以下步骤：

1. 风资源测量

通过安装风能测量设备，对项目区域的风速、风向、气温和气压等进行实时测量和监测，以获取准确风能资源数据。

2. 风资源数据分析

对测量得到的风能资源数据进行统计分析，包括风速频率分布、风能密度分布、风向分布、切变和湍流大小等，以评估风能资源的丰富程度和稳定性。

3. 风资源地形分析

考虑地形对风电场气流的影响，进行地形分析，包括地形起伏、地形梯度、局部地形等因素，以确定风电场的适宜布局和容量。

4. 风资源预测模拟

利用数值模拟方法，基于地形和气象数据，模拟预测未来风能资源的变化趋势，以评估风电项目的可持续性和长期收益性。

3.4.2.3 风资源测量

做好风电场的测风对于风能资源开发具有重要的意义，准确的测风是风能资源开发的基础和前提，也是风电场设计、建设的保障。风电行业使用的测风设备有测风塔（桁架式结构和圆筒式结构）、激光雷达测风仪、声波雷达测风仪等，均可以用于陆上和海上测风。其中，桁架式结构为目前使用最多的测风塔结构形式，其安装过程相对简便，不需要使用大型设备，投资费用低。风资源测量的主要参数包括风速、风向、气温、气压和湿度。

1. 常规测风技术规范

风电行业早期的测风塔一般由气象、环保部门建造，主要用于大气观测和大气环境监测。随着我国风电行业快速发展，新能源企业纷纷投资设立测风塔，以求在风电场开发前期获得准确的测风资料来降低投资开发风险。

测风塔架设高度一般不低于拟安装风力发电机的轮毂高度[58,59]。测风塔的组成包括塔底座、横杆、斜杆、风速仪支架、避雷针、拉线、测风软件以及风速、风向等传感器。在塔体不同高度处安装有风速计、风向标以及温度、气压等监测设备，测量数据被存储于安装在塔体上的数据记录仪中。

测风塔应具备塔影影响小、结构安全稳定、轻便、风振动小、防腐、防雷电、易于运输安装及维护等特点，应能抵御当地 20 年一遇的洪水、泥石流、暴雨、凝冻结冰等自然灾害及最大阵风冲击，尤其对于有结冰凝冻气候现象的场地，测风塔设计、制作时应特别考虑。选用桁架式拉线塔时应根据风电场的自然条件和运输条件进行确定。测风塔的接地电阻应满足规范要求，或尽可能采用降阻剂等措施降低接地电阻。

测风塔应安装在风电场中具有代表性的位置，且周围场地应该尽可能开阔，避免建筑物等障碍物遮挡，若有障碍物存在，应该保证与单个障碍物距离应大于障碍物高度的 3 倍，与成排障碍物距离应大于障碍物最大高度的 10 倍。

测风塔的安装数量与风电场地形复杂程度相关。一般对于地形较平坦的风电场，可以适当减少测风塔数量；对于地形复杂的风电场，测风塔数量可适当增加，或对测风塔代表性进行评估后再确定测风塔的安装数量和位置。

测风塔一般应至少布置 3 层风速观测装置和 2 层风向观测装置，温度计、气压计和湿度计等气象要素观测装置一般安装在测风塔 10m 高度的设备箱中。测风软件将测风塔所测风速、风向、温度和气压等各项指标记录下来，经风资源分析，以满足后续风能资源评估和设计的有关要求。

测风数据的收集和传输一般采用邮箱自动获取的方式，在测风运行期间，应随时注意测风塔状态、测风数据状态和数据传输状态，如果发现异常，应及时进行处理，并定期或不定期到现场对仪器设备进行检查。按照规范要求，风电场前期测风一般应持续 1 年以上，需要及时对风速、风向等测风数据的合理性和完整性进行统计分析，一般每月或每周对测风数据进行初步的整理分析，若发现测风过程存在问题，应及时补救。

2. 组合测风技术

近年来，对风能资源的关注和风电行业高质量发展要求推动了雷达测风、虚拟测风等新设备、新技术的发展，且为适应大规模风电开发，以及应对传统测风中出现的冰冻、倒塌、数据传输缺失等极端情况，逐步采用风资源数值模拟、测风塔测风校正、激光测风验证三步完成的组合测风技术[60]。该技术采用大数据分析手段，通过已有测风塔之间同期测风时段内数据的相关性完成多塔间测风数据加权互补；再依托地理信息，通过大气模拟、计算流体力学等数值模拟技术，对多测风点位的观测数据进行数值模拟计算，得到规划区域内任意高度的格点化风资源数值模拟结果；最后，以测风塔的实测数据校正风资源数值模拟结果，利用激光测风仪移动进行观测验证。

与传统的测风手段相比，此项技术能够在短时间内获取更长时间的代表性数据，还能获取计算区域内任意位置的风资源时间序列，在保证风能资源评估准确性的前提下，大大缩短了测风时间，提高了测风灵活性。

3.4.2.4 风资源评估分析

通过分析评估，对风电场的风能资源特性进行了解和判断，在此基础上，开展风力发电机选型、微观选址和发电量预估等工作，风资源评估不准确往往导致风力发电机选型及微观选址的失败。

风资源分析的依据主要来源于测风塔的实测数据，风能资源分析分为测风数据收集处理及风况参数分析两个环节。

1. 测风数据收集处理

测风数据是风电场的第一手资料，是分析风电场风资源最重要的依据。根据《风电场风能资源测量方法》(GB/T 18709—2002)和《风电场风能资源评估方法》(GB/T 18710—2002)中的相关规定，测风塔现场测量应连续进行，且不短于一年。现场采集的测量数据完整率应在98%以上，并需要对数据的完整性、合理性和有效性进行检验，对缺测数据、不合理数据进行验证插补，处理后的测风数据有效数据完整率需达到 90%。

2. 风况参数分析

对气象站多年数据进行综合分析，这些气象要素包括风速、风向、气温、气压、水汽压、相对湿度、降水量、极端天气天数等。对测风塔实测数据进行风况参数分析，包括空气密度、平均风速/风功率密度、风速年变化/日变化、风速频率、风向频率、风切变、湍流强度、50 年一遇最大/极大风速等。通过分析提出风速、风向的年度及年际变化图表，并说明风电场现场测风时段在长周期变化规律中的代表性；提出风速、风向的月及日变化图表，并说明风电场所在地区年内及日内风速、风向变化情况，给出风能资源评估的结论及开发建议。

3.4.3　微观选址

风电场微观选址设计的主要工作是在宏观选址基础上研究风电机组的具体布局[61]。应从风资源开发和工程建设两个角度对风力发电机排布方案进行综合的技术经济比较，在充分考虑风资源、环保、水保、文物、矿产、林地、居民区、噪声等敏感制约因素的基础上，结合场内道路、吊装平台、集电线路等因素，给出最终的风力发电机排布方案。

如果风电场微观选址不合理，即使风电场的整体风能资源较为优异，风电机组也不能对风能进行充分地利用，甚至会由于微观选址不当，导致风电机组损坏。南方地区某风电场，总装机容量为 49.5MW，于 2015 年 6 月全部并网，投运后部分机组出现振动超标、故障停机、偏航螺栓断裂等问题，特别是临崖布置的风力发电机问题尤为突出。原因是临崖位置受地形影响湍流较高，导致机组振动加大，偏航系统频繁损坏，同时高湍流下，对叶轮、传动链的破坏都将加大，增加机组疲劳载荷，大大增加设备运维费用，严重降低设计寿命。

3.4.3.1　常规微观选址技术

目前，国内微观选址通常采用国际上较为流行的风电场设计软件 WT、WindSim 等进行。根据风电场的测风资料、测绘地形图、粗糙度数据等，结合所选风电机组轮毂高度和测风高度的风资源风频文件，采用发电量计算软件进行建模计算。之后，输入风电场空气密度下的风电机组功率曲线及推力曲线，根据风电机组的布置范围初选风电机组数量及点位，并规定风电机组之间最小间距、地形坡度、噪声要求等，得到风电机组排布。然后利用北斗卫星导航系统（beidou navigation satellite system，BDS）或全球定位系统（global positioning system，GPS）进行现场勘察，若现场条件不满足施工安装要求则需调整，利用 BDS 或 GPS 测得新坐标，并输入发电量计算软件，对风电场每台风电机组发电量和尾流损失电量进行精确的计算。这种方法有其适用条件及局限性，不过，如果熟悉风电场状况和软件特点，依然能较好地优化机位布置。

3.4.3.2 智能微观选址技术

通过将中尺度气象数值模拟、激光雷达测风、无人机三维（three-dimensional，3D）高精度建模、AI 地物快速识别、计算流体动力学（computational fluid dynamics，CFD）模拟等技术相结合，能实现快速的风能资源评估，识别潜在风险点，自动优化排布风力发电机点位并形成最佳的工程设计方案，包括自动生成风力发电机点位的吊装平台方案、道路选线方案、集电线路设计方案等。通过三维建模生成高精度的三维可视化模型，使风电场设计更直观、准确性更高。通过风电场建模分析和优化迭代，可实现多套设计方案对比寻优，显著减少工期、降低建设成本，便于施工管理，优化投资收益，提升项目整体经济性。

3.4.4 数字化设计技术

在设计领域，得益于计算机数字化技术的应用和发展，形成了数字化设计技术，其以计算机为核心，对信息进行多元处理，包括数字编码、压缩、调制解调等。和传统的产品设计相对比，数字化设计技术在数据管理方面具有更高的完整性和时效性，可以使不同环节的设计工作不受时间以及空间影响，有效地缩短设计的时间。

3.4.4.1　虚拟设计

虚拟设计技术是一种新型的数字化设计技术，结合计算机网络技术、多媒体技术、画图技术、传感技术、仿真技术、智能技术等数字化技术，通过构建三维虚拟场景模拟现实场景，在仿真环境中开展设计的技术。虚拟设计技术主要是利用虚拟现实（virtual reality，VR）设备在 VR 环境中身临其境地感知 CAD 设计出来的模型，具有沉浸性、交互性、想象性等特点。

在工程实际中，虚拟设计技术在三维模型、渲染等方面都有广泛应用。虚拟设计技术集合了三维图形、声音等多种媒介，能够提供更加接近真实的体验。对于复杂机械设备，仅依靠计算机辅助设计很难获得非常理想的效果，配合使用虚拟设计技术可以逼真地模拟机械设备的实际使用性能，有效地设计优化，提高机械设计制造效率。尤其适用于结构复杂、设计难度高、设计耗时长的大型机械设备的设计制造。

采用虚拟现实技术，可实现三维模型在施工阶段设施状态和安全培训等数字化仿真应用[62–64]。通过先进的图像显示技术实现大容量工程模型的快速响应，并采用干涉检测和重力模拟技术，允许用户实时、有效地模拟实际环境，提高用户感知度。虚拟现实技术还可用于后期仿真培训的功能，用户能在虚拟环境中自主定制各种各样的操作手册、操作流程和安全规程，并通过预先设定任务和操作步骤，加强员工培训和事故处理演练。

3.4.4.2　三维数字化设计

基于 GIS + BIM 的风电场三维数字化设计技术是在 GIS 系统平台上嵌入 BIM，可充分发挥各自长处，为大区域工程建设提供三维精细化解决方案。GIS 是将基于视觉化效果的地理分析功能与常规的数据库操作（如查询和统计分析等）集成在一起，可以对大范围地形、地物等地理空间信息进行分析处理，并对与地理位置相关的现象和事件进行成图分析[65]。BIM 是以建筑工程项目的各项相关信息数据作为模型的基础，建立建筑模型，通过数字信息仿真模拟建筑物的真实信息。

该技术利用 GIS 与 BIM 各自的优势，使宏观层面的地理环境信息与微观层面的建（构）筑物信息实现交换和互操作，除了可以为风电场前期咨询设计提供有力保障外，在项目建成后还可以继续发挥作用，为集控中心提供三维可视化的监控平台，为风电场的远程监控、运维培训、模拟故障处理以及更多、更好的交互式管理提供基础技术支撑[66]。

3.4.4.3 数字化协同设计

数字化协同设计是指两个或两个以上设计主体，通过一定的信息交换和相互协同，分别以不同的设计任务共同完成设计目标。数字化协同设计可实现设计平台一体化及多设计并行，是当下设计行业技术的重要创新方向。在发电设计领域，由于不同专业设计的侧重点不同，采用的三维数字化软件也有差异，造成彼此之间的数据隔离，容易形成信息孤岛，开展数字化协同设计可以打破壁垒，实现设计数据共享和数字化模型整合。

目前，国内发电工程数字化设计系统主要有智能工艺管道和仪表流程图（piping and instrument diagram，P&ID）设计系统、工厂三维布置设计系统、建筑信息模型类设计系统等。数字化协同设计技术的应用可以使工程的设计模式由传统的串行变为并行，实现实时材料传递和信息共享，保证设计方案的一致性和统一性，提升设计效率。

应用数字化协同技术有望在未来实现 CAD/CAE 等数字化设计系统与企业资源计划、供应链管理等相结合，形成企业信息化的总体构架，通过技术集成，整合企业管理，助力企业实现从供应决策到企业内部技术、工艺、制造和管理等多部门间的信息融合，全面提高企业的数字化管理水平。

3.4.5 机组选型

风电机组是风电开发的核心设备，合理的机组选型是风电场设计的重点和关键。从生命周期角度出发，机组选型不仅影响风电项目发电量，也对项目前期投资成本和后期运营维护成本有着重要影响，直接决定项目的经济收益。在选型阶段，机组的环境适应性、经济性和机型成熟度是重点关注因素。

3.4.5.1　环境适应性

我国风能资源丰富，但环境条件复杂多样，包含了不同等级的风能资源区以及湿热、干热、寒冷等多种典型气候条件。在不同地区，风力发电设备所面临的环境条件存在差异，引起不同的环境适应性问题，不同的风资源条件以及低温、台风、地震、高温、风沙、暴风雪、潮湿、腐蚀、冰冻等特殊环境因素都会对风电机组带来较大的影响，风电机组的环境适应性指其在各种环境条件下正常运行的能力，需要在机组选型过程中充分考虑。云南某风电场，由于风力发电机选型时未考虑特殊地理条件，电气设备选型未选用高海拔专用电气元器件，导致电气设备绝缘性能下降，项目投运以来频繁出现大面积风力发电机脱网。同时该项目所处区域冬季凝冻日数较多，风速风向仪选型时未考虑自动加热功能，导致冬季频繁发生结冰故障，使风力发电机长时间处于停机状态，给项目带来较大的发电量损失。

3.4.5.2　经济性

经济性始终是各种发电形式保持市场竞争力的关键因素，风力发电机选型直接影响项目经济性。南方地区某风电场，可研阶段设计使用 2MW－105 机型和 2MW－112 机型混排，轮毂高度分别为 80、85m，设计年等效满负荷小时数为 2000h 左右，投产后连续几年等效满负荷小时数仅 1350h 左右，远低于设计值。主要原因是该项目资源条件较差，地表覆盖复杂，山体平缓，是典型的低风速高湍流区域，风力发电机选型环节叶片长度及轮毂高度不足，严重影响发电量。

平准化度电成本（LCOE）是项目全生命周期内的成本现值与生命周期内发电量现值的比值，是反映风电场全生命周期内经济性能的重要指标，其中，建设成本、运维成本与发电量均与风电机组的选型直接相关。因此，应以风电场全生命周期为评价周期，以项目经济评价结果作为主要参考指标，综合考虑塔筒、风力发电机基础、道路的造价以及维护成本等因素，通过多次迭代寻求机组选型方案最优解。

3.4.5.3 成熟度

风电机组成熟度关系到全生命周期内机组运行的稳定性和可靠性，主要考虑所选机型是否通过权威机构的型式认证，技术路线的成熟性、历史运行业绩以及主要零部件配套产业链体系是否完整等因素。在风电高速发展时期，部分项目采用了没有经过风电场长期检验的齿轮箱、发电机、主轴承等核心大部件，致使机组在投运后出现大部件批量损坏，整机性能差，部件及机组寿命缩短，故障率、运维成本上升等问题，甚至危及机组安全。

3.4.5.4 定制化选型

对于地形复杂的风电场，往往存在风况多变、风速跨度大、限制因素多等难题。为应对不同风资源情况下的风电场设计，不墨守成规选用单一机型，而是采用合适的机型（单机容量、轮毂高度、不同设计等级机型等）混排方案，达到在不同的风况下提升资源利用效能并提高风电场收益的目的。如安徽某山地风电场，一期采用 103m 叶轮直径风力发电机，相邻的二期风电场采用 103m 和 112m 叶轮直径风力发电机混排，以 2014 年全年数据进行统计，在风资源相近情况下，二期比一期年等效满负荷小时数高约 200h。

此外，由于实际场址的载荷通常会低于风力发电机的标准设计载荷，可以通过对塔架、风力发电机基础甚至叶片、主轴的定制化设计或选配实现特定风电场的塔筒、基础等关键设备定制化设计和交付，有效降低大部件材料用量，从而降低风电场建设整体成本。如某项目拟采用 2MW 机型，通过实际风况–载荷定制化设计塔筒，使塔筒极限载荷降低 14%，疲劳载荷降低 21%，虽然仍然采用设计风况为 6.5m/s、A 类湍流等级的风力发电机，但通过载荷定制优化使塔筒重量降低了 10%左右，风电场单位千瓦投资降低约 100 元。

除设备端的定制化设计选型外，控制策略的优化调整也能达到发电能力优化提升的效果。定制化控制策略属于智能控制优化技术的范畴，通过有效组合和应用各种技术，风力发电机可以准确感知自身的状态和外部环境条件，从而优化调整控制策略和运行方式，保证运行在最佳工况点，实现发电量和使用寿命同时最优。比如，针对部分区域高风速段（切出风速以上）风频分布较高的特点，采用智能软切出控制策略可以有效利用高风速段风能，发电量提升空间约 1%；柔性功率控制的应用可在部分机组出现降容或停机时，发挥场群内其他机组的作用，实现整场柔性功率调节增发电量，弥补可能产生的整场电量损失；针对复杂地形及恶劣天气条件下的极端风况，基于载荷的控制策略可有效降低机组各子部件故障频次（如超速、振动等），提升机组大部件运行寿命；针对特定环境，运用扇区管理控制策略，降低某个风向下特殊风况对风力发电机的危害，确保风力发电机安全运行；针对存在噪声影响的机位，根据风况特点和噪声影响，针对性地对控制策略进行调整和优化，达到降低噪声的目的，有效控制项目对周边居民环境的影响。定制化风力发电机选型，将进一步提升风电场收益水平，成为未来的重要方向。

3.4.6　智能变电站

智能变电站主要由设备层、系统层组成，包括智能高压设备、继电保护及安全自动装置、监控系统、网络通信系统、计量系统、辅助设施等。智能变电站具有强交互性、高可靠性，且因电子式互感器、低功耗电子元器件等智能化设备应用，降低了变电站电磁辐射对环境的影响，低碳环保优势显著。

智能变电站采用先进、可靠、集成、低碳、环保的智能设备，以全站信息数字化、通信平台网络化、信息共享标准化为基本要求，自动完成信息采集、测量、控制、保护、计量和监测等基本功能，并可根据需要实现支持电网实时自动控制、智能调节、在线分析决策、协同互动等高级功能。

智能变电站可实时监测和控制风电场的电力运行状态，提高电力传输和分配效率，降低能耗和运维成本。在变电站规划设计中，需综合考虑风电场的具体情况和需求，合理选择设备和技术，确保风电场智能变电站的高效运行和可靠性。

通过优化主接线设计和总平面布局，采用集成化智能设备和一体化业务系统，应用一体化设计、一体化供货、一体化调试模式，实现占地少、造价省、可靠性高的目标，打造系统高度集成、结构布局合理、装备先进适用、经济节能环保、支撑调控一体的智能变电站。与传统变电站最大差别体现在一次设备智能化、设备检修状态化、二次设备网络化 3 个方面。

3.4.6.1 智能一次设备

风电场智能变电站的智能一次设备指直接用于生产、输送和分配电能的高压电气设备，可实现数字测量、网络控制、状态评估、信息互动等智能化功能。主要包含以下部分：

1. 智能电力变压器

智能电力变压器可实现变压器冷却装置的网络控制及自主智能控制、分接开关的网络控制、常规接点信息的连续实时监测、集成非电量保护等功能。

2. 智能高压开关设备

智能高压开关设备可实现分/合闸操作的网络控制、顺序控制、智能联锁、连续测量各气室压力/温度等气体状态参量的功能。

3. 无功补偿设备

智能无功补偿设备可实现网格化控制、支持恒定电压控制/恒定无功功率控制/恒定功率因数控制等自主智能控制模式、关键部件运行状态的实时监测。

3.4.6.2 智能二次设备

智能二次设备指对一次设备的工作进行监测、控制、调节、保护以及为运行、维护人员提供运行工况或生产指挥信号所需的低压电气设备，其作用是适应新能源发电的特点，提高电力系统的安全性和可靠性、管理效率和节能效果，是未来电力行业发展的关键。风电场智能变电站的智能二次设备主要有以下部分：

1. 智能监控系统

智能监控系统是对变电站设备运行状态、电能质量、安全防范等方面进行实时监控和远程管理的核心设备，通过收集各种传感器的数据，进行实时数据分析，实现对设备运行状态的监测和预警，同时能够与调度系统、能量管理系统等其他系统进行信息交互，实现电力系统的智能化管理和控制。

2. 智能继电保护及安全自动装置

智能继电保护及安全自动装置是实现继电保护功能的核心设备，能够反应电力系统中电气元件的故障或非正常运行状态，并传递至断路器跳闸或发出信号。智能保护装置通过采集电流电压量和一次设备的位置信息，反映故障点位置，并准确快速的动作于故障点，确保一次设备的安全，保证电力系统供电可靠性。

3. 智能计量系统

智能计量系统采用先进的计量技术和通信技术，能够实时监测电能质量和设备运行情况，实现远程抄表和电能管理，对风电场的发电量和用电量进行实时监测和统计，为电力系统的调度和管理提供重要数据支持。

4. 智能故障诊断系统

智能故障诊断系统通过建立故障诊断模型，利用大数据分析和人工智能挖掘并分析技术设备运行数据，对变电站的设备故障进行实时监测和预警，提前发现潜在故障并采取措施进行处理，降低维修成本。

5. 智能能耗管理系统

智能能耗管理系统通过建立能耗管理模型，利用智能电能表等设备收集能耗数据，并通过数据分析技术找出能耗瓶颈，提出优化建议，对风电场的能源消耗进行实时监测和优化管理，提高能源利用效率，降低变电站运行成本。

3.5　智慧工地管理

智慧工地理念最初是由智慧城市的概念细分出来的，在我国起步较晚，但随着数字化技术快速发展，近年来，基于 BIM 技术的智慧工地管理体系在国内建筑施工项目中逐渐广泛应用。开展风电场智慧工地管理，可以解决传统项目管理中的成本、进度、质量、安全等方面的难题，使工程项目管理更加可视化、精细化、智能化，帮助项目实现信息共享、协调互动、风险管控、科学决策，提高施工的工作效率、安全性和可持续性，并为后续项目投运提供准确的资料支撑。

3.5.1 智慧工地管理目标

3.5.1.1 现场管理数字化

通过新一代互联网先进信息技术的集成与应用，提升风电项目建设数字化集成管理水平，着力提高信息化、数字化、智能化技术覆盖率，创新管理模式和手段，实现现场作业可管、可视、可控，提升现场安全质量数字化管理水平，推动工程管理数字化转型。

3.5.1.2 项目数字业务标准化

智慧工地标准化方案是通过数字工具标准化、业务需求模块化实现现场作业管理标准化，提升智慧工地的实用性、适用性和可复制性。

3.5.1.3 收资应用系统化

风电施工智慧工地收资包括收集和管理项目的施工图纸、技术方案和设计文件等以及监测报告、验收文件等材料的收集。该工作可以有效支持项目的施工和监管，确保项目的质量和安全符合要求。同时，这些资料是后续生产运营阶段智慧化的必要基础数据。

3.5.2 智慧工地主要模块

风电场施工中，发生高空坠落、触电、机械伤害等安全事故会导致严重后果。起重机倾翻、风力发电机损坏等事故可能导致重大的人员伤亡和财产损失，电气设备故障或气体泄漏等可能导致火灾和爆炸事故，土壤、水源或空气污染等事故会对周边环境和生态系统造成不良影响。安全事故通常与不当操作、设备故障和安全措施不到位等原因紧密相关，应积极采用智慧工地技术，做到事前预防，事中正确应对处置，事后全面分析，并采取合理的评价度量指标从几个维度全方位跟踪现场施工状态。

另外，利用大数据技术，提取关键信息，对监控数据进行分析和处理。发现异常及其趋势，预警潜在问题和风险，为决策提供依据和参考。通过施工过程中数据的实时采集和处理，减少人工操作和纸质文档的使用，实现数字化结算，提高结算效率、准确性和透明度，减少纠纷和争议的发生。同时，数字化结算还可以提供数据支撑，进行统计分析和预测，为风电工地管理和决策提供科学依据。

3.5.2.1 施工监控

1. 施工过程监控

通过视频监控、传感器设备等手段，实时监控施工过程中的各项活动，包括土地平整、基础施工、塔筒安装、叶片安装等，实时观察施工现场情况，确保施工按照规范和计划进行。

2. 设备运行监控

通过传感器设备、远程监控系统等监控施工设备的运行状态，实时监测设备的温度、振动、压力等参数，及时发现设备故障和异常情况。

3. 安全监控

通过视频监控、人员定位、安装智能传感器等手段，实时监控施工现场人员、设备、环境等的安全状态，发现并及时处理安全隐患。

4. 环境监控

通过智能传感器，实时监控施工现场空气、噪声、振动、土壤等环境参数，确保施工过程对周围环境的影响在可控范围内。

5. 资源管理

通过智能识别和管理系统，实时监控施工现场材料、设备、人员出勤等物资和人力资源情况，提高资源利用效率，并及时补充不足。

3.5.2.2 预警

1. 不规范操作预警

施工监控中，一旦发现安全隐患或不安全行为，系统将发出安全预警，提醒工地管理人员及时采取措施进行处理。

2. 环境异常预警

施工监控中，一旦发现环境异常情况，如空气污染、噪声超标、土壤松动等，系统将发出环境异常预警，提醒相关人员及时采取措施减少对周围环境的影响。

3. 资源短缺预警

施工监控中，一旦发现物资短缺或人力资源不足的情况，系统将发出资源短缺预警，提醒相关人员及时采取补充措施以保障施工进度和质量。

4. 施工进度预警

通过对施工进度的监测和分析，一旦发现施工进度偏离预期，系统将发出进度预警，提醒工地管理人员及时采取措施进行调整和优化，以保证施工顺利进行。

3.5.2.3 应急指挥

1. 应急预案

针对各类可能发生的紧急情况，如火灾、事故、自然灾害等，制定完善的应急预案，配备专业的灭火设备和急救设备，明确规定各类应急情况的处理流程、责任分工和联系方式。

2. 紧急通信系统

采用手机短信、对讲机、网络通信等方式建立紧急通信系统，确保各级人员之间的紧急信息能够快速传递。

3. 紧急撤离

根据应急预案，及时发出撤离指令，引导施工人员有序撤离危险区域，确保人员的安全。同时，应建立人员统计和定位系统，及时了解人员的位置和状态，确保没有人员被滞留在危险区域。

4. 环境保护和污染防控

在应急情况下，采取措施保护周围环境的安全，并防止污染扩散。例如，在发生泄漏或溢出情况时，及时封堵和清理，防止污染物进一步扩散。

5. 事故调查和分析

在紧急情况得到控制后，要及时进行事故调查和分析，找出原因和责任，总结经验教训，并进一步完善应急预案和工地安全管理措施，避免类似事故再次发生。

3.5.2.4　评价体系

1. 安全管理评价

安全管理评价主要评估工地的安全管理水平，包括安全规范的制定与执行、安全培训与教育、安全设备的配备与使用等，评价指标包括事故发生率、安全培训覆盖率、安全设备合规率等。

2. 资源管理评价

资源管理评价主要评估工地对物资和人力资源的管理与利用情况，包括物资进出库管理、物资消耗与补充、人力资源配备与使用等，评价指标包括物资利用效率、人力资源利用效率等。

3. 施工进度评价

施工进度评价主要评估工地施工进度的规划与执行情况，包括施工计划的制订与调整、施工进度的控制与跟踪等，评价指标包括施工进度延误率、施工进度完成率等。

4. 质量管理评价

质量管理评价主要评估工地的质量管理水平，包括质量规范的制定与执行、质量检验与验收、质量问题的处理与改进等，评价指标包括质量合格率、质量问题处理时效等。

5. 环境保护评价

环境保护评价主要评估工地对周围环境的保护措施与效果，包括环境影响评估与管理、环境污染防治措施的执行与效果等，评价指标包括环境监测合格率、环境污染防控措施执行率等。

6. 应急响应评价

应急响应评价主要评估工地应急预案的制定与执行情况，包括应急预案的完善与演练、应急响应能力的检验与评估等，评价指标包括应急预案合格率、应急响应时效等。

3.5.3 智慧工地关键装备及技术

3.5.3.1 传感器

各种传感器用于监测施工进度、设备状态、环境参数等数据[67]，并实时传输到中央系统，帮助监测和管理施工过程，及时发现问题。以下是智慧风电施工现场常用的传感器：

温湿度传感器用于监测到风电场施工长期内部和外部的温度及湿度变化，给建设工人提供适宜的工作环境，保障施工作业流程。

噪声传感器用于监测施工噪声水平，提醒工人佩戴耳塞，并采取必要的措施来降低噪声污染，保护工人听力健康。

气体传感器用于监测工地环境中有毒气体、可燃气体及其他有害气体的浓度，及时发出警报并采取相应的防护措施，确保施工人员健康。

压力传感器用于监测和控制风力发电机基础结构和土壤压力变化，预警潜在风险，提供结构安全性保障。

3.5.3.2 建筑信息模型

使用 BIM 技术创建虚拟建筑模型，帮助规划、协调和优化施工流程[68]，可以减少冲突、提高效率，实现不同团队之间更好的协作。风电场施工建设主要建模部分如下：

1. 升压站三维模型

利用设计软件完成升压站场地及主要建筑物三维建模，再以该模型为基础设计并导入各种电气专业的主变压器等一次、二次构件，通过图形渲染，最终形成整个升压站的三维模型。

2. 风力发电机基础三维建模

通过 BIM 工具将基础计算信息直接参数化导入软件中，可以快速生成三维钢筋及基础形状，实现基础快速建模，从而精确提取风力发电机基础工程量。

3. 风电场道路三维建模

通过 BIM 工具可以将设计方的图纸设计文件转化成三维道路地形图，并且通过渲染技术获得更加真实的地形地貌效果。

4. 风电场集电线路设计三维建模

风电场集电线路长度通常有数十千米甚至数百千米，并可能跨越不同的地质地貌。所涉及的杆塔数量非常多，杆塔基础根据线路地勘，采用刚性台阶基础、柔性基础、掏挖式基础、桩基础等不同的形式。利用三维数字设计平台，分别展示各个基础形式和透视效果，包括开挖作业面及降坡等，从而优化塔基临时施工作业平台，提升施工安全性。

3.5.3.3　智能管理系统

通过建立管理数据库及管理系统动态掌握工程状态。

1. 设备与材料管理

建立设备和材料管理数据库，对设备运行状态、使用效率及材料进场、使用和库存情况实时监控和分析，实现设备和材料的实时调度和管理。

2. 项目进度与成本控制系统

通过智能化的项目进度和成本控制系统，对项目进度和成本实时监控和优化，通过数据分析技术，对项目进度和成本进行预测性分析，提前发现问题并采取措施。

3. 工地安全与健康管理系统

通过智能化的安全与健康管理系统，对工地安全风险实时评估，同时，为工人提供健康咨询和紧急救援服务，当工人发生意外时，系统能够迅速响应并启动紧急救援程序。

4. 工程质量控制系统

通过高清摄像头和传感器对施工过程无死角监控，将采集数据与预设标准进行比对，从而实现对工程质量的实时把控。同时，利用大数据和人工智能技术对工程质量开展预测性分析，提前发现可能存在的问题。

5. 工地物流与库存管理系统

通过物流管理系统，对工地的物资流动实时监控和管理，通过库存管理系统优化物资配置，实现库存最小化。

6. 预警系统

预警系统基于人工智能和机器学习技术，可以通过分析现场数据和历史趋势，预测可能出现的危险情况，并提前发出警告，使现场管理人员有时间采取必要的预防措施。

7. 远程协同与沟通系统

远程协同与沟通系统可实现管理人员、施工方、设计方多方实时沟通和协作，当施工现场出现突发情况时，各方可以通过该系统进行远程会议和协同决策。

3.5.3.4 智能安全管理装备

利用智能监测和警报系统，提前研判潜在危险，及时采取措施预防事故，保障施工人员的安全[69]，关注风电场人员的心理健康，并组织培训和检修，确保工人能正确使用，并确定设备处于健康工作状态。

1. 人员追踪技术

利用智能安全帽和工装等设备，实时监测工人的位置、安全状态及工作效率。射频识别技术（radio frequency identification，RFID）或人员追踪系统，可以实时追踪施工现场的每位施工人员，了解其工作状态和位置，有助于在紧急情况下快速找到并救援目标人员。

2. 高清摄像头

通过高清摄像头，对施工现场进行全方位、全天候监控，包括土方开挖、钢筋绑扎、混凝土浇筑、模板安装、拆除等各个施工环节；利用无人机和全景摄像头定期航拍获取更全面视角。

3. 风电场人员生理和心理安全监测装备

为风电场人员安装生理、心理安全监测装备，采集管理现场作业人员的生理体征和心理适应性信息，并结合多元信息关联分析、特征提取以及不同特征的多维度分析，实现现场作业人员的全周期监测、分析与预警，并提供作业安全建议。随着技术进步，监测装备将越来越智能化，越来越融入风电场人员日常工作中。图 3 – 2 为穿戴式体征参数监护装置。

图 3 – 2 穿戴式体征参数监护装置

3.6　气象服务技术

2022 年 4 月 28 日国务院印发关于《气象高质量发展纲要（2022—2035 年）》的通知，提出“气象 +”赋能行动，提升能源开发利用、规划布局、建设运行和调配储运气象服务水平，强化电力气象灾害预报预警，做好电网安全运行和电力调度精细化气象服务，推动气象服务深度融入生产、流通、消费等环节。

气象服务既可用于规划设计，也适用于生产运营和后评价全过程。为了保存技术介绍的整体性和连续性，在此专题介绍气象辅助服务技术。

3.6.1　中尺度与天气预报气象融合技术

天气预报业务专业性强，且与气象观测数据资料和数量强相关，以往通用的气象和气候预报服务产品重点关注降水和气温预报，主要由中国气象局（CMA）系统提供，难以满足风电行业对高时空分辨率风速的需求。气象行业经过多年的发展，已经构建了一个覆盖天基、空基、地基的立体观测网，并且在国内建设了区域自动站、X 波段雷达等高分辨率的加密观测系统，可以有效补充风电场观测数据不足的问题。因此，亟需将中国气象局的中尺度天气预报系统数据与风电场观测数据相结合，研发具有能源属性的中尺度天气预报系统和能源气象降尺度系统，以满足风电场的微气象预报需求。并且还能结合风电场设备运行大数据为风电安全生产运行、风能资源评估分析、风电功率预测、辅助交易决策等领域赋能。

3.6.2　气象灾害预报需求

近年来，气象灾害对于风电场安全的影响受到越来越多关注。主要气象灾害包括大风、雷电、暴雨、沙尘等。

出于安全考虑，在风力发电机安装过程中，有以下常见的气象阈值：

风速阈值：风速是吊装作业中最重要的气象参数之一，为确保吊装设备和风力发电机部件的安全，吊装操作时的风速不应高于机型安装安全技术规定。

温度阈值：极端高温或低温条件可能对安装作业产生负面影响，－20～40℃是适宜的温度范围。

降水阈值：在降水量较大或持续降水的情况下，施工区域可能变得泥泞、滑动和不稳定，增加施工风险，通常限制或禁止在降水条件下安装作业。

雷暴阈值：雷电活动对风力发电机安装构成直接风险，是严重的安全威胁。在雷电活动频繁时，应暂停或延迟安装作业，减少雷击风险。

以上阈值是一般参考值，具体的气象阈值应根据实际情况、项目要求、安全标准和制造商建议确定。在风力发电机安装过程中，应保持与风力发电机制造商、项目工程师或专业人员的讨论和确认，以确保遵守适用的气象阈值，并采取适当的安全措施。

3.6.3 气象灾害预报技术

3.6.3.1 风速、阵风预报

世界气象组织（WMO）对阵风定义是在规定时间内，风速对其平均值持续时间不大于 2min 的正或负的偏离。阵风的产生是空气扰动的结果，流体在运动中，流过固体表面时，会遇到来自固体表面的阻力，使流体流速减慢。空气是流体的一种，当空气流经地面时，由于地面对空气发生阻力，低层风速减小，而上层不变，这就使空气发生扰动，不仅前进，且会下降。有时在空气流经的方向上，因为有丘陵、建筑物和森林等障碍物阻挡而产生回流，这就会造成许多不规则的涡旋，这种涡旋会使空气流动速度产生变化。当涡旋的流动方向与总的空气流动方向一致时，就会加大风速；相反，则会减小风速，所以风速时大时小。因此，对风电机组吊装施工、正常运行会带来极大安全隐患。

风速预报可以通过普通天气预报获得，通过设置风速预报预警限值实现风速预警。阵风预报通常可以通过高分辨率风电场数值风流场、湍流场等预报信息，诊断预报各机位点的 3s 或 10min 阵风[70]。阵风预报的内核整合了风电场风流特性的数据库，其中包含不同天气情况下的风速、阵风因子，相对于行星边界层高度附近的中尺度数值天气预报格点位置的风加速因子。应用时由短期中尺度数值天气预报数据驱动风电场特性库完成快速诊断任务，输出风电场平均风和阵风因子预测值。平均风预测值经阵风因子转换为各机位点的阵风预测值，经神经网络模型校正、汇总后形成风电场短期阵风预测结果，实现机位点 3s 或 10min 阵风预报，如图 3-3 所示。

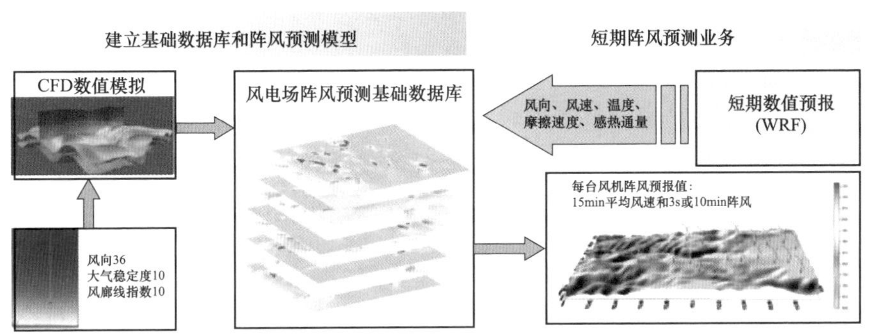

图 3-3　短期动力降尺度系统

3.6.3.2　降水预报

降水预报是一项复杂的技术工作，需要综合运用多种气象学、地理学、水文学等领域知识。首先，需要收集和处理大量的气象观测数据，包括温度、湿度、气压、风速、风向、云量、能见度等。这些数据可以通过地面气象观测站、气象雷达、探空气球、卫星等多种途径收集。收集到的数据需要经过质量控制、格式转换、插值等处理，使其满足预报模型要求。

在进行降水预报初始场选择时，首先要进行初始场的边界定义，包括温度、湿度、气压、风速、风向等变量在网格点上的分布。初始场可以通过分析历史气象资料得到，也可以使用模式扰动方法生成。模式扰动方法是通过对观测数据进行扰动，生成一系列可能的初始场，然后利用预报模型进行模拟，选择表现最好的初始场作为预报的初始条件。

在进行降水预报模型选择时，常用模型有统计预报模型、动力预报模型和集合预报模型等。统计预报模型是通过统计分析历史降水资料，建立降水与气象要素之间的关系，进行预报。动力预报模型是通过求解大气动力学方程组，模拟大气的运动和变化，进行降水预报。集合预报模型是通过生成多个预报结果，综合各个预报结果的概率信息，进行降水预报。

在进行降水预报模型参数调优时，需要根据历史预报结果和观测数据进行优化。参数优化可以通过人工经验方法、自动优化方法和机器学习方法等进行。人工经验方法是通过人工调整参数，使预报结果与观测数据尽可能接近。自动优化方法是利用优化算法，自动搜索最优参数。机器学习方法是通过训练机器学习模型，预测参数的影响，进行参数优化。

最后进行降水预报集合预报择优，模型集成综合多个预报模型结果，以提高预报的准确性和稳定性。模型集成通过加权平均、概率集合等方法进行。模型验证是通过比较预报结果和观测数据，评估预报模型的性能。模型验证通过均方误差、平均绝对误差、相关性等指标进行。降水预报的结果可生成多种产品，如降水概率、降水量、降水强度等。这些产品可以应用于能源、电力等领域，为决策提供依据。同时，降水预报也可为公众提供气象信息服务，帮助安排生活和生产活动。

基于全球大气再分析资料，驱动集合数值预报系统中的 WRF – Hydro 模式，再通过扰动模式的初始条件、边界条件、观测不确定性、模式物理参数化方案等数值预报系统的不确定因子或分量，产生集合预报输出场，实现降水、降雪预报，如图 3 – 4 所示。

3.6.3.3 沙尘预警

根据中国气象局发布，我国境内大范围沙尘天气主要来源有境外源区和境内源区，其中，境外源区主要是蒙古国东南部戈壁荒漠区和哈萨克斯坦东南部荒漠区，境内源区主要是内蒙古东部的浑善达克沙地中西部、阿拉善盟中蒙边境地区（巴丹吉林沙漠）、新疆南疆的塔克拉玛干沙漠和北疆的库尔班通古特沙漠。

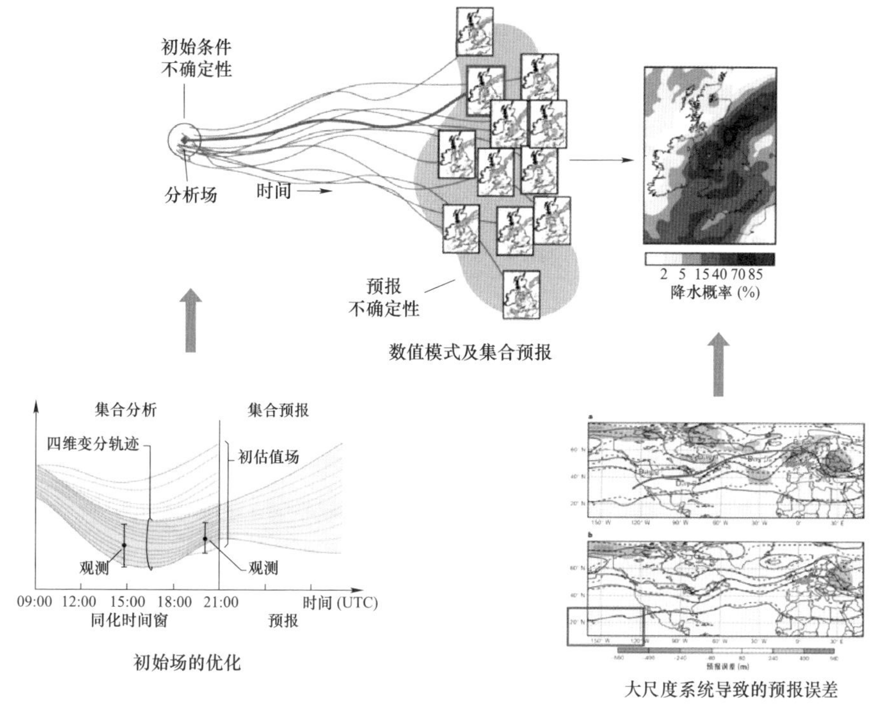

图 3-4　降水预警系统

通过卫星数据、沙尘数据集、污染物排放源、地面站能见度等观测数据，耦合数值天气预报与大气化学传输模型（WRF－Chem），搭建集成风沙物理过程和大气运动过程的沙尘暴数值预报系统[71]。通过大气模式、陆面过程模式、风沙模式（包括风蚀、输送和沉降模式）和地理信息系统，实现目标区域沙尘预警。沙尘数值预报流程如图 3－5 所示。

3.6.3.4　雷电预警

基于卫星观测资料、欧洲中期天气预报中心（ECMWF）和美国国家环境预报中心（NCEP）开发的全球预测系统（global forecast system，GFS）等监测数据及系统，再分析数据、采用 WRF 中尺度雷电预报模式进行区域雷击预报。要解决雷电在一段时间内的位置修正问题，关键是找到其在前一时段的偏移方向，然而雷电偏移规律通常是很难捕捉的，考虑到在地理空间位置上，不同位置的雷电偏移方向可能有差别。通过雷电位置修正模块与偏移模块结合高斯混合模型，实现雷电局部偏移向量、全局偏移向量的提取和位置修正，得到未来 4h 内雷电发生位置概率分布，进一步提升雷电预警精确度[72]。闪电偏移、位置修正模块如图 3－6 所示。

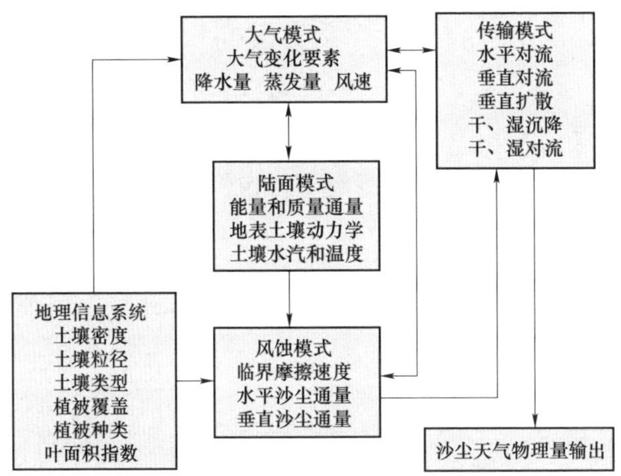

图 3－5　沙尘数值预报流程

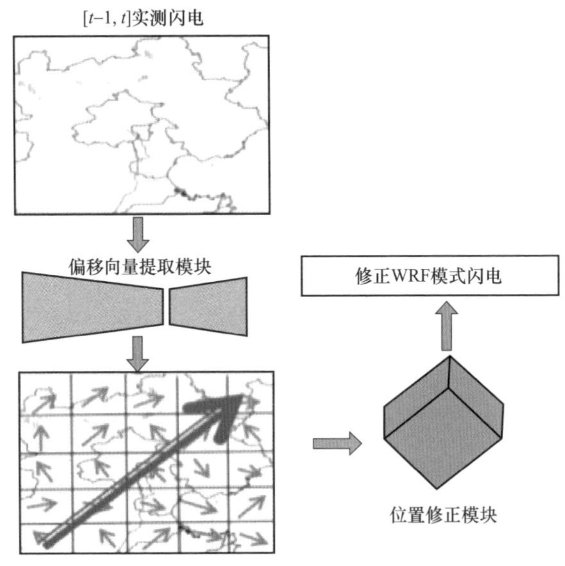

图 3－6　闪电偏移、位置修正模块

3.6.3.5　地质灾害

（1）卫星数据基础沉降监测对地质灾害发生风险较高、地质稳定性较差的

区域，能源场站地质灾害监测非常重要[73,74]。传统 GPS 观测方法是利用全球卫星定位系统（global navigation satellite system，GNSS）对风力发电机基础进行实时监测。通过部署 GPS 接收器在风力发电机基础上的固定测点，可以实时获取各测点坐标位置，从而快速监测到风力发电机沉降状况。这种单点测量方法具有实时性强、观测精度高的优点，但难以描述整个沉降区趋势，并且受卫星信号和天气条件的影响较大，成本较高。

新型的集合成孔径雷达技术与干涉测量技术（interferometric synthetic aperture radar，InSAR）于一体，合成孔径雷达是一种主动式微波遥感，用来记录地物的散射强度信息及相位信息，其中，散射强度信息反映了地表属性（含水量、粗糙度、地物类型等），相位信息则体现了传感器与目标物之间的距离信息。干涉的基本原理是通过同一区域两次或多次过境的合成孔径雷达卫星影像的复共轭相乘，提取地物目标的地形或者形变信息，如图 3－7 所示。InSAR 具有高精度、高分率、覆盖范围大、成本低、安全和观测连续等特点，同时可与 GPS 观测方法进行互相补充。

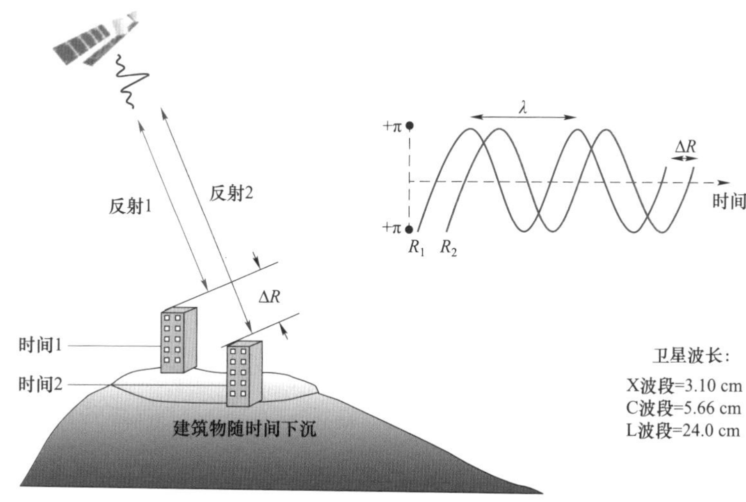

图 3－7　干涉合成孔径雷达工作原理示意

λ—波长；R_1—时间 1 雷达波波形；R_2—时间 2 雷达波波形；ΔR—位移距离

合成孔径雷达有毫米级精度、高测量频率、昼夜全天候监控、高密度测量点、监控地区广阔、历史回顾性研究等优点；其使用存档卫星图像进行长期历史的地面运动分析；非侵入式系统，无需现场干预且无需维护的卫星解决方案；按需监控，根据地面运动量级和项目需求调整更新频率；可与现场传统测量技术互补。

（2）InSAR 技术的应用场景（贯穿规划设计、建设与运营全生命周期）在前期选址规划阶段，基于历史卫星数据及时对地形动态演变进行精确分析，了解整个规划区域范围内的地表位移、形变情况，识别不稳定区域，规划地质安全开发区域，减少测量时间与成本，如图 3–8 所示。

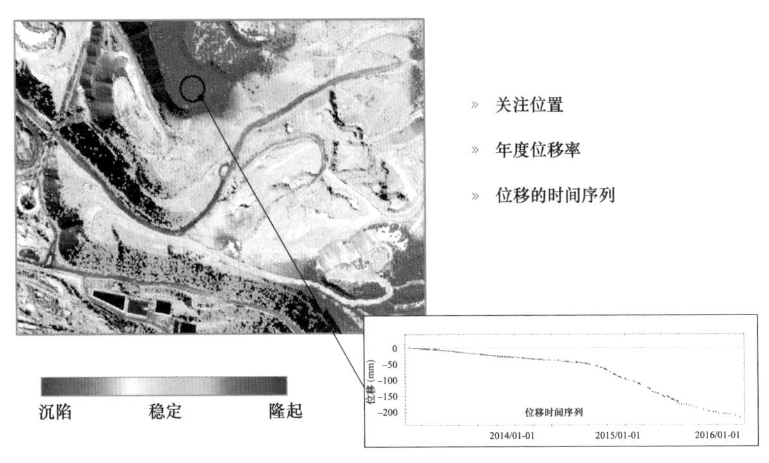

图 3–8　风电前期选址阶段 InSAR 应用场景

在项目建设阶段通过毫米级精度的测量，可查看施工前后对区域沉降的影响，通过绘制施工期间及前后地面位移的演变图，可以更好地了解基础施工活动与沉降之间的关系，确保沉降区施工安全，所覆盖的区域大于基础区域时，应补充传统监测。风电建设阶段 InSAR 应用场景如图 3–9 所示。

在运营阶段实现早期预警，如滑坡、边坡破坏的前兆位移分析，可以识别非线性运动或运动加速度，从而实施安全干预措施。基于风电关键基础设施的稳定性阈值，通过相关性分析，确定现场基础运维检修计划，降低运维成本，如图 3–10 所示。

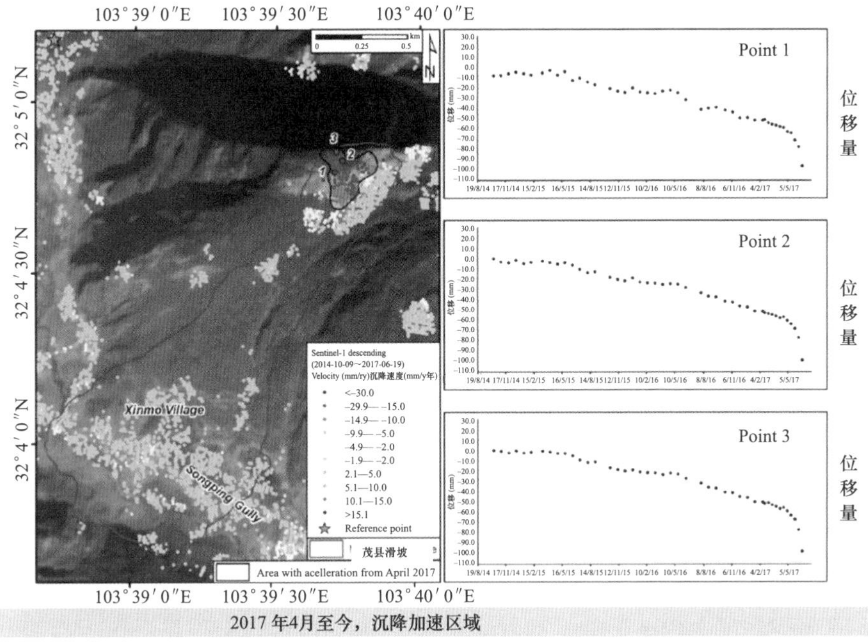

图 3-9　风电建设阶段 InSAR 应用场景

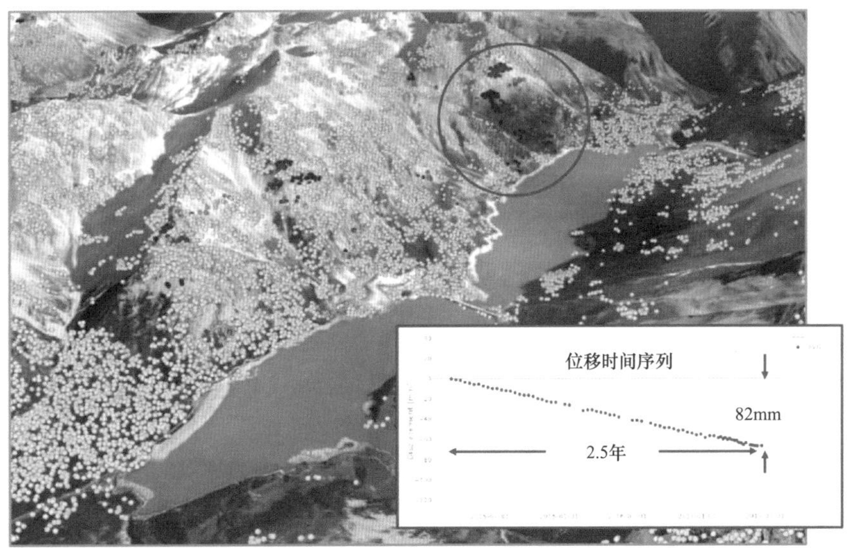

图 3-10　风电运营阶段应用场景

3.6.3.6 森林火灾

可以使用多种卫星及其数据进行遥感观测和森林火灾监测[75-78]。以下列举了常用的卫星：

美国国家航空航天局（NASA）的“地球观测一号”（Earth Observing – 1，EO – 1）卫星：该卫星搭载高分辨率光谱成像仪，可提供高光谱分辨率的图像，用于火灾监测和热点探测。

美国国家航空航天局的“陆地卫星 – 8 号”（Landsat – 8）卫星：该卫星搭载操作性热红外传感器，可提供高分辨率的红外图像，用于火灾热点探测和烟雾监测。

美国国家航空航天局和美国地质调查局（USGS）合作的“遥感火灾卫星”（FireSat）：该卫星搭载红外传感器，专门用于监测全球范围内的火灾，能够快速探测和定位火灾热点。

欧洲空间局（ESA）的“哨兵 – 3 号”（Sentinel – 3）卫星：该卫星搭载有海洋和陆地观测仪，具备火灾监测功能，可提供高分辨率的多光谱图像。

加拿大空间署（CSA）的“加拿大卫星遥感系统”系列卫星：该系列卫星搭载有合成孔径雷达（synthetic aperture radar，SAR），能够在白天和夜晚以及各种气候条件下监测火灾，较好地探测烟雾和火点。

除了上述卫星，还有其他国家和机构自主研发的卫星以及卫星云图、红外卫星图等数据，也可以用于森林火灾的监测和预警。综合利用多个卫星和不同数据源的信息，可以提高火灾监测的准确性和效果。下面是一些常用的卫星遥感森林火灾监测方法：

（1）热点探测。卫星可以通过红外传感器获取火焰的热辐射数据通过不同的图像处理和分析算法转化为火灾热点图。火灾热点图通常以像素为单位，每个像素代表一个特定的区域，颜色或亮度表示该区域热辐射强度，可以帮助监测人员和应急机构快速识别火灾的位置和范围。

红外遥感技术的优点在于不受气候条件和光照影响，白天和夜晚都可进行监测。通过结合其他卫星遥感数据和地面观测数据，可以更准确地评估火灾的发展趋势和影响范围，为火灾管理和灾害应急提供信息参考。

（2）烟雾监测。在火灾中，烟雾颗粒会散射光线，使某些波段的光线强度增加，卫星可利用这种散射现象来检测烟雾的存在。通过对多个波段的光线进行测量和分析确定火灾烟雾的位置、浓度和扩散情况，并评估火灾的规模和蔓延趋势，为应急响应和火灾管理提供重要的数据支持。

需要注意的是，烟雾的散射强度还受到大气和云层以及地表反射、太阳照射角度等因素的影响，因此在进行烟雾监测时，需要对这些因素进行校正和排除。

（3）辐射监测。每个波段对应不同光谱特征，火焰在可见光波段和近红外波段会产生明显辐射，火焰产生的辐射具有特定光谱特征，卫星上的多光谱传感器可以测量这些波段的辐射强度，并通过对比与周围环境的差异来检测火灾。此外，火灾还会产生一些特定气体和颗粒物，这些物质也会对光的传播和吸收产生影响，卫星可以通过测量这些光的吸收特征来检测火灾，得出火灾位置、面积和强度等重要信息。

（4）数据分析。卫星遥感数据可以通过图像处理和分析算法进一步提取有关火灾的位置、面积和强度等信息，帮助监测和评估火灾的发展和扩散情况。

3.7　可持续施工实践

可持续施工是指在风电项目施工过程中，以施工质量和施工安全为目标，在各个环节中重点落实绿色发展理念，以保护生态、节约资源为原则，使用绿色施工材料，运用绿色施工技术，构建绿色施工环境，搭建绿色管理体系，从而全面提升施工效率和工程质量，使项目在投产后实现可持续发展。具体工作应从以下 6 个方面开展。

3.7.1 坚持绿色理念

应始终坚持绿色施工理念，并以此作为总原则。深入分析各类风险，合理安排施工流程，避免窝工、重复施工等情况，配合施工进度，制订合理的资源利用计划，减少资源浪费，有效控制污染、耗能、安全等方面可能产生的不良风险。

3.7.2 合理利用能源

尽可能使用清洁能源，如太阳能、风能等，并关注节能增效，通过提高设备效率、优化施工流程等措施提高能源利用效率。

3.7.3 选用绿色材料

应积极选择绿色建筑材料，如低挥发性有机化合物涂料、环保型黏合剂等，并确保绿色材料使用的合理性、科学性，在确保工程质量的同时，降低对空气质量和施工人员身体健康的影响。

3.7.4 优化施工工艺

除涂料选择外，高效施工技术可以进一步降低环境污染。例如，采用预制装配式建筑构件，引入液压静力压桩、逆作法等新型绿色施工技术。

3.7.5 绿色工地管理

多手段加强绿色工地管理。一是通过减少废弃物排放，加强垃圾处理，确保施工现场符合环保要求。二是设置工地围挡，安装降尘设施，进一步降低施工对环境的影响。三是充分挖掘资源潜力，合理利用建筑废弃物。四是积极采取降噪措施，对噪声较大的设备进行降噪处理，合理安排施工时间。五是合理安排物流和运输路径，减少施工过程中的交通污染。

3.7.6 健康安全环境

应坚持“以人为本”理念，提高安全意识，倡导安全文化，加强职业培训，提高操作技能，合理安排工作时间，同时，提供必要的职业健康保护装备，如防护服、呼吸器、自动体外除颤器（automated external defibrillator，AED）等，筑牢工人的工作安全基础，营造健康安全的施工环境。

第 4 章

运行维护期关键技术

4.1 引　　言

智慧风电是先进风力发电技术与数字化、信息化和智能化等多种技术融合发展的产物。在运行维护期间，通过数字孪生、智慧风电场优化控制、智能化运维诊断、预测技术等关键技术的结合，使智慧风电系统具备更强的发现问题、分析问题和解决问题能力，提高运维效率，提升运维管理水平，保障风电设备的正常运行，降低长期运维成本，提升发电效益，在一定程度上降低运维期间的人为因素，减小对环境的影响，实现可持续发展目标。

4.2 运行维护期数字孪生技术

数字孪生技术是指通过数字模型对实体的物理世界进行精确的建模和仿真，以实现对实体的全生命周期监测、优化和决策支持的技术。该项技术可以将实体的物理特征、运行状态和行为等信息进行数字化表示，并与实体进行实时数据交互和信息共享，并通过数字模型、数据采集与传感、数据分析与建模以及虚实融合与实时映射等，实现对实体全生命周期监测和优化，并为实体的设计、生产和运营提供有力的支持和决策依据。目前广泛应用于制造业、能源行业、城市规划、交通运输等各种领域，应用和发展越来越受到关注和重视。

在风电领域，通过应用数字孪生技术建立风电数字孪生平台，可以实现风电机组运营维护、健康检测和运行策略的优化。

4.2.1 风电数字孪生平台

风力发电发展离不开精细化管理和运营[79, 80]，传统管理方式耗费大量人力、物力，管理效率低，通过数字孪生平台可以建立风电三维可视化管理系统，从而实现高效、实时的管理和运营。

在风电系统中，通过数字孪生平台可以在实际风电场设备基础上建立数字孪生模型，将实际场地中的风电设备、物理参数、运行数据、风速、风向等信息进行采集和建模，并将其加工成一个与实际风电场设备相对应的数字化三维视图。

数字孪生平台的核心在于利用三维建模软件和模拟软件，对数字孪生模型进行高精度的动态仿真，将实际风电场的真实工况反映成数字孪生模型，从而实现对实际风电场设备性能高效、高精度、高质量的仿真模拟，并提供核心部件监测、智能巡检、预警维修、实时数据监测和综合管理、可视化管理等多项功能。

数字孪生技术可以对风电场的设备、环境、运行参数进行全面数据监测和模拟，基于此，数字孪生平台可实现对风力发电机内部塔筒、传动系统、叶片等核心部件的监测，直观地查看风力发电机内部和外部环境的情况，并及时维护或更换损坏的部件，以提高整个风电场的工作效率。

数字孪生平台还能够提供智能巡检服务，实现对潜在问题的及时诊断和预警。管理员可以通过数字孪生模型自主巡检风力发电机的位置、角度、电子元件和电子部件等，并及时修复或更换品质较差的设备。此外，数字孪生技术还能实时监测风电场的环境、气象、温度和维修等参数，确保风电场设备的运行状态。

数字孪生三维可视化管理平台结合数字孪生技术的特点和优势，实现对风电产业全链条的管理和监控，为可再生能源的发展提供强有力的技术支撑，实现高效、高精度、高可视化风电场管理模式。

4.2.2　设备工况数字孪生

智慧风电场数字孪生技术的应用通常基于设备大数据，采用数据挖掘及机器学习等方法，实现风电场信息建模、数据接入，辅助平台配套、应用程序编程接口（application programming interface，API）建立，为风电资产提供关键设备健康度识别、诊断及早期预警，并将其作为判断部件失效、疲劳的数字化依据，降低重大失效风险及维修成本，减少大部件维修导致的电量损失。同时，通过智能算法可监控风力发电机发电性能，深度分析风力发电机集群出力，从而减少性能异常带来电量损失。

4.2.2.1　信息建模

风电场是一种典型的多尺度耦合复杂动态系统，不仅包含时间尺度较大的湍流风（秒级）、气动、机械振动和波浪等动态过程（毫秒级），还包含了时间尺度较小的电磁暂态过程（微秒级）。风电场数字孪生技术原理来源于风电场高精度模型，需要依据不同时间尺度，分别实现各模型部分的实时模拟，并通过数字通信技术进行数据交互，从而实现风电场的精细化闭环模拟。

风电场数字孪生技术的目标是实现自主化、模块化、实时化的高置信度风电场模拟。模型一般由流体系统、机组和电磁系统实时模拟三部分构成。

机组级信息建模可构建机组级信息模型，实现风电机组的高精度建模，实施控制器在环测试。机组级信息模型综合考虑气动、机械动态、电磁暂态机组级高精度模型，结合模型的时间尺度和算力要求等特征，考虑面向大规模风电场实时模拟系统构建场景。

场站级信息建模可构建场站级信息模型，搭建基于异构型硬件架构的大规模风电场高精度实时模拟平台，实现风电场高精度建模，并进行控制器在环测试。

4.2.2.2 数据接入

数据接入系统可以通过多种接入协议实现对风电场电气系统运行数据、风力发电机运行数据、升压变数据、状态监测数据等数据的采集。数据接入系统还提供了断点续传功能，可满足不同数据类型的通信传输需求。数据接入后经过内置的数据治理工具，实现数据标准化、去重、数据检查等清洗和治理步骤，依据数据分类及存储标准，统一存储至数据平台，并将关键设备健康度关联映射到风电场实体。

4.2.2.3 辅助平台配套

配套平台采用浏览器/服务器（browser/server，B/S）模式，依托云平台进行模块化设计。相较于采用服务器/客户机（client/server，C/S）架构的仿真软件，依托私有云平台采用 B/S 结构的上位机软件具备部署及升级方便、维护简单、安全性高、支持异地登录和多用户同时访问等优势。

4.2.3 数字孪生专家系统

在数字孪生平台及设备工况孪生基础上，结合远程专家系统，能够有效提升系统诊断水平。风力发电的散布特性决定了较高的现场指导成本。例如，某偏远地区风电场，由于风切变较大以及湍流导致的机组异常振动被迫关停部分机组，经验丰富的专家赴现场分析问题的时间成本较高，若能将专家的经验积累通过远程分析的方式有效解决现场问题，则极大提高风力发电机组“疑难杂症”的诊断效率。

数字孪生专家系统的优势在于，远程指导专家能够直观地、详细地查看风力发电机组运行情况，并能够查看即使在现场也无法看到的工况解析数据，在此基础上显著提高诊断正确率。

4.3　智能优化控制技术

4.3.1　风电场控制发展历程

风电场控制技术经历了最初的手动操作到远程监控，再到智能化、自动化的过程，不断利用前沿信息技术实现功能的增强和效率的提升，向智慧化和一体化的方向发展。

4.3.1.1　传统阶段

在风电产业兴起初期，风电场控制主要依赖传统的机械和电气控制技术。此阶段主要关注对风力发电机的基本控制和保护，如变桨角、变速控制以及对过载、断电等故障的保护。这种控制方式可以实现风电机组的基本启动、停止、功率调节等功能，当故障发生时，通过简单的电气保护装置切断风力发电机运行，避免严重事故的发生，虽保证了早期风电场的基本安全运行，但系统自动化程度不高，维护和运行成本较大，难以满足大规模风电场集中并网的需求。

4.3.1.2　远程监控阶段

随着通信技术进步，风电场逐渐具备了远程监控能力。风电场运营人员可以实时监测风力发电机的状态、风速等参数，通过远程监测系统获取各个风电场的运行数据和状态信息，进行基本的故障诊断和运行优化。利用移动通信网络和互联网等技术手段，实现风力发电机组、变电站等设备的远程数据采集，所有设备运行参数和状态可以在监控中心集中显示，使监控人员无需到现场就可以全面掌握风电场的运行情况，极大地降低了运维成本，提高了风电场的自动化水平。

4.3.1.3 自动化阶段

随着控制技术进一步发展，自动化控制系统逐渐应用于风电场。自动化控制系统可以实现对风电机组的智能化控制和协调运行，提高发电效率和稳定性，还可对风电场集中监控和管理，进行发电计划的优化和调度。通过先进的传感器网络，自动化控制系统可以实时监测每个风力发电机的运行状态，并根据环境参数智能调整风力发电机桨叶角度，实现风电场内风电机组之间的协同配合，从而达到最佳的发电效果。同时，自动化控制系统还能对故障进行快速识别和定位，指导维修人员进行远程故障处理。因此，将自动化控制系统应用于风电场，不仅提升了发电效率和质量，也降低了人力成本。

4.3.1.4 智能化阶段

随着风电场规模不断扩大，传统的人工监控和经验式管理已越来越难以满足需求。同时，大数据分析和人工智能技术的快速发展为风电场智能化和信息化升级提供了技术支持，推动风电场的运维管理进入了一个全新的大数据与智能化时代。在风电场安装各类传感器，以实现对环境参数、设备状态的高频率监测。通过云存储、分布式计算等技术对海量监测数据进行汇聚和智能分析，构建数字化的风电场虚拟模型，从而实现对环境、设备运行的准确预测和状态评估。此外，还可以借助机器学习和人工智能算法，实现对故障模式的自动识别、状态预测、智能决策和控制优化。

4.3.2 传统控制方法

风力发电传统控制方法通常指常规比例积分微分（proportional integral derivative，PID）控制方法。因结构简单、方法成熟，常规 PID 控制方法被广泛应用于各种工业控制领域，其原理是应用线性模型对风力发电机的变桨系统、偏航系统进行控制。由于风力发电机系统是大型的复杂的、变结构的系统，传统控制方法难以实现高精度、高可靠性和高适用性的控制，不能满足对风力发电机内部持续变化的电流环、电压环、磁链的控制要求。此外，常规 PID 理论同时存在如增益调节表获取困难，没有修正算法等缺点，并且 PID 控制是线性控制器，只能保证在设计节点处有较好的性能，对于运行在高度非线性情况并不适用。

4.3.3 智能控制方法

风力发电机智能控制方法是指利用智能化技术和控制算法，对风力发电机进行智能化控制，以提高发电效率、降低运维成本和增强系统可靠性。这些方法需要依赖先进的控制算法和智能化技术，并与风力发电机传感器、执行器、控制系统紧密集成和协同工作。以下是当前行业较为先进的智能控制方法。

4.3.3.1 基于载荷的实时控制

传统的风力发电机控制基本是基于转速测量进行控制，但由于转速受到风轮巨大转动惯量的影响，无法反映整个风力发电机的动态运行情况。通过建立基于状态空间的风力发电机控制模型，可进一步提高控制的响应速度和精准度。基于载荷的实时控制，是将整个风力发电机模型植入于风力发电机控制器中，作为物理风力发电机的数字镜像在控制器中实时运行，计算出物理风力发电机不能准确测量的物理量，如经过风轮平面的风速、部件的载荷、气动性能的变化等，并根据这些信息进行自适应的控制和调节。同时，风力发电机将传感器测量的物理信号反馈到控制器里，进行数字镜像模型的修正。基于载荷的控制方法，可以提早识别危险工况，及时调整控制动作，保证机组安全，提高机组适用范围；还能评估叶片的实际气动性能，自动优化调整工况点，提高发电效率；并通过载荷对风力发电机实际疲劳损伤进行估算，掌握设备健康情况，预防部件失效，降低风电场全生命周期运行成本。

4.3.3.2 自适应变桨控制

在额定风速以下，风力发电机叶轮平面上的风速和风向受地形、尾流、季节等因素影响，分布不均，导致实际的最佳桨距角并非理论上的最佳桨距角。同时，叶片也存在加工误差，导致理论模型和实际叶片存在一定程度差异。采用自适应变桨控制算法，可获取不同风况下的动态最佳桨距角，实现最大程度捕获风能的效果。当低于额定风速时，利用自适应控制对风轮转速进行控制，动态获得最优叶尖速比和最大风能利用系数，充分利用风能，提升机组发电能力。

4.3.3.3　自适应偏航控制

偏航系统是风电机组的重要组成部分，偏航控制策略直接决定了机组对风能的利用效率，也影响机组的使用寿命。风力发电偏航控制系统主要由风向传感器、控制器、执行器和监控系统等组成。理论上，偏航系统需要实时对准来风方向，保证风轮面风能的最大限度捕获，但由于系统惯性，实际偏航存在一定滞后性，无法及时准确对风，偏航机构频繁动作，会在一定程度上降低偏航设备使用寿命。采用自适应偏航算法，根据风力发电机状态、风速、湍流强度等若干条件，对偏航策略进行优化，合理控制偏航频次和动作，可以进一步提高对风精度。另外，机舱风向标受风轮涡流影响，测量数据与真实的自由流风向也存在固有偏差。采用自适应偏航整定算法可以补偿风向标的安装误差和风向的测量偏差，改善偏航性能，可进一步提升机组发电能力。

4.3.3.4　柔性功率控制

柔性功率控制技术是指在确保机组安全运行与满足外部考核指标的前提下，充分利用机位点风资源条件带来的发电潜力和机组当前载荷与电气安全余量，适当地柔性调节风电机组输出功率，提高整体发电量。该控制算法可针对风资源条件较好的机位点或季节，充分利用机组安全边界余量，适当提升机组输出功率或扩展机组运行范围，提高整体发电量；同时也可针对风资源条件复杂的机位点或恶劣天气条件、严苛环境限制，通过适当限功率保证机组安全稳定运行，进一步减少因触发故障停机导致的发电量损失。

4.3.3.5　独立变桨控制

风剪切、湍流、安装误差等因素会造成风轮的气动不平衡，叶片制造误差会造成叶轮质量不平衡。风轮不平衡会对机舱、传动链、偏航轴承以及塔筒造成振动激励，导致整机振动，带来潜在的设备安全风险。独立变桨控制技术是基于协同变桨的控制方法，针对检测到的不平衡载荷，通过智能算法，将不平衡载荷转换为桨距角控制，在协同控制的基础上，加上桨距角的独立信号控制

的算法机制，使三个桨距角在不平衡载荷情况下可以以不同的角度进行控制，补偿不平衡载荷，最大程度保障机组安全。

4.3.3.6　主动尾流控制

在海上或者平坦地形条件下，风力发电机的尾流会引起附加湍流，严重影响下游风力发电机的发电性能并增加载荷水平。主动尾流控制技术可以利用上风方向风力发电机的偏航动作实现尾流偏转，使尾流流场强度减少或者流场方向适当偏转，降低下风方向机组受尾流影响的程度，通过上风方向机组发电性能的微小牺牲带来整场发电量的提升，同时降低因附加湍流引起的疲劳载荷水平。

4.3.3.7　激光雷达控制技术

激光雷达作为一种遥感测量技术，通过用激光照射目标和分析反射光测量距离，安装在风力发电机顶部用来测量风速和风向。在风到达风轮之前，激光雷达可以精确地感知、分析和预测风速及风向的改变，感知风力发电机附近风速湍流的实际变化，推演未来时刻的变化趋势；结合先进的计算流体力学计算模型，可以将复杂地形、已建成风电场的风况模拟得更真实，使机组具备更加强大的感知能力，获得更加丰富的传感信息，进而对湍流、尾流实现更加精准的预测和控制，使控制系统及时调节桨距角和偏航角，调整风轮旋转的速度，捕获更多的风能量，降低塔筒、桨叶等重要部件的载荷。

4.4　智能诊断预警技术

风力发电机组的核心大部件主要包括风轮、发电机、齿轮箱和控制系统等。风轮是转换风能为机械能的关键部件，由叶片、轮毂和偏航系统构成，容易受到风力、振动和物理损伤，风轮损坏将无法正常运转，导致风能转换效率下降，甚至造成叶片断裂、飞车等严重事故。发电机是将机械能转变为电能的核心部件，常见故障包括线圈短路、绝缘故障等，发电机损坏将导致发电能力下降甚至完全失效。齿轮箱用于将风轮的转速变换为适合发电机的转速，容易受到负载和振动的影响，齿轮箱损坏将导致转速不稳定、噪声增加甚至无法正常运转。控制系统用于监测和控制风力发电机的运行状态，包括调节转速、方向等，控制系统故障将导致无法正常运行、停机等问题。以上部件的损坏程度将直接影响风力发电机的发电效率和可靠性，轻者导致发电能力下降，如果损坏严重，可能导致整个风力发电机无法运转甚至下塔。因此，实时诊断预警和定期维护保养对于减少大部件损坏的影响程度至关重要。

4.4.1 基于大数据模型的部件诊断预警技术

在风力发电机组的生产运营中，风机部件一旦发生故障，制造、运输及更换周期较长，故障停运导致经济损失较大。为了降低故障损失，风电投资商、主机厂商积极探索利用大数据、人工智能等技术对风电数据进行分析，通过数据挖掘预知故障发生时间，实现预测性检修。

基于大数据模型的部件诊断预警技术主要对主控系统、变流系统、变桨系统、冷却系统和发电机系统、叶片系统和齿轮箱系统的亚健康问题进行研究。通过采集大量生产运行数据，建立故障模型，提前感知设备异常状态，发出预警信息，科学指导运维工作，采取预先运行方式调整措施或策划检修维护工作，提升风电设备的安全性与可靠性，最大限度降低设备故障损失[81–84]。

4.4.1.1 风力发电机性能异常状态诊断

风力发电机性能异常状态诊断通常由数据统计方法和风电功率曲线分析经验相结合，采用离线历史 SCADA 数据进行机组性能劣化预警模型的训练和调优，保证模型准确率和通用性满足部署需求。该类模型主要内容有：

（1）方法构成：通过风速–功率散点拟合的曲线，与设计或保证功率曲线对比、与机组历史功率曲线对比、与其他机组同期功率曲线对比等综合比较方法。

（2）纵向识别：根据风电机组自身的历史表现，识别在时序上发生劣化的时间点并进行标注。

（3）横向识别：根据同一风电场同一时间段的其他风电机组性能表现进行相对评估，发现曲线偏移或离散度异常。

（4）曲线异常：常见的情况有风速－功率曲线形状异常、多条曲线、曲线相比正常机组整体偏右或者偏左等。

（5）原因分析：利用数据分析机组发生性能劣化的根源，并进行验证。例如风速数据或风速计问题、功率数据或功率测量的准确度存在偏差、控制策略或控制参数发生变化、自动或手动限负荷、故障停机、偏航对风、传动系统效率降低等原因引起的性能劣化。风力发电机性能异常状态诊断的整体流程图，如图 4－1 所示。

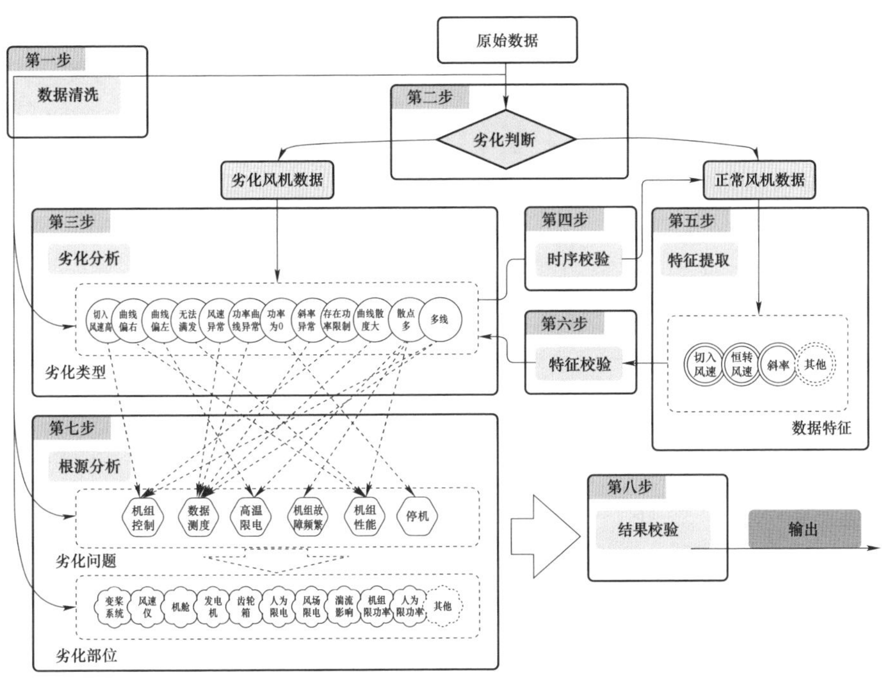

图 4－1　风力发电机性能异常状态诊断整体流程图

风力发电机性能异常状态诊断异常识别检测示例，如图 4－2～图 4－4 所示。

4.4.1.2　叶轮诊断分析系统

1. 风轮不平衡监测

对风轮不平衡的监测，分析风轮不平衡状态下机组振动情况，是风电领域需要重点攻克的问题之一。风电机组风轮不平衡主要表现为风轮质量不平衡和

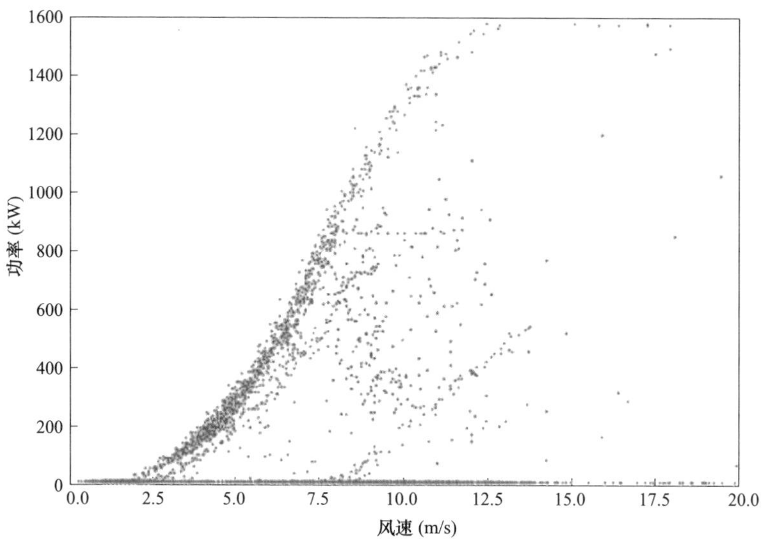

图 4－2　风速－功率散点异常检测

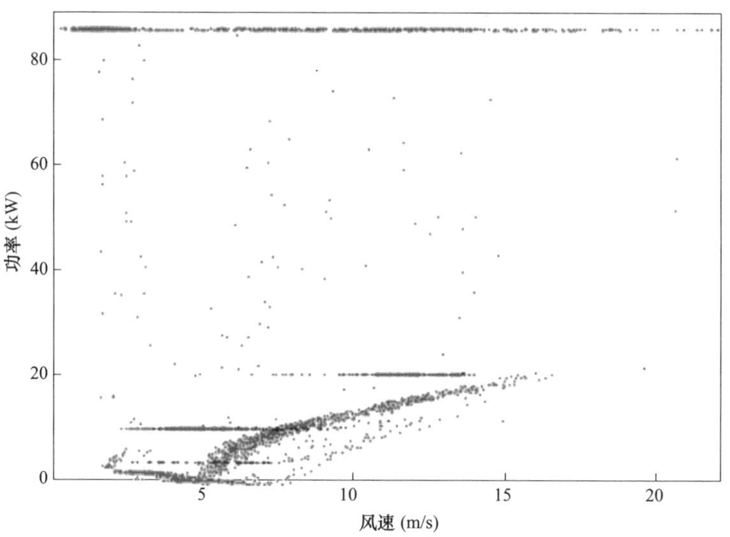

图 4－3　桨距角受限异常检测

风轮气动不平衡，这两种不平衡分别由不同条件诱发。叶片在生产、运行过程中容易受到外部因素影响，造成叶片质量发生改变，引起风轮质量不平衡；风轮气动不平衡源于叶片之间角度的相对差异，是由安装校准误差或变桨执行机构偏差造成的。

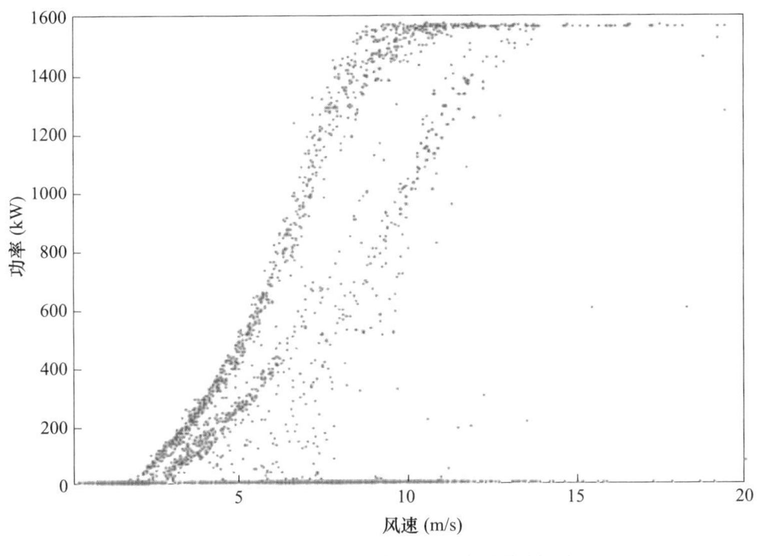

图 4－4　桨距角浮动异常检测

通过分析毫秒级数据在机舱 x、y 方向振动在 1p、3p 转频上的能量分布，可有效地监测风轮不平衡。根据机舱 x、y 方向的各频带能量，能够推测出风轮不平衡的主导因素是质量不平衡还是气动不平衡。如图 4－5 和图 4－6 所示为风轮不平衡 1p 转频能量分析。

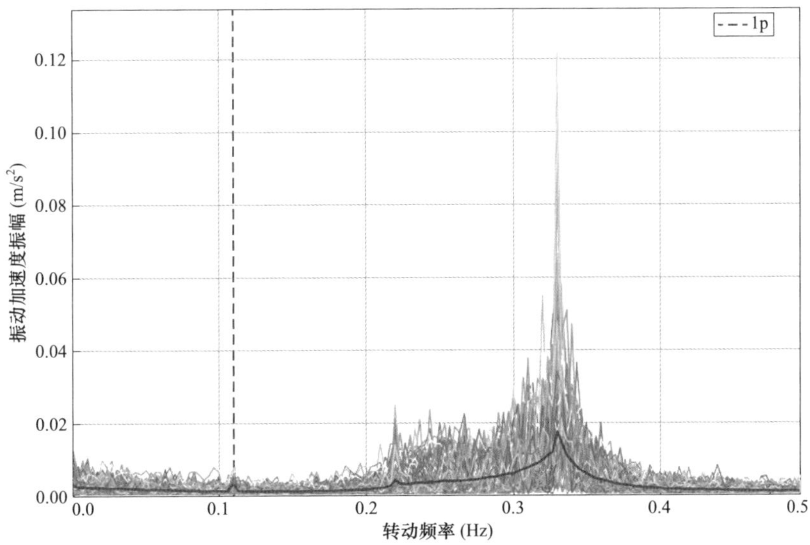

图 4－5　风轮不平衡 1p 转频能量分析（机舱 x 方向振动）

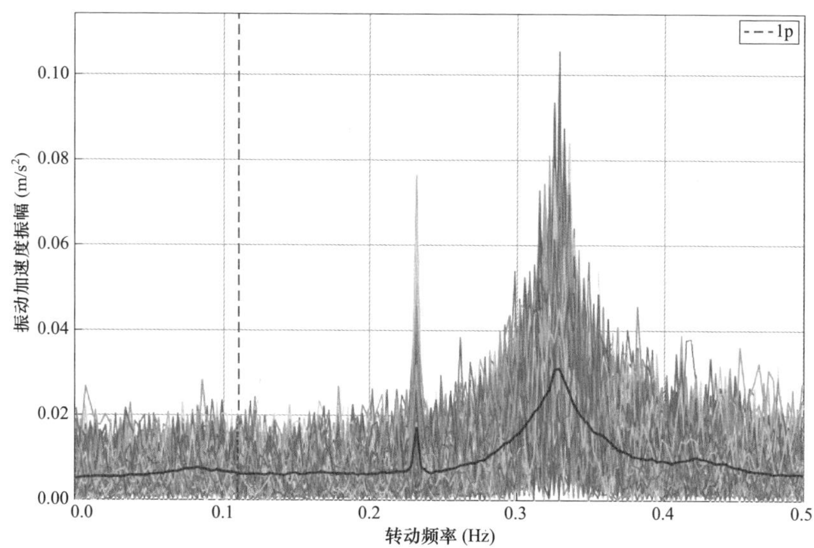

图 4－6　风轮不平衡 1p 转频能量分析（机舱 y 方向振动）

2. 叶根螺栓损伤监测

风力发电机组叶片由叶根螺栓与变桨轴承连接固定，由于风力发电机变桨操作、螺栓零件自然老化或叶片受到过大应力等原因，叶根螺栓可能会出现明显松动或者断裂情形。当某个螺栓发生异常后，随着机组持续运行，极易引起其余螺栓受力或其他因素的变化，进而发生断裂，最终造成叶片脱离，甚至倒塔的严重后果。

目前，风力发电机组叶根螺栓的损伤完全依赖人工排查，然而，即使定期维护，也很难依靠人力发现螺栓故障。叶根螺栓损伤监测模型可有效解决该问题，模型结合正常和故障样本的训练，采用长短期记忆网络（long short-term memory，LSTM）+随机森林的算法架构，可输出叶根螺栓损伤的发生概率，有效地指导风力发电机运维的指向性和计划性。叶根螺栓损伤监测算法架构如图 4－7 所示，叶根螺栓损伤监测算法验证如图 4－8 所示。

3. 叶片结冰监测

由于气候影响，南方多地冬季期间风电机组叶片表面容易结冰，易导致叶片失速，对机组出力以及安全运行影响非常大。然而，安装叶片结冰传感器成本高昂，因此根据风电机组运行数据预测是否结冰更加可行。

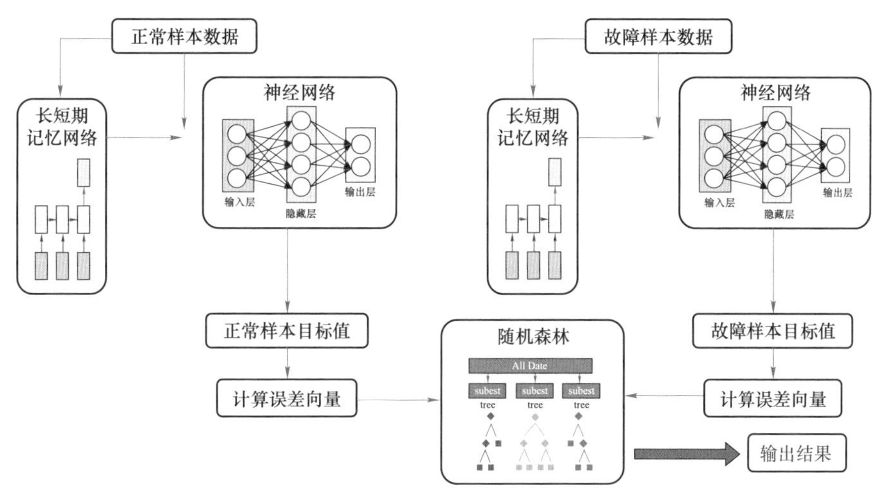

图 4-7　叶根螺栓损伤监测算法架构

判断叶片是否结冰：① 需考虑较低的环境温度外部条件；② 结冰对叶片原有气动外形造成了设计之外的变化，会降低风速-功率曲线的发电性能表现；③ 一台风力发电机的三个叶片的结冰程度可能有所不同，在一定程度会造成风轮不平衡。

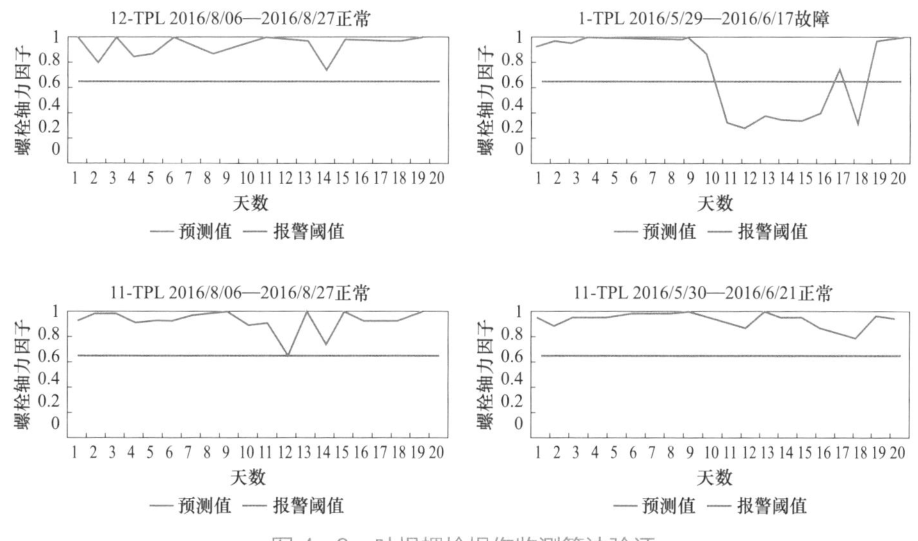

图 4-8　叶根螺栓损伤监测算法验证

基于上述各个影响因素的考虑，叶片结冰监测模型根据环境温度对风速－功率、风速－转速散点的影响程度开展分析，可有效预警叶片结冰。叶片结冰监测分析示例如图 4－9 所示，图中蓝色散点表示风机存在覆冰现象，蓝色散点越多，风机叶片覆冰现象越严重。

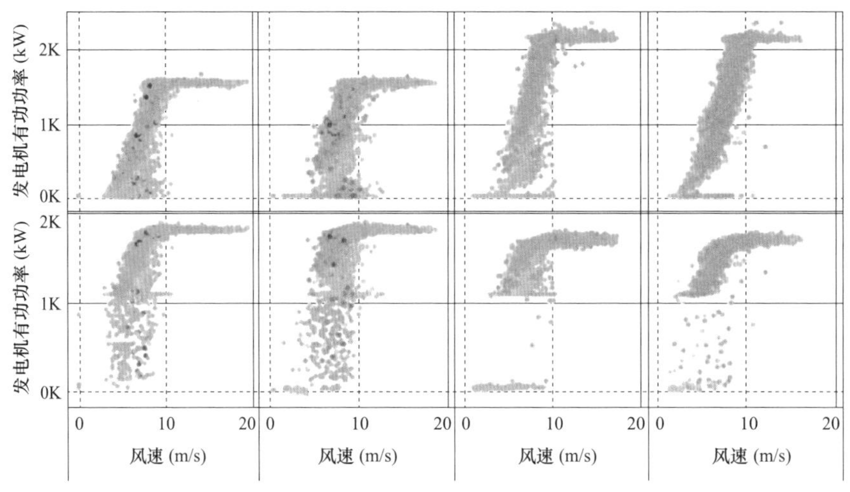

图 4－9　叶片结冰监测分析示例

4. 叶片结构损伤监测

风电机组通常安装在沿海或山坡等较为恶劣的环境中，风电叶片在运输安装以及投入使用期间都有可能造成损伤。尤其在投入使用后，风力发电机直接暴露于自然环境当中，极易受到风沙、盐雾等恶劣环境侵蚀，造成表面损伤。常见的叶片表面损伤主要有表面裂纹、开裂、砂眼空洞、前后缘腐蚀等。

叶片表面损伤在局部集中应力的长期作用下，如进一步扩展，将最终导致局部开裂甚至断裂，形成叶片结构损伤，不仅体现表面的气动噪声变化，更会导致叶片本身刚度发生变化。反映在振动信号上，即为叶片挥舞和摆振的固有频率发生变化，以及同等条件下固有频率附近幅值或能量差异。

通过监测叶片振动加速度信号中的 1p 和叶片固有频率附近能量和位置的变化趋势，可实现叶片结构损伤有效监测。叶片振动加速度信号的时域和频域分析如图 4－10 所示。

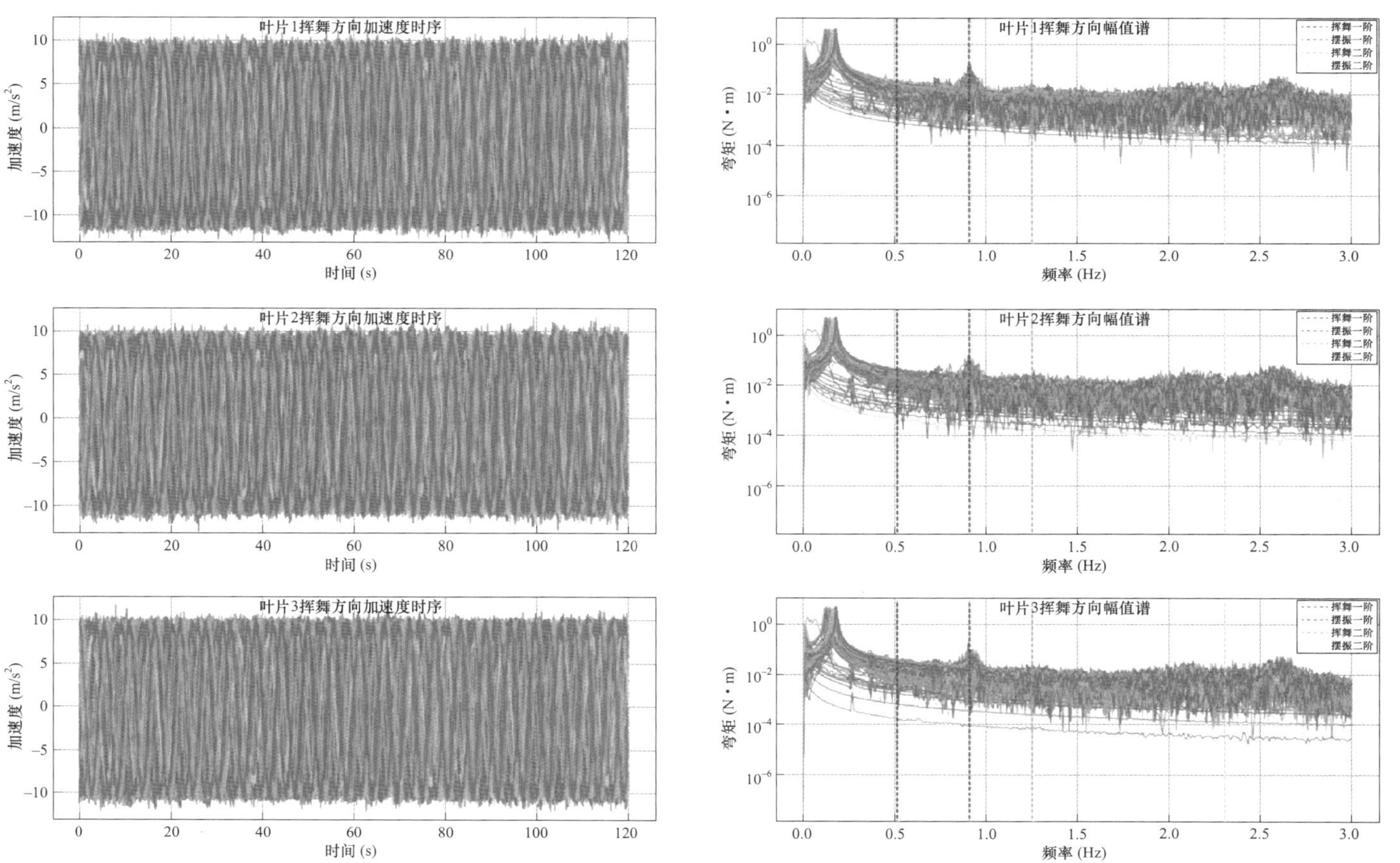

图 4－10　叶片振动加速度信号的时域和频域分析

4.4.1.3 发电机诊断系统

1. 控制特性异常诊断

风力发电机组运行环境逐渐向复杂地形、复杂湍流风况变化，对高塔筒、大风轮风电机组需求逐渐增加，风电场定制化开发运行日益普遍。风力发电机运行状态存在明显差异，对风力发电机的控制能力提出了新挑战。

风电机组发电机转速振荡是典型的发电机控制特性异常表现，极易导致机组振动超限、停机甚至零部件疲劳损伤，严重威胁机组运行安全。如异常发生在海上风电机组，则需要更加高昂的维护成本。

风电机组转速振荡状态识别技术是针对当前机组运行状态，对机组转速振荡状态的识别及判断。主要方法是先寻找局部极值点，通过提取发电机转速的包络曲线输出上下包络曲线的差值，根据一定时间段内包络差值超过包络差值条件的次数，判定当前状态是否处于转速振荡状态，如图 4－11～图 4－13 所示。

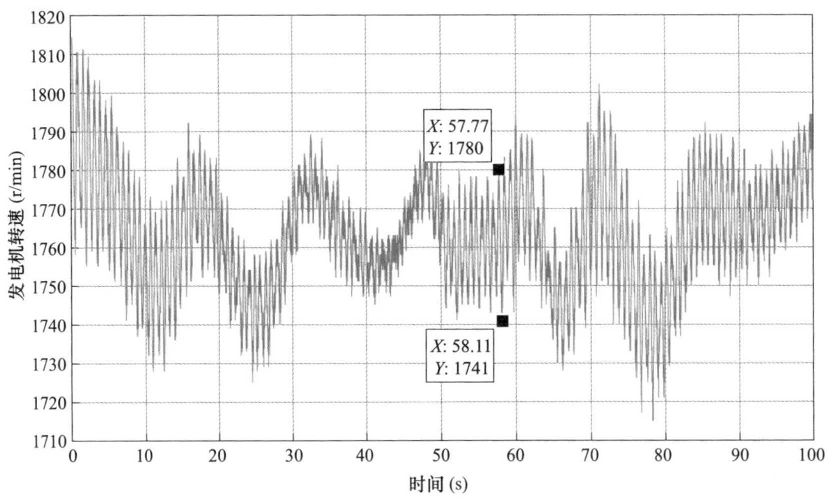

图 4－11　某风力发电机转速振荡时序图

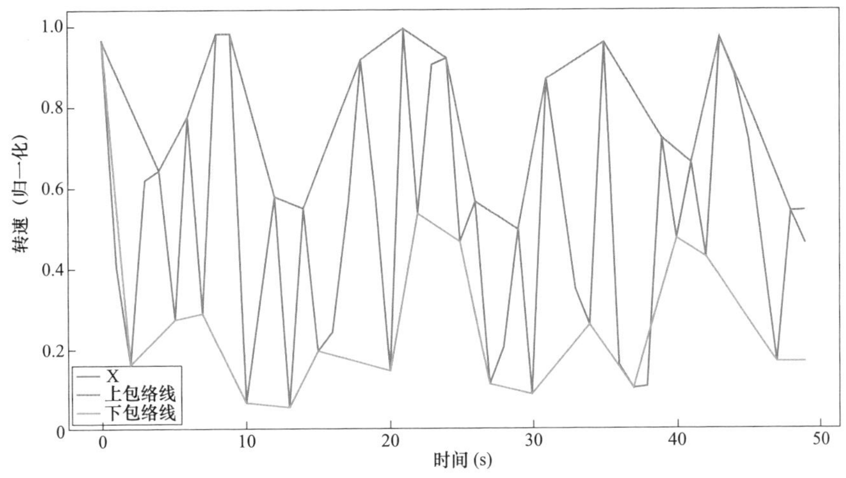

图 4 – 12　发电机转速振荡包络方法示意

X—转速实时值（归一化）

2. 轴承异常监测

发电机轴承是保证风电机组发电机正常运行的关键部件，一旦出现异常，轻则故障停机，重则引起发电机发生严重的机械故障，甚至导致发电机解体。

发电机轴承异常监测模型通过窗口统计方法对发电机轴承温度变化趋势进行监测，在实际超温报警发生之前，模型输出的异常概率呈现上升趋势，可有效地提示发电机轴承异常的劣化趋势。发电机轴承异常监测模型示例如图 4 – 14 所示。

3. 绕组异常监测

发电机绕组一般具有 UVW 三相的温度测点，同一相中包含 2 个温度测点，一共构成 6 个温度测点。通过比较这 6 种温度及其相对于背景温度（机舱温度）在不同工况的一致性和差异性，可有效评估发电机绕组的正常与异常状态。

图 4 – 15 以发电机 W2 相温度为例，评估了不同工况的温度趋势，个别风力发电机存在温度偏高现象，但总体处于可控范围。

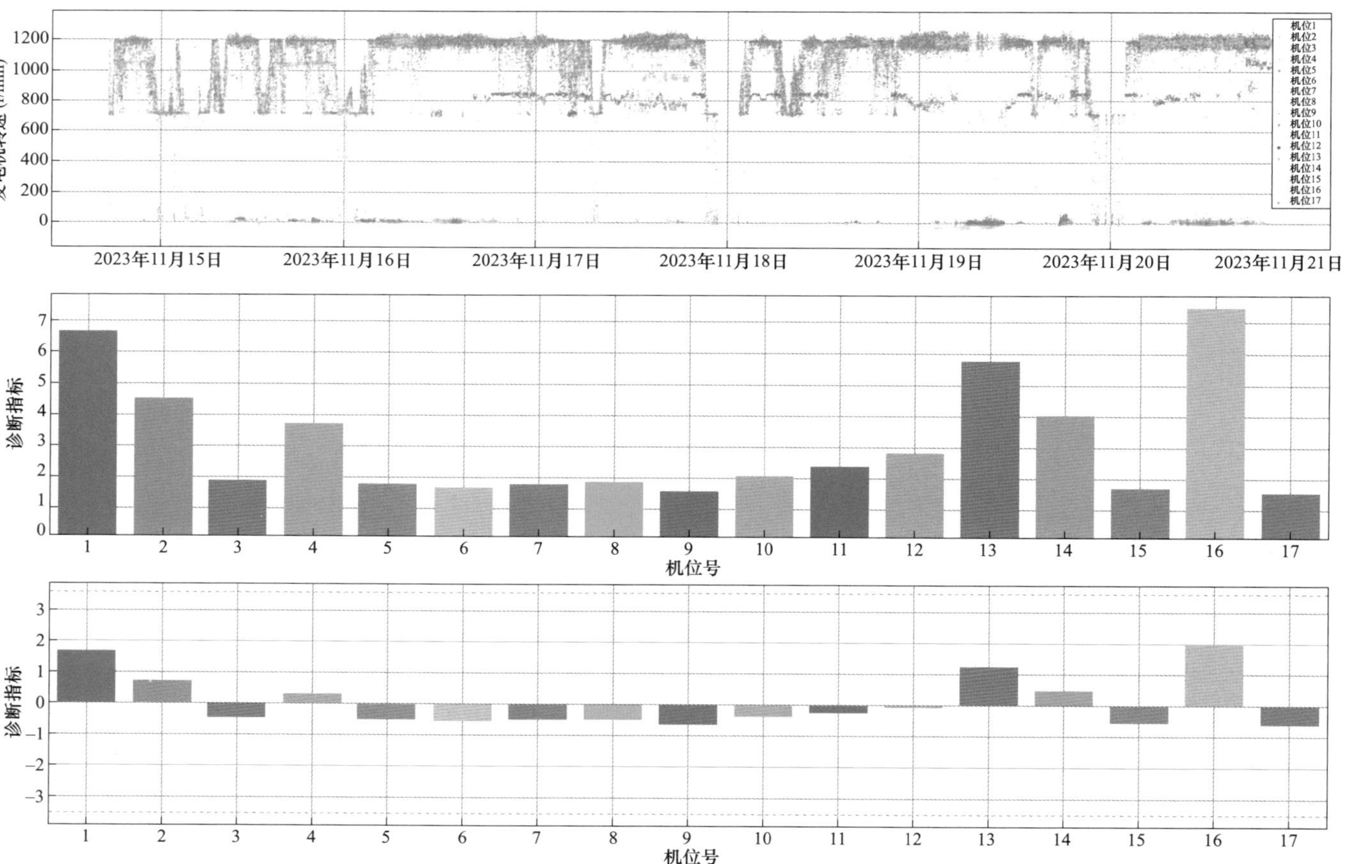

图 4-13 某风电场发电机转速振荡检测结果示例

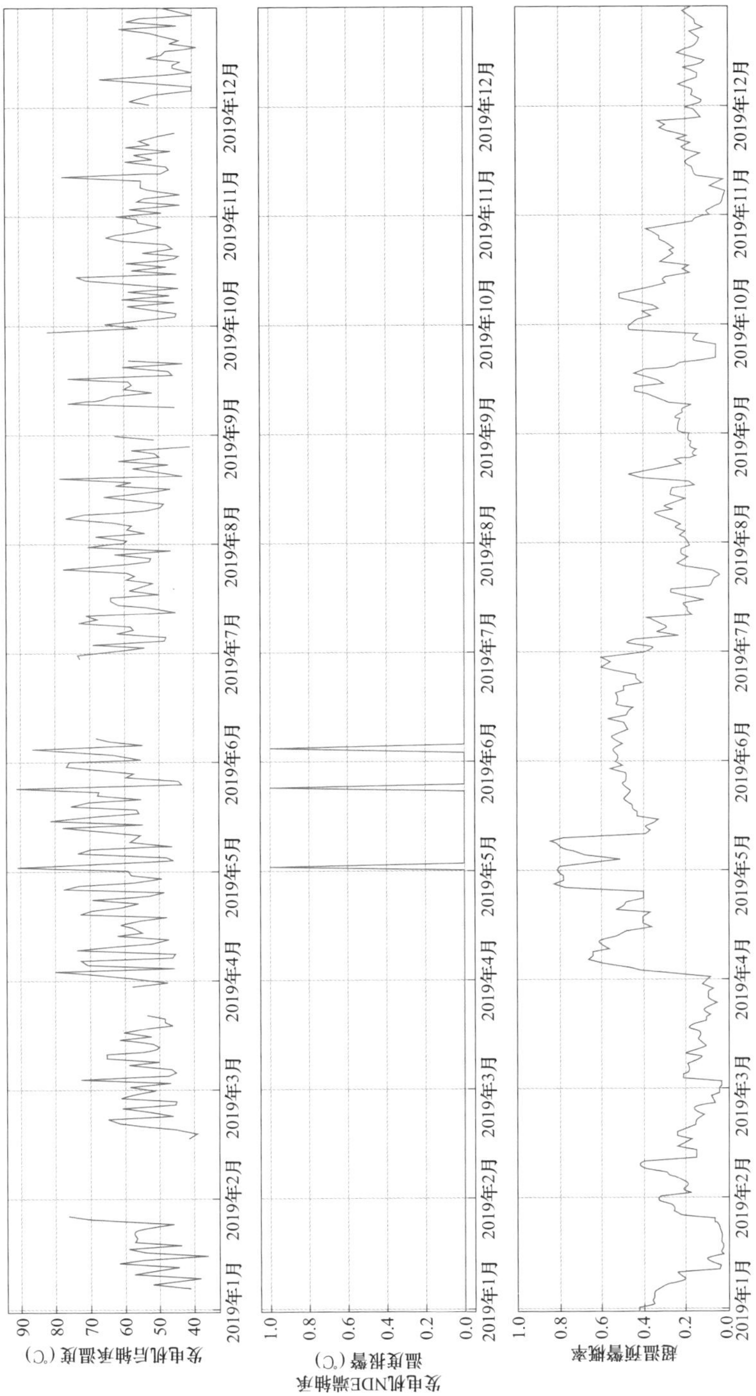

图 4－14　发电机轴承异常监测模型示例

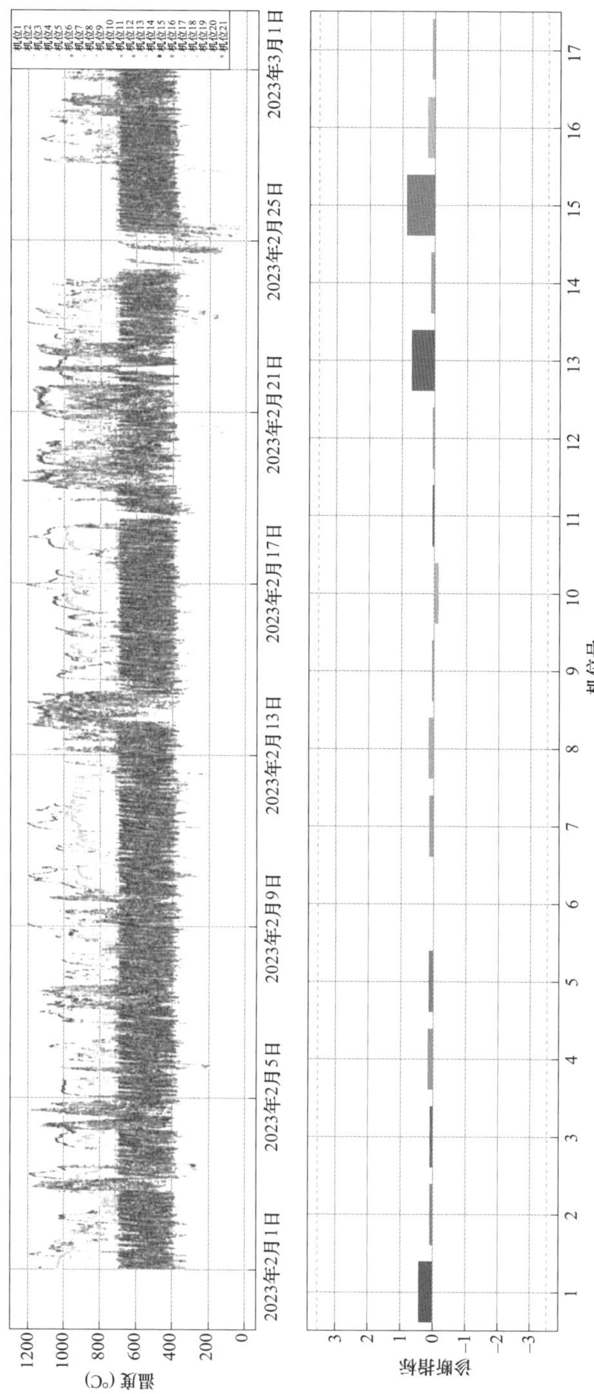

图 4-15 发电机绕组异常监测模型示例

4. 滑环异常监测

发电机滑环是发电机转子与变流器电气连接的关键部件，发电机滑环具有温度测点，发生超温故障的原因可能是由于电刷磨损过度，发生拉弧等电气故障。

运用机器学习中的无监督学习和有监督学习相结合的方式判断发电机滑环异常。其步骤为：首先，以无监督的方式将运行数据的多变量纳入孤立森林模型中加以训练，得出运行数据各个时刻异常得分；其次，对异常得分进行二值化和移动时间窗口平滑等特征工程；最后，参照检修记录确定的二分类标签，对模型进行有监督评价，评估无监督的异常检测，与拉弧异常这种特定事件吻合程度。

图 4－16 是使用孤立森林算法给出的异常得分直方图，其值越小代表此处时刻的发电机滑环出现的异常可能性越大。

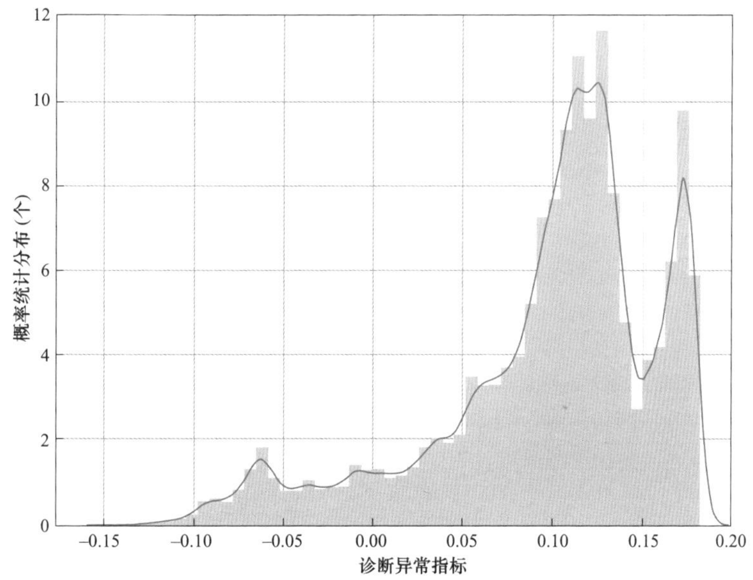

图 4－16　孤立森林异常得分直方图分布示意图

4.4.1.4　偏航系统诊断分析

1. 偏航对风诊断

由于风向仪零位标定、风轮扫掠对风向仪的干扰等原因，根据大量运行数据的分析结果，发电性能最佳的偏航夹角往往不在绝对的 0° 位置，而是有一定程度的偏移。

通过不同风速区间的功率数据归一化，结合余弦曲线、抛物线或多项式拟合曲线，可对发电性能最佳的偏航夹角进行估计和预警。有功功率–偏航夹角的散点分析如图 4–17 所示，最佳偏航夹角的拟合如图 4–18 所示。

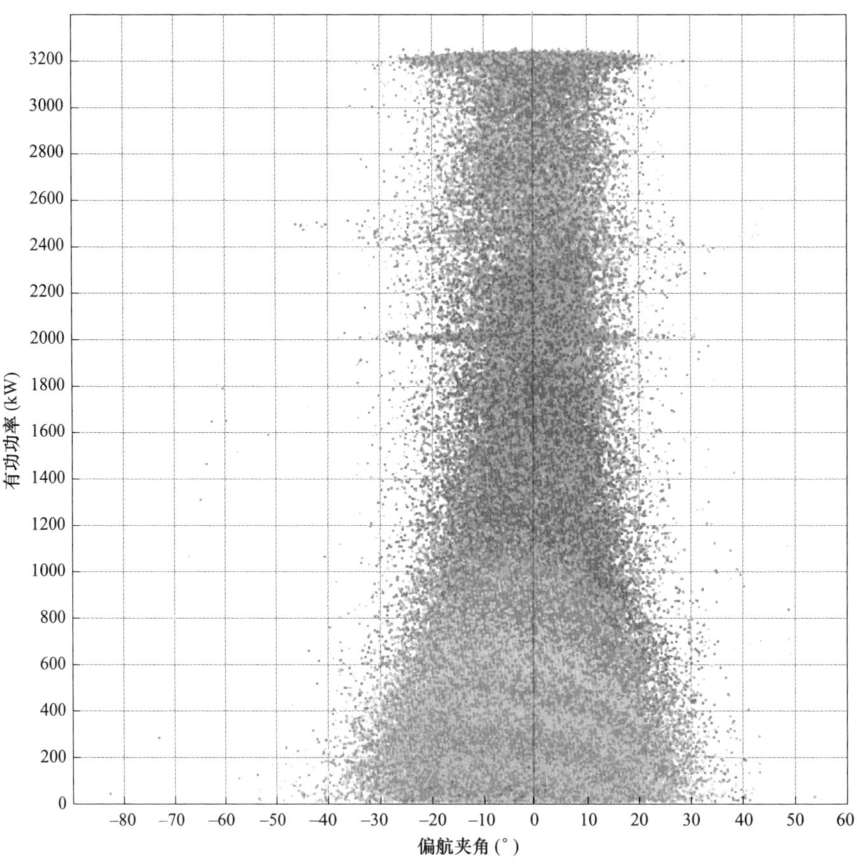

图 4–17　有功功率–偏航夹角的散点分析

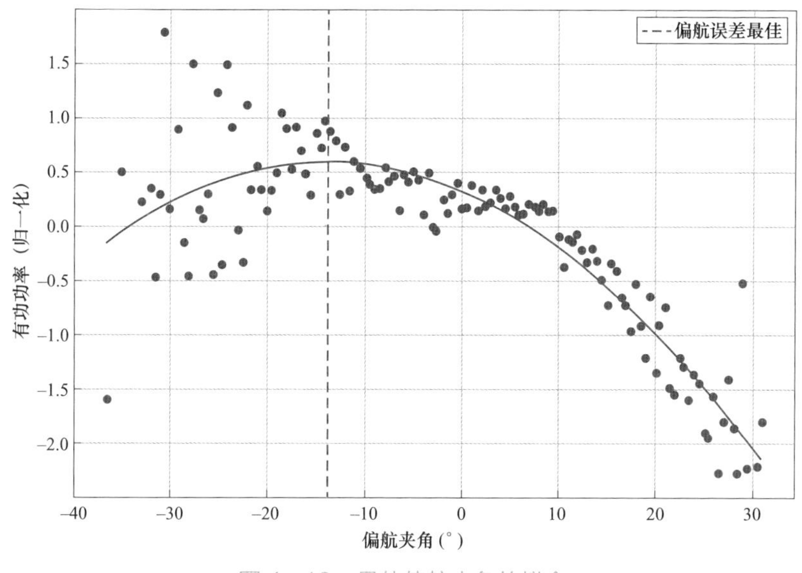

图 4－18　最佳偏航夹角的拟合

2. 偏航控制异常诊断

良好的偏航控制是保证风电机组有效利用风能资源的前提，但由于风电机组容量增加、风轮直径增大，偏航系统选型有可能配合偏航控制动作，给风力发电机的性能安全带来隐患。

通过偏航指令和机舱角度的数据统计分析，可评估偏航指令的有效性和完成情况。偏航控制异常诊断分析如图 4－19 所示。

3. 偏航电动机驱动不均衡诊断

偏航电动机作为偏航驱动和制动的关键重要部件，提供了偏航的全部驱动力矩和制动力矩，其能否正常运行决定了机组偏航过程是否平稳、对风是否及时、制动是否有效、发电量是否稳定等方面。

通过比较不同偏航电动机的电流或扭矩的差异性，观察偏航动作的完整历程，并结合过往偏航电动机的故障案例，可开发偏航驱动不均衡诊断模型。

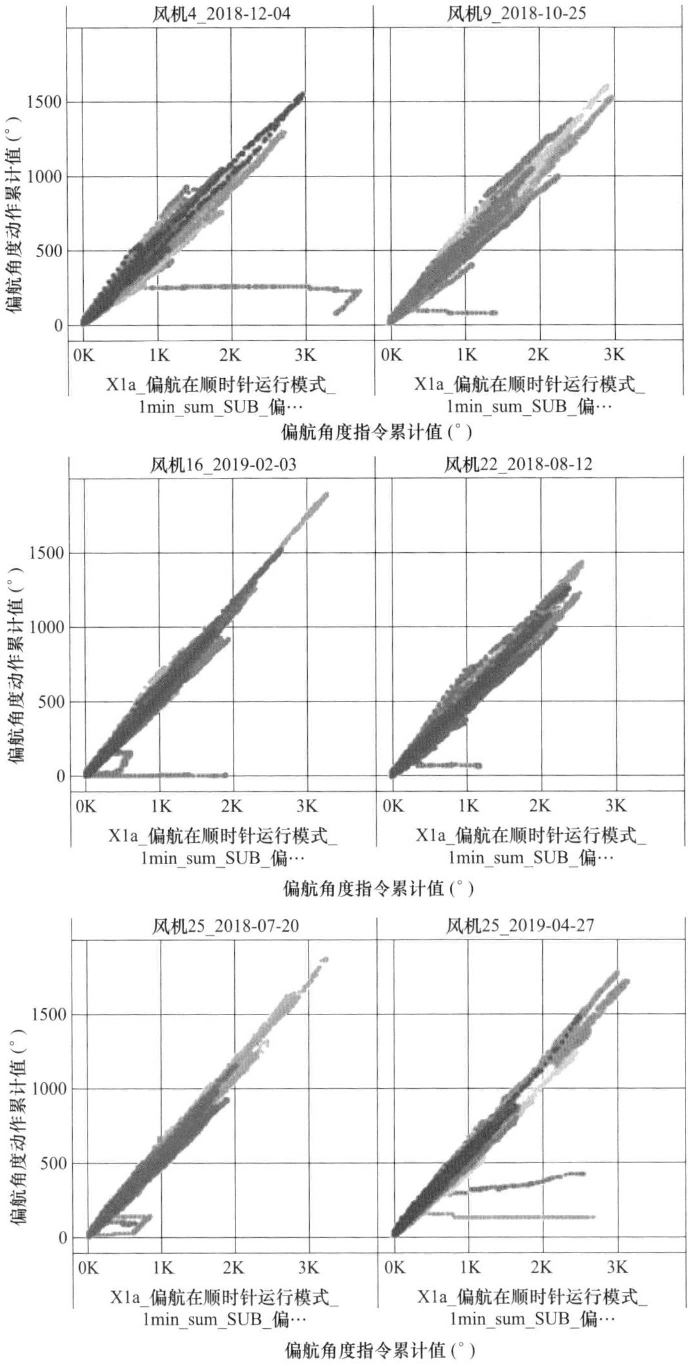

风机4_2018-12-04
风机9_2018-10-25
偏航角度动作累计值(°)
1500
1000
500
0
0K 1K 2K 3K
X1a_偏航在顺时针运行模式_1min_sum_SUB_偏…
偏航角度指令累计值(°)

风机16_2019-02-03
风机22_2018-08-12
偏航角度动作累计值(°)
1500
1000
500
0
0K 1K 2K 3K
X1a_偏航在顺时针运行模式_1min_sum_SUB_偏…
偏航角度指令累计值(°)

风机25_2018-07-20
风机25_2019-04-27
偏航角度动作累计值(°)
1500
1000
500
0
0K 1K 2K 3K
X1a_偏航在顺时针运行模式_1min_sum_SUB_偏…
偏航角度指令累计值(°)

图 4-19 偏航控制异常诊断分析

4. 风速仪异常诊断

风速直接影响风电机组的启动与停机，风速仪测量精度在很大程度上影响风力发电机的控制运行，针对风速仪进行异常诊断技术的研究，实现及时预警，对于风电机组的正常控制、风电场的智慧运营都有十分重要的意义[85]。

风速信号与风力发电机本身的功率、转速数据高度相关，与同一风电场邻近风力发电机的风速信号也存在相关性。针对风速信号异常诊断模型，可判断风速仪是否存在卡滞、松动现象，并提醒运维人员注意检修。风速 – 功率散点相关性分析和异常检测如图 4 – 20 所示。

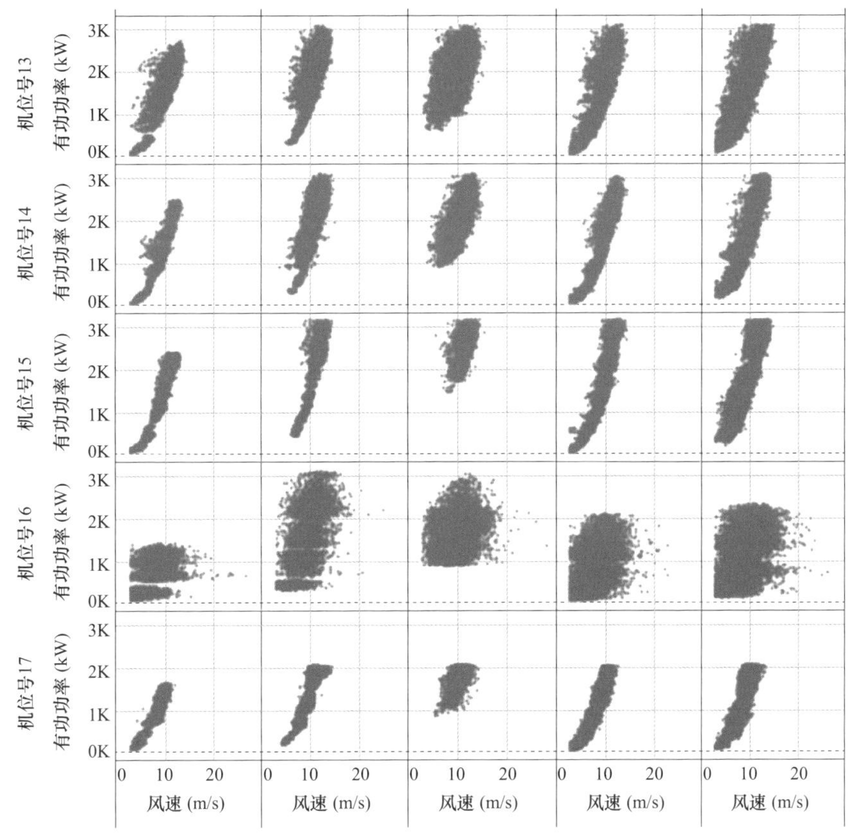

图 4 – 20　风速 – 功率散点相关性分析和异常检测

5. 风速风向信号替补

可靠准确的风力发电机测风数据（风速、风向信号）是确定风电场荷载、有效利用风能的基础，但由于其数据的缺测、偏离、时空不一致等常困扰和影响应用的置信度和效果。

风速风向信号替补原理是基于一定的数据分析和论证的基础，借用周边其他机位的风速风向信号，完成目标风力发电机的测风数据插补。在分析风速风向信号相关性/相似性的基础上，计算各个风力发电机两两风向差，挑选最稳定的风力发电机风速风向信号，作为共享数据源。相关分析如图 4－21～图 4－23 所示。

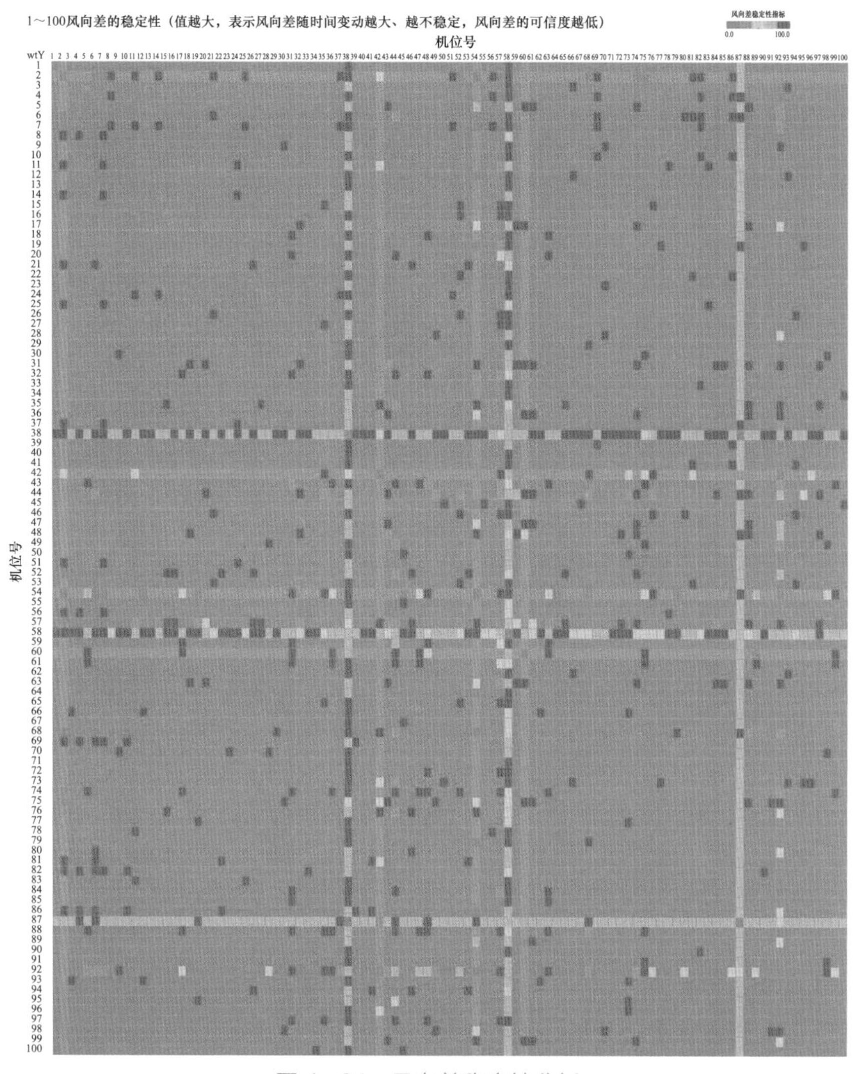

图 4－21　风向差稳定性分析

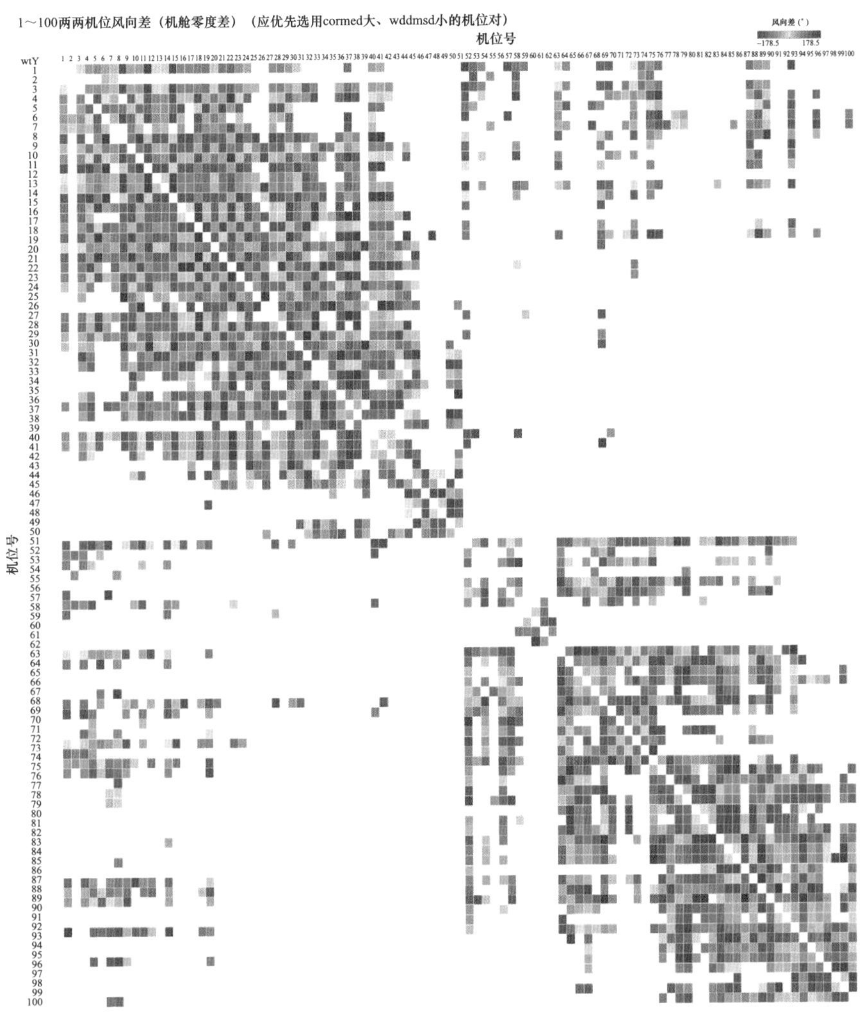

图 4-22　机舱零度差分析

4.4.1.5　塔筒结构监测

风电机组塔筒长期处在复杂环境中，不可避免存在塔架锈蚀、材料性能退化等损伤异常。塔架结构的振动响应信号中包含丰富的信息，是判断塔筒健康状况的重要依据[86]。

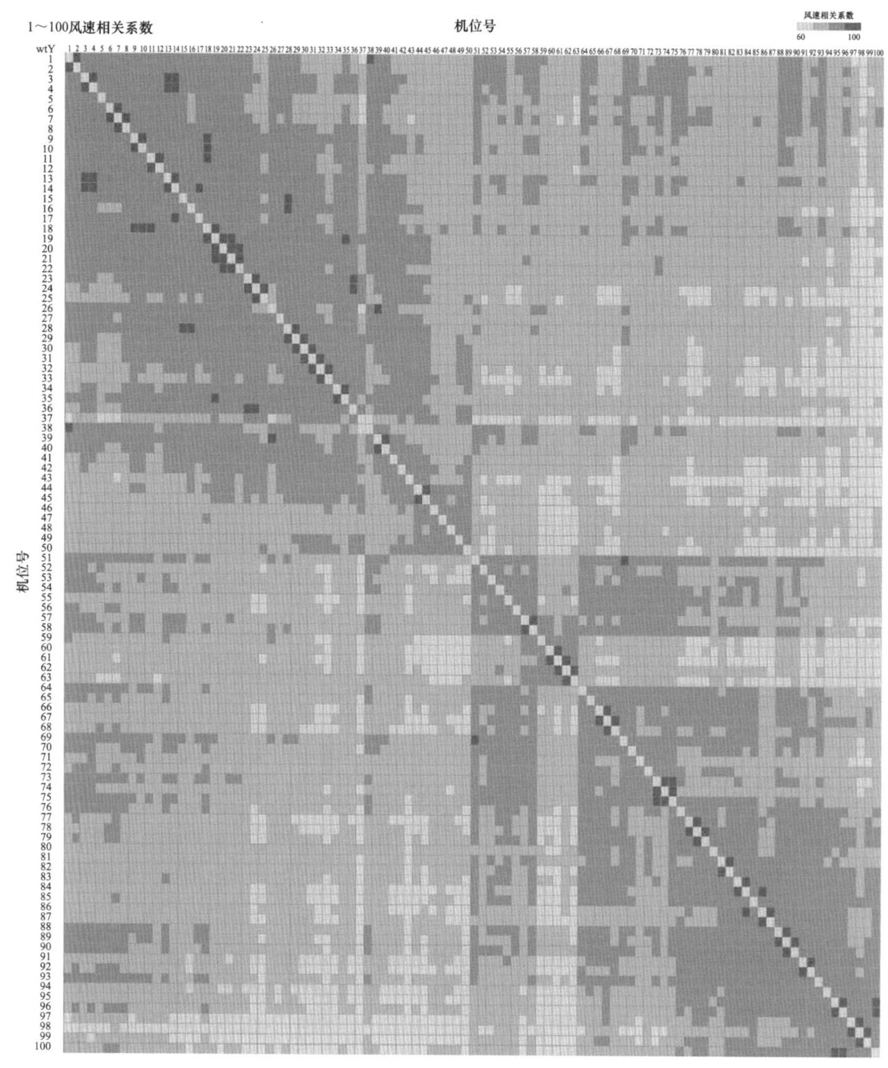

图 4-23　风速相关系数分析

利用塔筒结构异常监测模型，通过监测塔顶 x、y 方向振动，和 PCH 振动传感器各频段振动信号，可有效检测塔筒晃动各阶模态和能量分布，为塔筒结构异常监测提供及时准确的预警信息。塔筒一阶固有频率监测分析如图 4-24 所示。

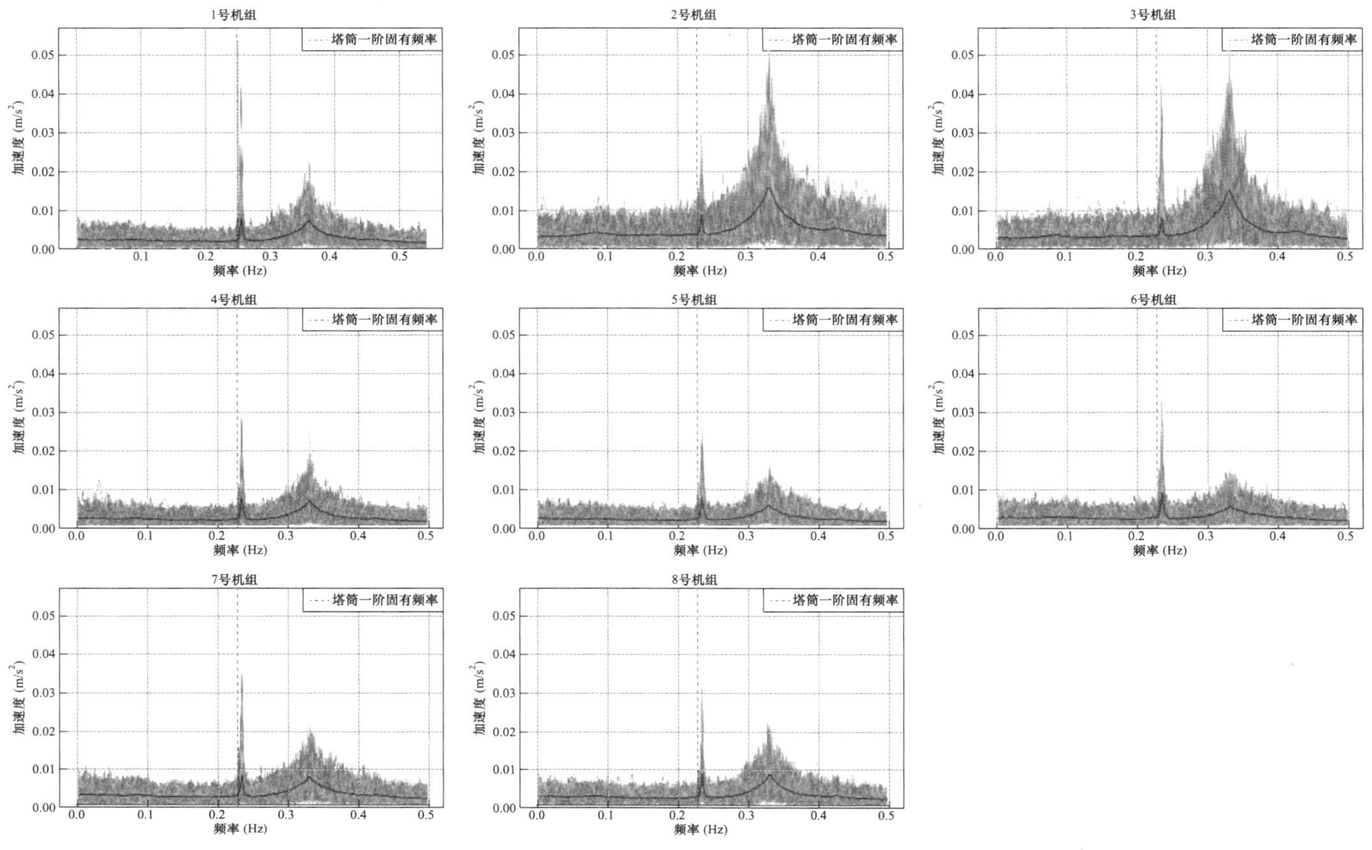

图 4－24　塔筒一阶固有频率监测分析

4.4.1.6 齿轮箱诊断系统

1. 齿轮箱故障预警

齿轮箱是风电机组传动系统的核心部件，由于经常在恶劣环境中运行，导致其故障频发，影响风电机组发电效率。风电齿轮箱各部件发生故障的比例中，齿轮和轴承的故障比例最高，常见的故障形式包括断齿、点蚀、磨损、划痕等。轴承的故障可分为疲劳磨损、疲劳剥落、塑性变形、裂纹与断裂、胶合。

可根据实际收集的 SCADA 和内容管理系统（content management system，CMS）数据，结合典型的故障案例，定制化开发齿轮箱故障预警模型。

2. 轴承异常监测

可通过齿轮箱低、高速轴承温度测点，结合两者温度、温差、温升表现，从多个角度监测和分析齿轮箱轴承温度的趋势变化和异常状态。

通过监测同风电场同机型在同等工况条件下齿轮箱高速轴温度趋势特点，快速准确地检测出风力发电机温度偏高、离群等现象。齿轮箱轴承异常监测模型示例图如图 4－25 所示。

3. 齿轮箱散热异常监测

齿轮箱良好的散热是保证正常运行的关键条件，一旦发生异常，轻则故障停机，重则导致严重机械故障，甚至导致齿轮箱下塔。齿轮箱散热异常是多种环境或齿轮箱本体因素累积的结果，虽然齿轮箱本体和散热系统上布置了多个温度监测的测点，但仅通过温度测点的观测无法全面表征散热异常。

齿轮箱散热异常监测模型以统计分析、数据挖掘为主要手段，通过相关变量（温度、压力、转速等）共同表征运行状态，并分析状态变化趋势，实时或准实时评估监测齿轮箱及其冷却散热系统的温升、温度等参数的状态，实现及时报警，提示运维人员尽快处理。

图 4－26 是齿轮箱散热异常监测模型在某风电场的应用表现，从上至下分别展示了齿轮箱油池温度、超温预警概率、超温预警标记、齿轮箱油池温度报警标记。

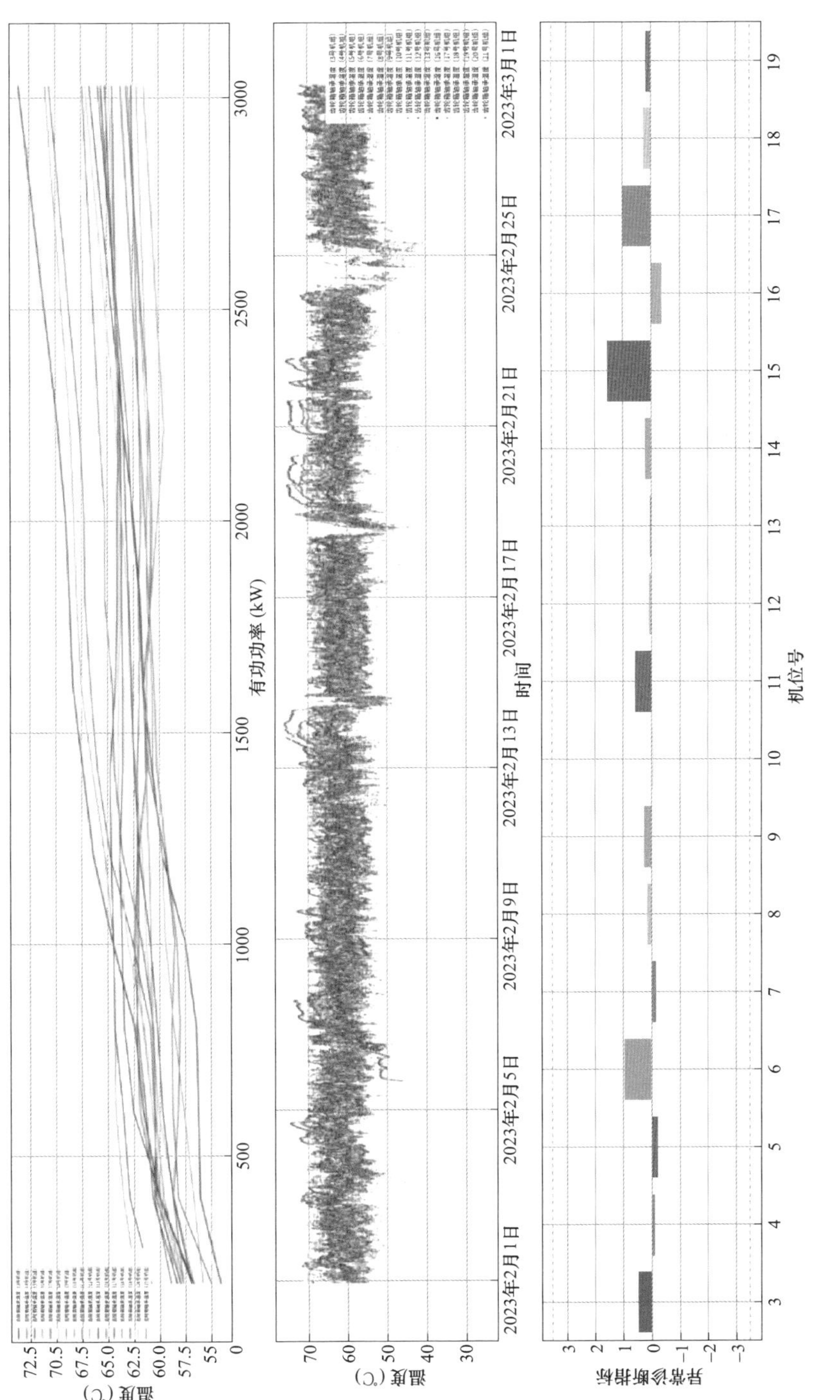

图 4－25　齿轮箱轴承异常监测模型示例图

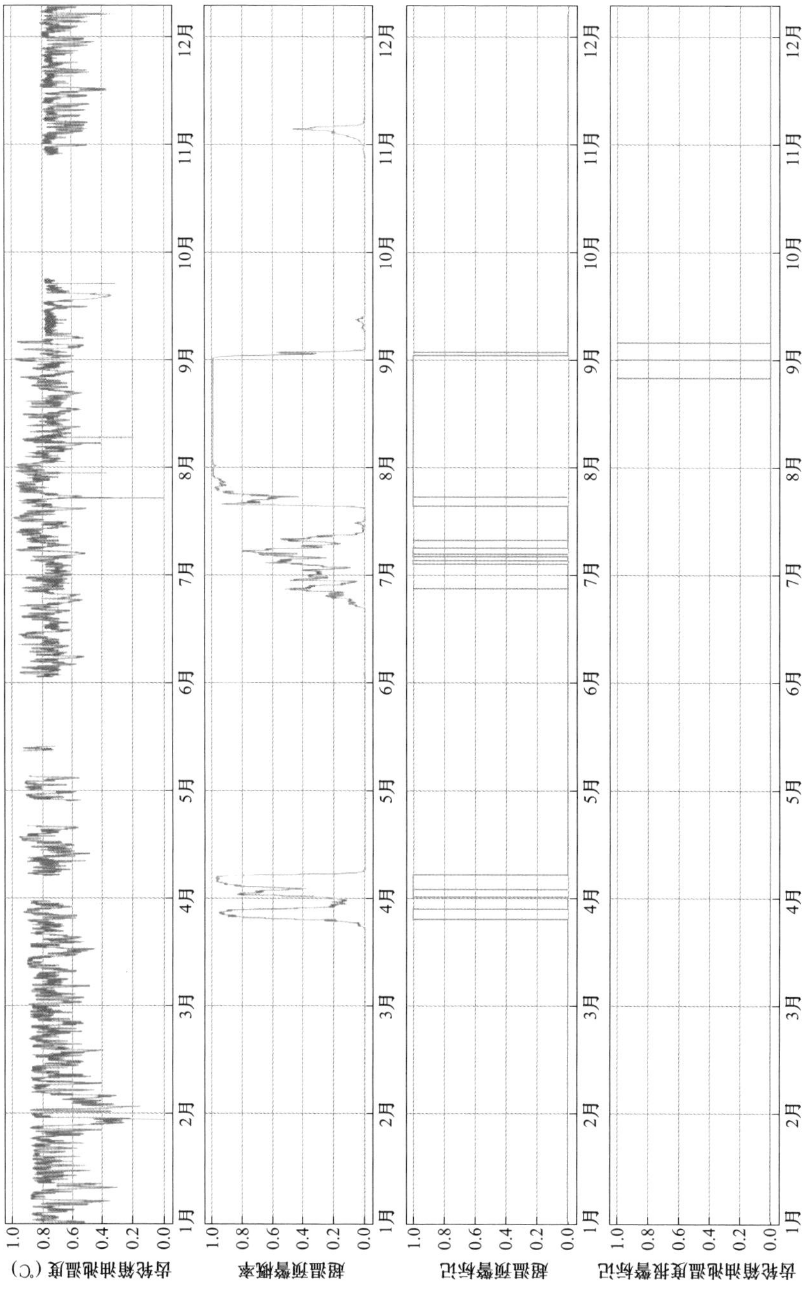

图 4－26　齿轮箱散热异常监测示例

4.4.1.7 变桨系统诊断

1. 变桨控制异常诊断

变桨系统是大型风电机组控制系统的核心部分之一，对机组安全、稳定、高效的运行有十分重要的作用。变桨控制的表现需要结合风速、功率、转速等因素综合判断。相同型号风力发电机的桨距角－风速、桨距角－功率、桨距角－转速的相关散点图具有良好的一致性和稳定性。通过无监督聚类的机器学习算法，可有效检测出变桨控制异常状态的风力发电机。桨距角－风速、桨距角－功率、桨距角－转速的相关散点图分别如图 4－27～图 4－29 所示。

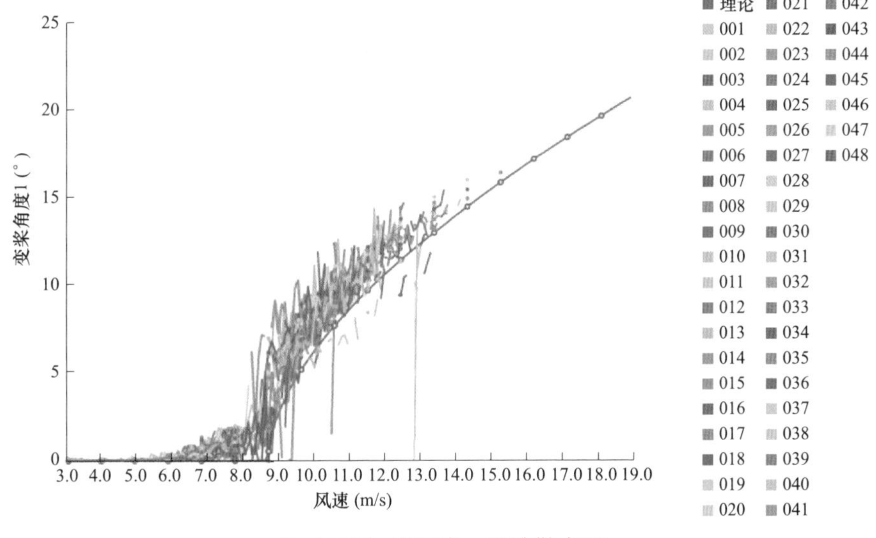

图 4－27 桨距角－风速散点图

2. 变桨轴承损伤诊断

变桨轴承损伤在运行数据上直接反映的是变桨动作的摩擦力加大，进而反映在变桨电动机扭矩、电流或温度上。变桨电动机温度是负载的累积效应，其反映了过去一段时间的温度变化情况，滞后效应较大；变桨电动机电流能够反应瞬时载荷的大小，但由于电流波动非常频繁，一般不做简单求和或均值处理；变桨电动机扭矩能够较好反应变桨负载。

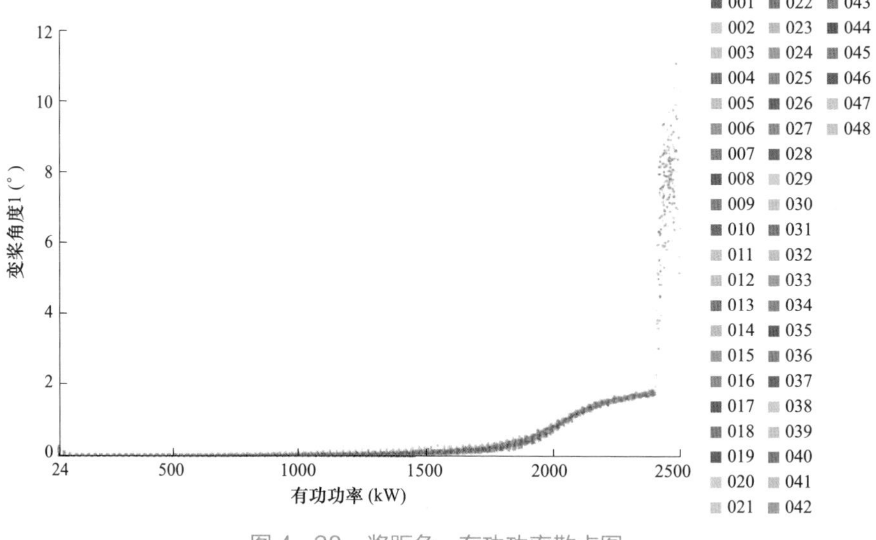

图 4-28　桨距角-有功功率散点图

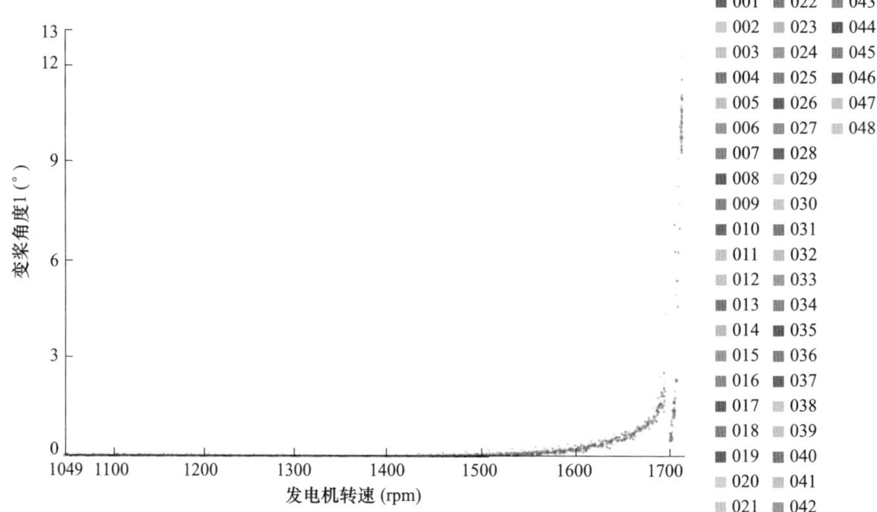

图 4-29　桨距角-发电机转速散点图

通过对变桨电动机电流瞬时大值的统计，可评估变桨轴承损伤的发展趋势，提前对损伤发生进行预警。三个叶片的变桨电动机电流趋势分析如图 4-30 所示。

3. 变桨电池异常诊断

变桨电池的正常状态是风电机组故障断电之后紧急顺桨的前提保证，变桨

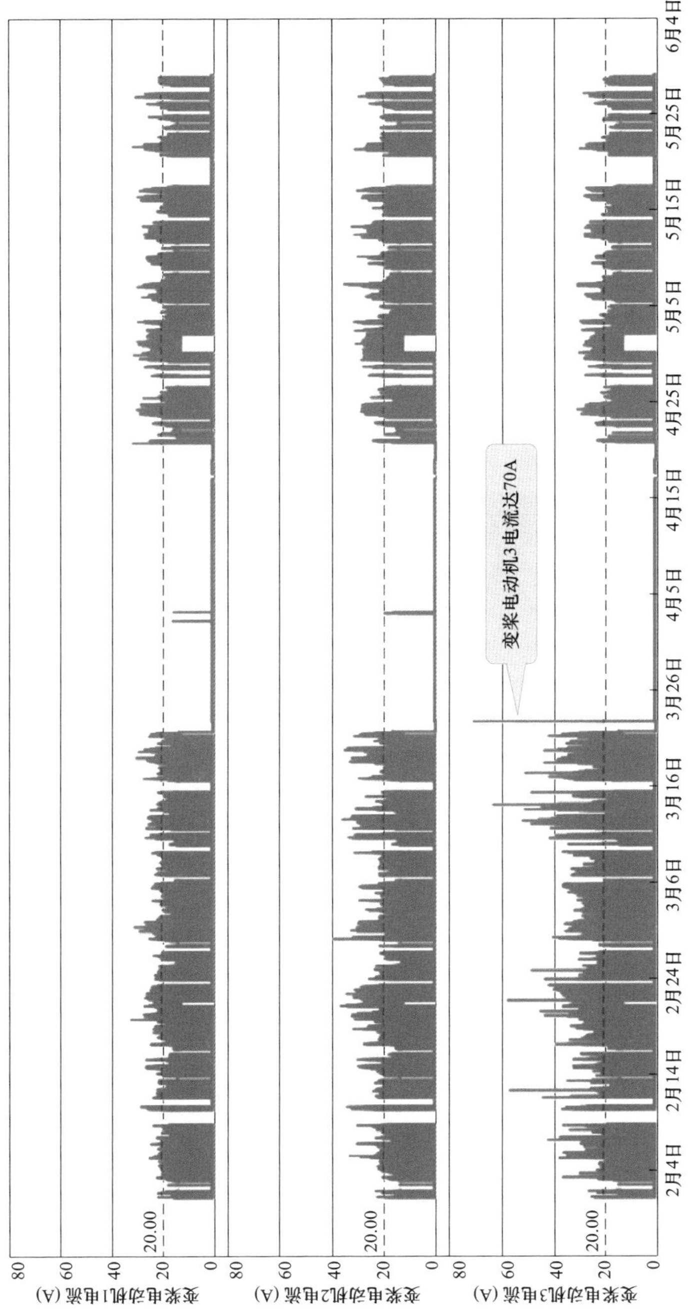

图 4－30　三个叶片的变桨电动机电流趋势分析

电池电压是需要定期监测的测点，避免变桨电池电压持续降低，带来风力发电机无法紧急顺桨的巨大风险。

通过电压数值监测，分析稳定电压的变化趋势，可有效预警变桨电池的异常状态。某风电场某风力发电机的变桨电池电压和参考电压值的趋势分析如图 4-31 所示，变桨电池异常诊断正确提示了变桨电池电压的下降趋势，避免了更大的机组故障。

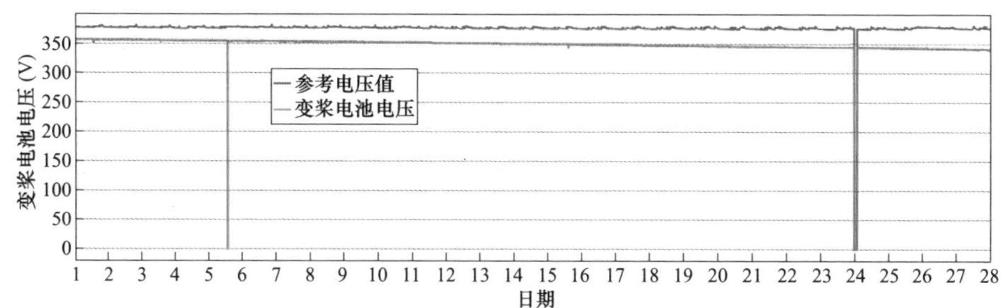

图 4-31　某风电场某风力发电机的变桨电池电压和参考电压值的趋势分析

4.4.1.8　变频系统诊断

1. 变流器温度异常

变流器温度异常相关测点主要是绝缘栅双极晶体管（insulate-gate bipolar transistor，IGBT）温度，通过分析 IGBT 温度的分布趋势，拟定合理的异常边界，可准确评估每个风力发电机的变流器温度的健康状态。变流器温度异常的状态评估如图 4-32 所示。

2. 控制柜温度异常

控制柜温度可分为机舱控制柜温度和塔基控制柜温度，适中的控制柜温度可保证控制设备的正常运行。通过评估各个风力发电机的控制柜温度，估计其分布的离散程度，可有效地辨识控制柜温度是否出现异常。控制柜温度异常的状态评估如图 4-33 所示。

3. 主电路控制异常诊断

主电路控制异常主要表现在三相电流、电压不平衡。三相电流和电压的比较可基于两两互差最大值或标准差的方法，辨识出具有异常形态的某一相电流或电压。图 4-34 展示了某风电场所有风力发电机的三相电流差异性状态评估。

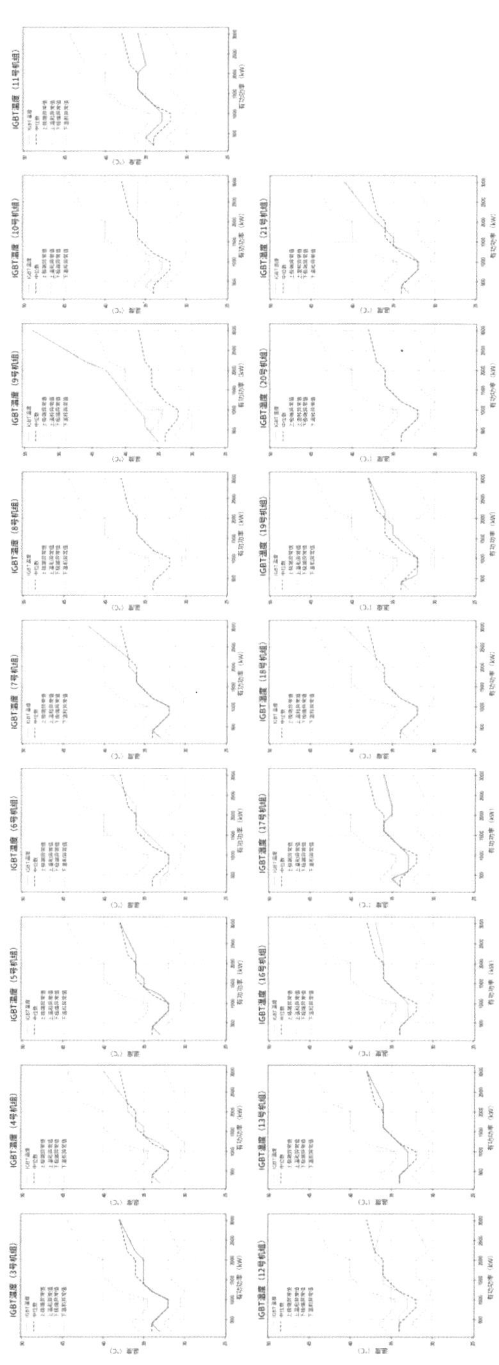

图 4－32　变流器温度异常的状态评估

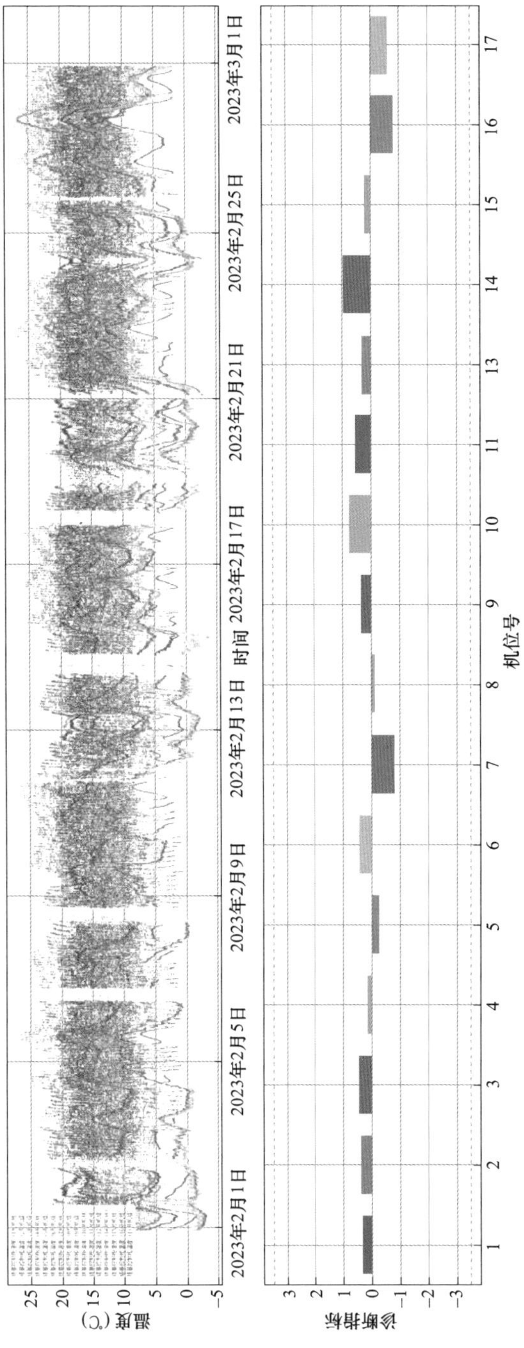

图 4－33　控制柜温度异常的状态评估

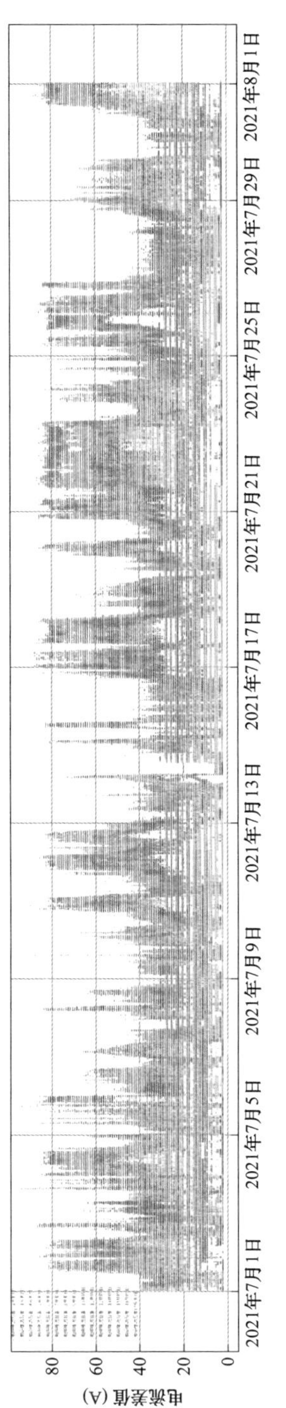

图 4－34　三相电流差异性状态评估

4.4.2 基于智能传感器的风力发电机组监测预警技术

4.4.2.1 大部件效率监测

风力发电机组的风轮从风中吸收动能，转化为旋转的机械能，经过机械传动系统（主轴、增速箱、联轴器）输入发电机，变换为变频变压的电能，再经变流器变换为恒频恒压，经多级变压器升压后并入电网。

典型双馈风力发电机组主传动及主电路结构如图 4 – 35 所示。

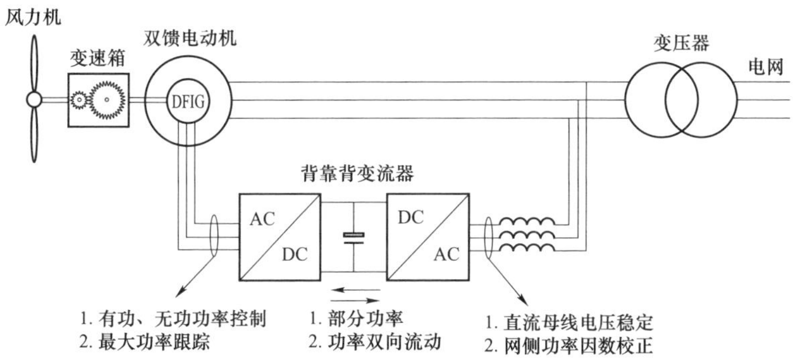

图 4 – 35 典型双馈风力发电机组主传动及主电路结构

典型直驱风力发电机组主传动及主电路结构如图 4 – 36 所示。

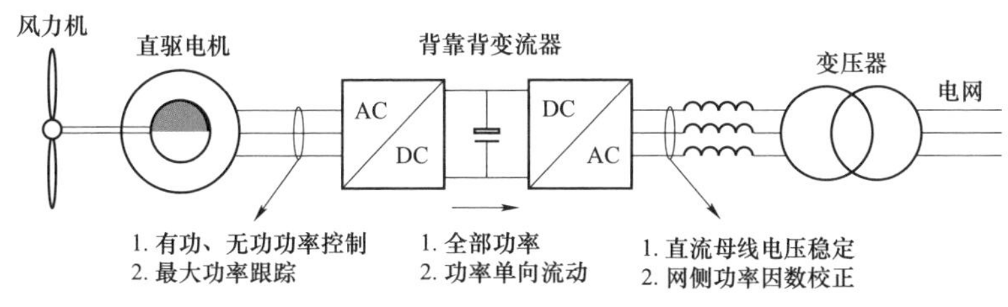

图 4 – 36 典型直驱风力发电机组主传动及主电路结构

半直驱机型的主电路结构与直驱型相同，只是主传动链上在风轮和直驱发电机之间增加了一个中速齿轮箱。

在能量变化的各个环节（齿轮箱、发电机、变流器）均有少量能量损耗，即各部件都存在工作效率，不同部件的工作效率大小与其结构形式、所处工况和自身健康状态有关。经型式试验和出厂试验的风电机组设备应提供齿轮箱、发电机、变流器正常工作状态下的效率数据或相关曲线。

4.4.2.2 基于载荷数据的预警分析

按照行业规范要求，在型式认证阶段，新开发的风电机组一般要开展载荷测试，以验证在设计工况下关键部位的实测载荷是否被包络在设计仿真的载荷范围内。载荷测试的方式为在叶根、主轴和塔筒上粘贴应变片，在几个月的时间内历经尽可能完整的设计工况（或对应的测量载荷状态），记录所有重要工况下的应变（应力），并根据标准规范，推算到叶根中心、轮毂中心、塔顶中心等关键设计位置的载荷（力和力矩）。

如果被测机组存在风轮不平衡、传动链扭振、偏航动作异常、塔筒晃动异常等问题，在上述粘贴应变片的部位，可能会有特定的模式体现在动态载荷中，可以通过对载荷数据的分析挖掘，一定程度上实现对机组部分故障的诊断预警。

4.4.3 螺栓状态监测预警技术

4.4.3.1 机舱和塔架螺栓

对于非旋转性的塔架和机舱内螺栓，采用智能传感器，可以对多个塔架法兰上的多颗螺栓进行轴力监测。由于机舱或塔架的空间相对较大，超声主机和超声探头之间采用有线的方式连接[87, 88]，智能传感器主要由超声应力监测单元、分线器、定制超声探头、温度传感器、服务器及监测软件组成。超声应力监测单元在每个监测面（法兰）部署一个分线器，在每个监测面的螺栓上安装 8 个超声探头（匹配温度传感器）。

由于机舱和底部塔架相距较远，共用一个超声主机会导致现场布线工程量大、调试难度增加、故障定位难度增加，故建议使用两套主机，分别监测塔架螺栓和机舱内螺栓，如图 4－37 所示。

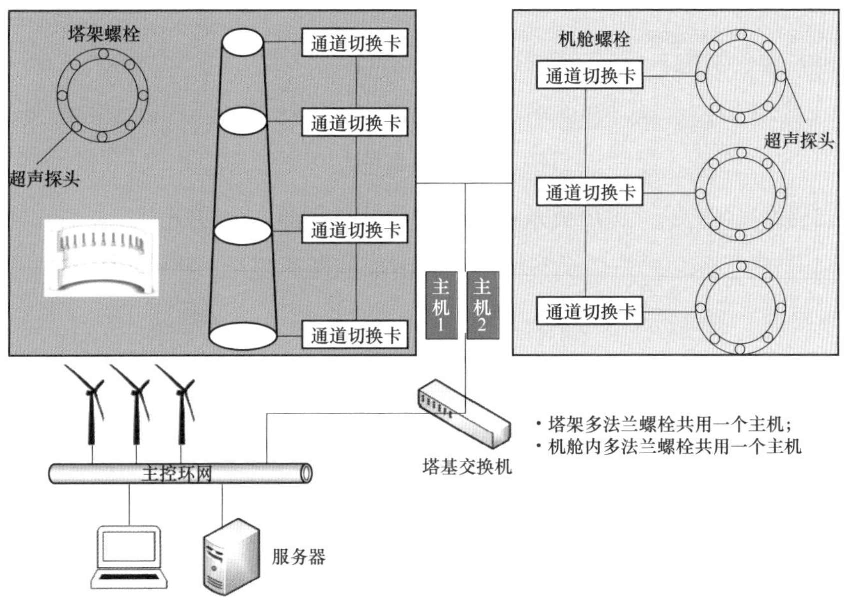

图 4－37　智能传感器的系统组成

4.4.3.2　轮毂内和叶根螺栓

对于旋转性的轮毂内和叶根螺栓，需采用相应的智能传感器产品。由于轮毂内空间有限，走线难度大、固定可靠性低，容易在旋转和振动的条件下脱落，带来安全隐患，故智能传感器使用无线传输数据的方式将螺栓的预紧力测量监测的信号发送到固定在轮毂内的集线器，其中集线器可以无线连接多个微型测量单元。

智能传感器方案主要由超声微型螺栓预紧力测量单元、集线器、超声温度一体式探头、无线数据传输模块、服务器及监测软件组成。其中，集线器固定于轮毂内，无线数据传输模块放置在机舱内，以 lora 传输协议与集线器通信，通过风电场光纤环网连接至总控室的服务器。

4.4.3.3　系统功能

1. 主要功能

（1）智能传感器螺栓轴力监测系统。智能传感器螺栓轴力监测系统包含螺栓预紧力测量主机、信号线缆、探头、直流电源和软件控制系统等关键部分组成。

（2）螺栓监测系统功能指标。

1）脉冲发生：超声波系统具备自主产生指定脉冲和脉冲激励的功能。

2）长度测量：超声波系统具备测量螺栓长度的功能。

3）预紧力测量：超声波系统具备测量螺栓预紧力的功能。

4）波形显示：超声波系统提供测试波形的图形显示，并通过显示的波形制定测量参数，测试波形的显示应当具备放缩和局部放大功能。

5）波形对比：超声波系统具备对初始化测试波形的存储功能，并能够实现测试波形和初始化波形的图形比对；测试波形和初始化波形应当用不同的颜色予以区分，并可以同步进行缩放和局部放大。

6）测量标校：超声波系统具备参数自动校准功能，通过确定几组测量数据和对应实际数据的输入，超声波系统自动计算，确定并存储标校参数。

7）数据存储：超声波系统能够实现对测试参数、初始化波形、材料参数、标定参数和测量结果的存储和分组管理。

2. 系统管理

（1）监控系统采取项目分组管理，根据项目建立相应的分组，每个分组可以包含多个螺栓。

（2）能够根据轮询规则按照测量时间记录并储存测量结果，存储记录包括通道号、回波时间、声时差、伸长量、预紧力、当时环境温度和测量时间。

3. 螺栓状态监测系统网络架构

螺栓监测系统主要由超声应力监测单元、分配器、超声探头、服务器及监测软件组成。其中，超声应力监测单元、分配器、超声探头部署于风力发电机侧，服务器及监测软件部署于升压站。超声应力监测单元用于发射超声波和接收数据并对数据进行初步处理，并将数据汇总后上传到内网服务器。内网服务器位于风电场监控中心，负责接收、存储及展示监测单元的监测数据，并判断风力发电机螺栓是否存在松动，如果超限，则生成相应报警信息。内网服务器可通过正向网络隔离将数据发送到外网服务器，外网服务器再通过防火墙将数据发

给远程诊断专家与用户远程监控机。螺栓状态监测系统拓扑图如图 4－38 所示。

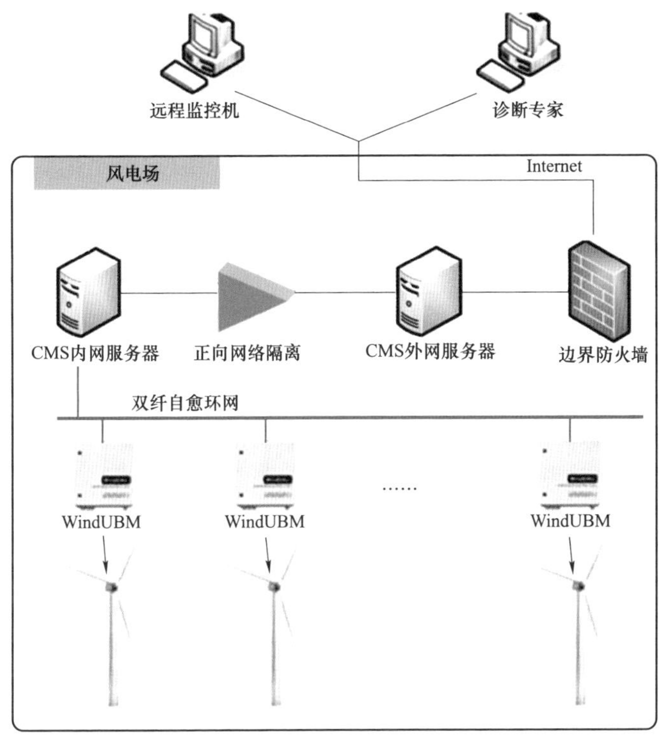

图 4－38　螺栓状态监测系统拓扑图

4.4.4　基于机器声纹的风力发电机组监测预警技术

风电设备及其关键部件的固有特征由物理结构决定，在发生故障时，引起声音、振动、温度等信号发生变化，通过模型识别蕴含反映早期故障的细微特征，可对设备及部件故障进行诊断和预测。基于机器声纹多维感知和运行大数据的风电设备预测性运维技术（简称“机器声纹技术”）应运而生。该技术基于统计机器学习理论，利用多维感知信息，通过对少量异常数据学习，构建特有的基于低资源非协作人工智能技术的细微特征提取模型和超早期故障诊断模型，自动识别和理解设备及部件早期故障、运行状态和健康状态，实现预测性智能运维。

4.4.4.1 机器声纹系统架构

机器声纹技术针对现有风电机组运维管理存在的监测维度不足、早期故障发现难、独立系统多、根因分析难度大等问题，在风电机组主要部件布设声音、振动、温度、角度等一体式传感器，同时汇集其他多维传感数据、工况数据、第三方系统数据、运维数据，结合多项技术创新，包括声学指纹细微特征提取技术、低资源非协作人工智能故障检测和诊断技术、基于知识图谱和大模型的推理决策技术、融合事理图谱和机理分析的多粒度画像技术、实时数据驱动的数字孪生建模技术等，突破风电机组复杂工作场景下多维传感数据难以精准同步采集和传输、超早期故障难以及时发现和定位、大规模异构数据难以实时存储和容错计算及动态展示等技术瓶颈，形成全新的智能状态监控和预测性运维平台，全面提升风电机组的多维感知能力、异常检测与预警能力、故障诊断能力和推理决策能力，最终显著提高风电机组的运行安全和效率，减少非停，降低运维成本。机器声纹系统架构如图 4－39 所示。

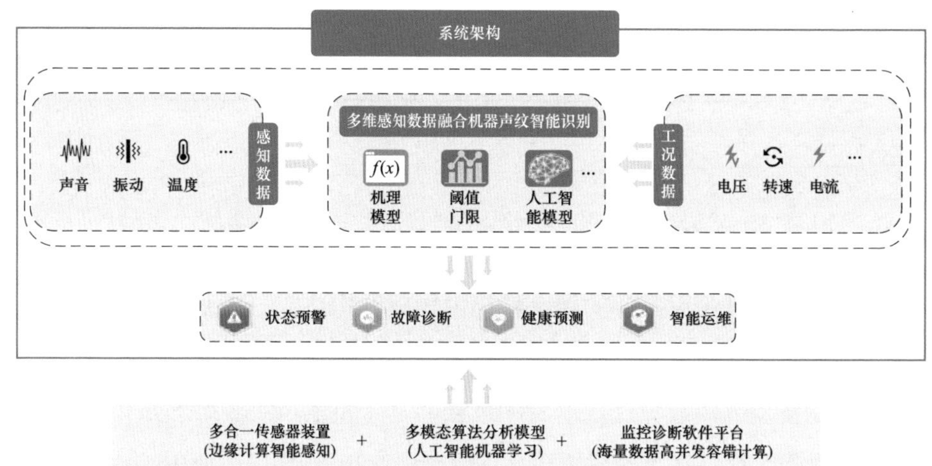

图 4－39 机器声纹系统架构

4.4.4.2 机器声纹监测系统主要功能

一般而言，机器声纹监测系统要建立一个基于现地传感器实时采集的多维信息的管理平台，集成应用数字孪生技术、机器声纹识别技术、大数据加人工智能深度学习技术，来系统实现其核心功能。

1. 运行状态实时监测

基于自有传感器以及预置和第三方传感器实时监测设备的运行工况，通过监测模型判断运行情况，发现异常状况及时告警。

2. 运行状态评估与预测

结合状态监测分析模型和大数据分析方法，实时监测设备运行状态，基于实时数据，分析设备的运行状态，评估设备实际状态与最佳运行状态的偏差。

3. 故障诊断

建立基于多维信息融合和声纹技术的智能故障诊断引擎，根据检测数据做出有无故障和故障严重程度的诊断，及时发现并定位故障，分析故障可能的原因，给出故障报告与处理建议。

4. 故障预测

基于不断积累的设备全生命周期特征数据，提取劣化特征参数，根据设备当前状态和故障等级预测故障发展趋势，提前发现故障早期征兆，利用趋势预测模型进行故障趋势预测，评估故障发生概率，预测设备可能产生的故障，辅助运维人员制订最优运维计划。

5. 设备画像

根据设备的工况、运行状态、故障记录、维修养护记录、健康情况等各维度信息，通过模型提取设备特征，形成标签化的设备描述机制，提供可视化的设备画像展示。

基于数据可视化和数字孪生技术，通过设备画像，综合展示设备运行的全数据，以时间、设备/部件、工况等多种线索来可视化地展示设备健康状况的发展变化态势和特征，并通过机理、关联等线索，展现健康态势与各数据要素间的同步形态和趋势联系。

6. 机组能效分析与运行优化

基于设备健康监测分析结果和工况大数据分析，从机组出力、能耗、故障等角度对机组运行效能进行综合分析，并通过设备画像和数字孪生等可视化技术手段进行多角度直观展示，提供运行优化建议和决策支持服务。

4.4.5 润滑油制备、改性、监测及修复技术

风电设备的所有轴承齿轮等运动部件（见图 4－40）均处于频繁启停、高负荷连续运转的工况条件下，摩擦不仅直接导致传动效率降低、发电量减少，还导致摩擦件异常升温，影响风力发电机寿命。据统计，润滑失效占传动系统故障的 34%以上，是影响风电机组使用寿命的主要故障之一。因此，具有优良的理化特性和润滑性能的复合型润滑油需求日益迫切，做好风力发电机关键部件润滑油的日常监测和维护是提高风力发电机运行效率、保障设备安全经济高效运行的有效途径之一。

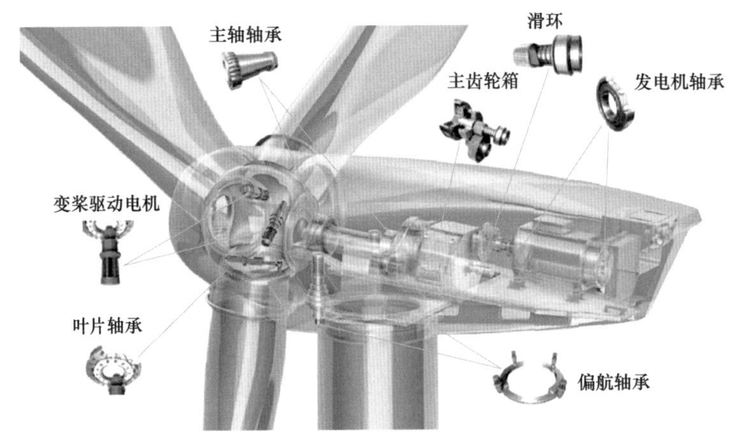

图 4－40　风力发电机传动结构示意图

4.4.5.1 润滑油制备

润滑油需要具有极宽的使用温度范围，以满足低温、高温、高低温交替变化、雨雪、沙尘等恶劣环境下对发电设备叶片变桨轴承进行长效润滑与防护，良好的防水、防腐蚀、承载、减摩等性能，良好的低温启动性及长的使用寿命，对已发生磨损、点蚀的摩擦部位进行动态修复，并且是可生物降解、无毒、无

害的环境友好型产品。润滑油的制备主要是在皂化釜中先加入优选后的基础油，通过加热和搅拌，根据润滑油的生产工艺，分别加入抗氧性等添加剂，进行皂化反应和高温炼制；然后将润滑脂导入调合釜，自然降温后再加入极压抗磨剂、防锈剂、金属钝化剂等添加剂；最后通过循环过滤剪切和搅拌后形成风机润滑油产品。

4.4.5.2　润滑油改性技术

风力发电设备专用润滑油脂系列产品更适合我国气候条件。在润滑油制备过程中引入了纳米级带有自修复功能的添加剂，延长了设备的使用寿命。

（1）主轴偏航变桨轴承润滑脂：主轴偏航变桨轴承润滑脂添加了多种高性能添加剂而制成，以特制金属皂为稠化剂，添加了多种高性能添加剂而制成，改性后的主轴偏航变桨轴承润滑脂可适应低温、高温、高低温交替变化、雨雪、沙尘等恶劣环境下频繁低温启动及重载低速连续运行的要求；具有减摩、自我修复等功能，可避免摩擦件在重载或冲击载荷下发生擦伤及胶合，有效延长风力发电设备主轴轴承的工作寿命。

（2）发电机轴承润滑脂：发电机轴承润滑脂复合添加剂改性后可有效避免轴承在重载下发生擦伤及胶合；具有减摩及降噪性能，有效抑制发电机轴承的温升，使其平稳运行。改性后的发电机轴承润滑脂可在 –40～200℃的温度范围内使用，具有防水、减摩、降噪和防腐蚀性能；承载能力较好，可有效避免轴承在重载下发生擦伤及胶合；较好的低温启动性，使设备在各种气温下以较小的摩擦力矩启动，有效延长发电机轴承的工作寿命。

（3）开式齿轮润滑剂：开式齿轮润滑剂可满足风机偏航齿轮长期正常工作对减摩、抗磨和极压等方面的要求，有效避免齿轮在重载下发生擦伤及胶合；改性后的开式齿轮润滑剂可在 –40～200℃的温度范围内使用，具有防水、润滑、防腐蚀性能和较好的承载能力，有效避免齿轮在重载下发生擦伤及胶合；具有减摩及低温启动性能，有效延长偏航齿轮等开式齿轮的工作寿命。

（4）变速箱齿轮油：添加超级复合剂并复配特种功能单剂调和而成，在润滑部件表面形成配位吸附膜和反应膜，增加油膜的厚度和强度，有效防止齿面发生点蚀；同时在润滑部件表面形成巯基噻二唑保护涂层，达到防腐防锈的作用，液态膦酸胺具有极压抗磨和防锈性能的无灰添加剂，有效延缓齿轮的磨损；添加超级复合剂后的润滑油分水性能较好，保障齿轮表面的均匀润滑。添加超级复合剂改性后的变速箱齿轮油具有氧化安定性、高温稳定性、润滑特性、黏温特性、防锈和防腐蚀等性能。

（5）专用液压油：以高性能酯类油和聚α烯烃为基础油添加极压抗磨剂、胺型抗氧剂、酚型抗氧剂等多项添加剂进行改性，延缓大型风电机组液压传动系统的磨损，防止摩擦件运行过程中发生点蚀，保证油品在高温下保持良好的热稳定性和氧化安定性，并中和运行过程中产生的腐蚀性酸和弱酸，延长产品的使用寿命。通常加入金属减活剂和抗泡剂，抑制油中的活性成分腐蚀金属表面的活性和起泡的产生。添加复合添加剂后的专用液压油可适应低温、高温、高低温交替变化等恶劣条件下设备的润滑和能量的传递，具有抗磨损、防锈、空气释放、抗泡、过滤和密封等性能。

4.4.5.3 润滑油在线监测和修复

1. 润滑油在线监测技术

通过在设备上安装各类传感器，对润滑油的理化参数、磨损微粒等进行连续监测，目前已经采用介电常数、电磁感应、光谱和超声等技术研制了多种油液在线监测传感器，为油液在线监测技术提供基础。一般采用趋势分析的技术方法判定润滑油及设备的使用状态，具有实时性、连续性、同步性、分析快速、自动化和信息化程度高等特点，但也存在数据采集难和分析准确性偏差等问题。

2. 在线过滤和修复集成设备

风电机组运转过程中管道内及磨损点会生成金属颗粒，油品使用过程中也会产生氧化物、皂化物等不溶物杂质颗粒，油品在运行过程中会把这些杂质颗粒带回到油箱；工作过程中的渗漏及油温的变化也会让空气中微量水分在油中凝结、沉淀，经长时间的搅拌就会乳化，从而影响油品的润滑性能、力学性能甚至稳定性，进而对设备造成损伤。通过新型过滤和修复材料（见图 4－41），结合在线监测技术，将智能控制器根据设定时间周期和参数条件控制整机的启停、运转周期、数据存储与远传、自动报警等，形成集成设备（见图 4－42），可以实时吸附润滑油中有害物质、不溶颗粒物等，实现油中水分和杂质颗粒的自动净化、品质修复，长期维持油品品质。

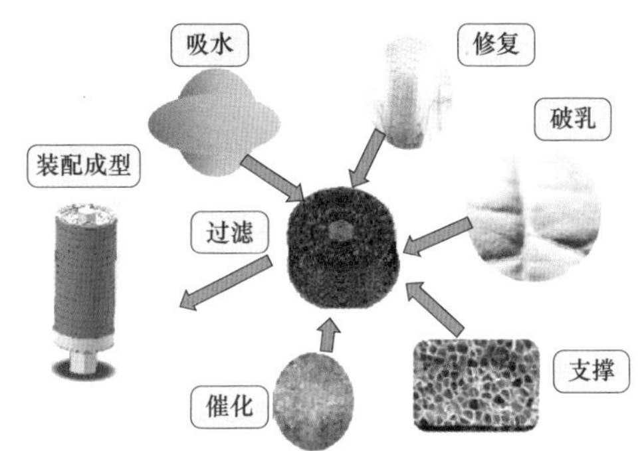

图 4－41　在线过滤和修复材料集成示意图

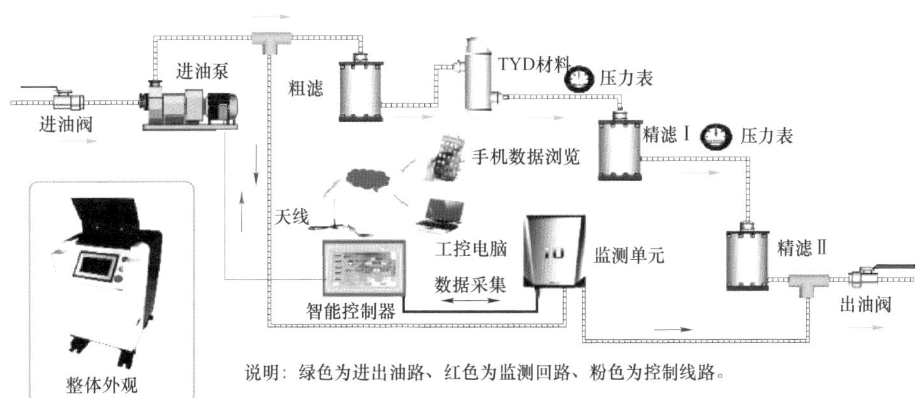

图 4－42　在线监测和修复集成设备及流程示意图

4.4.5.4　润滑油回收再处理

目前，常见的废润滑油再生工艺按照反应机理可分为物理处置工艺、化学处理工艺和物理化学混合工艺。

随着国家环保法律法规的完善，废润滑油再生工艺逐渐成熟。在物理处理工艺方面，塔式蒸馏仍是大规模处理废润滑油的主要方式，而且是加氢精制处理后的分离提纯经典配套工艺。此外，分子蒸馏因其热效率较高，操作简便，方便间歇性操作，将逐步得到更为广泛的应用。在化学处理工艺方面，因加氢精制处理后的油品品质高、质量可靠，加之催化剂向长周期使用和可再生化发展，加氢精制将逐步成为废润滑油再生的主要工艺。今后，废润滑油处理工艺势必将融合物理、化学处理工艺的优点，逐步向无污染、低能耗、高效率和普适性方向发展。

4.5 风电场群控技术

4.5.1 风电场群控定义

风电场群控是指通过对多个风电场的联合监控、预测调度和协同控制，实现风电场群统一高效、稳定安全运行的一种先进技术与管理模式。

风电场群控系统通常包含集中式监控平台、环境风能预测系统、协同控制系统、故障监测系统等模块[89–91]。集中式监控平台使用 SCADA 等技术对风电场群设备状态、电网运行参数进行远程监控，给管理人员提供实时可视化信息，用于制定优化的控制指令。环境风能预测系统综合各种气象、环境参数，采用数值模拟、机器学习等技术预测风资源分布和变化趋势，为风电场调度提供依据。协同控制系统根据预测结果，对风电场群内风力发电机组进行协调配合的控制，优化风电场群的整体发电功率，实现最大风能利用。故障监测系统通过状态检测与智能识别技术，实现对风电设备故障的快速定位和预警，指导维保与恢复。

风电场群控目的是发挥协同优势，协调管理区域内的风电场，实现风电场群的最优运行。与传统单个风电场控制相比，风电场群控可以提高风电消纳能力、减少弃风限电，有效增强风电对电力系统的支持性。

4.5.2 风电场群控系统基本组成

风电场群控系统是实现对分布于广阔区域的多座风电场的远程监视和集中化管理的关键系统。如图 4－43 所示，风电场群控系统由集中监控系统、风电功率预测系统、协调优化控制系统、故障检测与处理系统及数据库管理系统等组成。

风电场群控系统	集中监控系统	风电功率预测系统	协调优化控制系统	故障检测与处理系统	数据库管理系统
	传感器	数值天气预报模型	发电计划制定	数据采集模块	数据采集与传输模块
	数据采集与传输系统	风电机组特性测算	协调控制模型	数字信号处理模块	数据存储与管理模块
	本地控制层	模型组合技术	在线优化技术	状态评估与故障诊断模块	数据索引与查询模块
	通信网络	实时监测数据校正	自适应控制策略	综合分析与决策模块	安全与权限管理模块
	控制中心	在线学习算法	分工协作功能	报警与通知功能	数据备份与恢复模块
	可视化显示终端	不确定性预报	异常情况处理	自适分析功能	数据可视化与报表生成
	……	……	……	……	……

图 4－43 风电场群控系统示意图

（1）集中监控系统通过先进的传感器网络和通信技术，实时监测风力发电机的工作参数、电气设备的状态及气象参数等，并将数据传送至控制中心进行分析和显示，为风电场的运行提供实时监视和决策支持。

（2）风电功率预测系统基于数值天气预报模型和风力发电机特性曲线，预估风电场在未来时段的功率输出，为风电场的经济优化调度提供参考。

（3）协调优化控制系统以最大限度地利用风资源为目标，制定出风电场群级的协调发电计划，并实时调整风力发电机的输出，提高发电效率。

（4）故障检测与处理系统通过实时监测和智能分析，快速检测和定位风电场群设备故障，并向维护人员发出报警，保证风电场的安全可靠运行。

（5）数据库管理系统负责收集和存储各类监测数据、故障数据和维护记录，并进行统计分析和决策支持。

风电场群控系统的各组成部分相互配合、协同工作，为风电场的安全高效运行提供了基础保障。

4.5.3 风电场群控技术难点

纵观国内外研究现状，在大规模风电接入后电网的调度运行、建模仿真、优化控制等方面还未形成成熟的技术方案，在风电并网标准、要求等方面还存在争议，在风力发电机组控制技术、风力发电机组故障穿越技术等方面还不能满足我国智能电网建设对发电设备的远期要求。因此，风电场群控技术仍面临许多具体的技术难题亟待解决。

4.5.3.1 多样控制策略待提出

风力发电机组在稳态运行条件下，无功发电能力与工况有关，随着有功出力的增加，无功的出力上限会不断下降。当电网发生短时过电压和低电压时，风力发电机组为保证不脱网运行，其无功能力也会受到限制。因此需要根据风场的不同运行条件，研究相应的无功控制策略，按照不同优先顺序调用无功电源（SVG、调相机、风力发电机组）。例如，有的风电场要求在电压控制模式下优先调用无功补偿装置，根据其快速响应特点支撑电压调节；而在无功功率控制模式下，可以优先调用风电机组的无功功率调节能力。因此，必须采取多种控制策略才能应对实际风电场面临的复杂多工况。

4.5.3.2 功率调节能力待发掘

相邻风电场常常包括定速异步机组、双馈异步机组、永磁直驱机组、半直驱机组等多种机型，应根据不同风力发电机组的特性，研究混合风电场的有功功率、无功功率控制策略，最大程度发掘其可调能力。随着大型综合能源基地的建设，应结合光伏电站和储能电站的特性，研究风光储等综合能源基地的电压、频率控制策略，实现协调统一的综合能源管理和智能优化控制。

4.5.3.3　协调管理策略待研究

风电场群控技术结合多个单一的控制系统，对自动发电控制（automatic generation control，AGC）、能量管理系统（energy management system，EMS）等系统等进行统一协调管理与控制，并在满足电网调度需求的基础上，结合场站功率预测、电力市场交易等系统，保证风电场安全稳定经济运行。

4.5.3.4　算法求解速度待提升

风电场群控算法在求解精确和保证电压、频率稳定的前提下，对于求解速度也有更高要求。随着风电场大规模地发展和建设，包括分散式风电场的建设和并网，集中式的控制策略越来越难以满足计算速度的需求。风电场无功功率与电压控制技术应该向分层分区、分散式、分布式控制方向发展，将大型优化控制问题分解为若干个子问题，以迭代方式进行求解，从风电场群、风电场站、风力发电机分区、风电机组进行多层级控制。

4.5.3.5　人工智能技术待结合

随着人工智能技术的迅猛发展，特别是深度学习和强化学习的结合，带来了新的求解方法。深度强化学习已经在风电消纳、风电场营收管理、风电预测、风电场优化调度与控制等方面取得了突破性进展，基于深度强化学习的风电场控制技术也逐渐趋于成熟。深度强化学习能通过训练神经网络将复杂的优化过程转化为神经元计算，前向计算时不需要耗时求导与迭代，仅需要数毫秒即可完成求解计算，成为当前群控技术的研究热点。

4.5.3.6　海上风电系统待建设

随着海上风电场规模化建设，风电场群控技术也越来越重要。相较于陆上风电系统，海上风电系统需要更长的海底电缆连接，风力发电机间距更大，风电场的潮流模型也更复杂。海底电缆存在的对地电容效应会产生大量充电功率，容易引发过电压与振荡问题。同时，海上风电并网系统包含风电机组、多样化无功补偿设备、电压型换流器（voltage source converter，VSC）等多种无功电源，多类型无功补偿设备协调优化更加困难，需要研究适用于海上风电场的无功调节与电压控制技术，才能保证海上风电场安全稳定运行。

4.6 电网适配性技术

风电场电网适配性研究由风电场仿真建模、风电场在线潮流计算和短路计算、风电场继电保护定值整定计算等功能构成，对上述功能的部署及与数字孪生系统的数据接口提出了相应要求。

（1）风电场仿真建模。该项工作实现风电场内风力发电机组以及输变电等设备的建模，满足电磁暂态仿真、机电暂态仿真、小信号稳定分析等各类分析计算的要求，为精准掌握风电场运行情况及安全稳定特性提供模型数据基础。

（2）风电场在线潮流计算和短路计算。该项工作根据风电场仿真分析计算模型和实测数据，实现风电场在线潮流计算，以及大小方式下短路电流的计算。该项工作有利于准确掌握风电场的电气运行状态，科学合理地提升风电场管理运行水平。

（3）风电场继电保护定值整定计算。该项工作根据风电场保护装置的配置，计算保护定值，仿真计算短路故障的电磁暂态过程，校核风电场主设备快速保护定值的可用性，提高继电保护运行管理水平。

4.6.1 仿真建模

4.6.1.1 风力发电机组仿真建模

1. 风力发电机组模型

风力发电机组模型应包括风轮空气动力学模型、发电机、变流器及传动系统模型、桨距控制系统、风力发电机组控制系统和保护系统等[92, 93]，如图 4 – 44 所示。

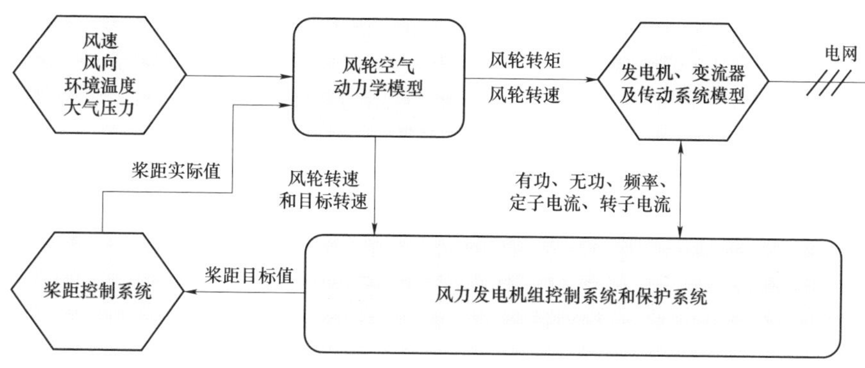

图 4 – 44　风力发电机组模型建立流程

2. 风轮模型

风电机组有功功率取决于风速的大小。以变桨距风电机组为例，稳态情况下，风速和输出功率之间的关系可以近似用图 4 – 45 所示的曲线表示。

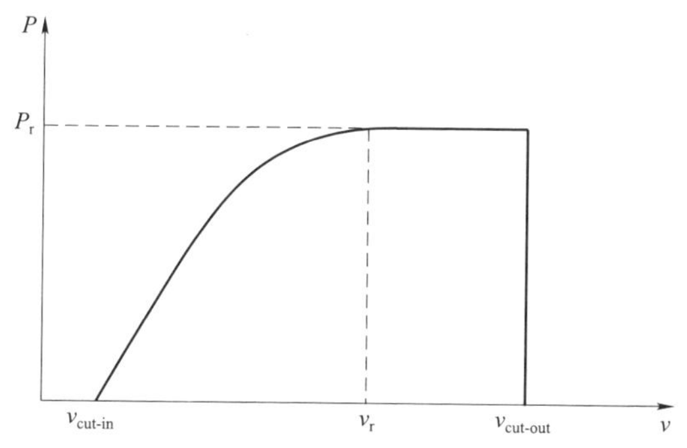

图 4 – 45　风电机组有功出力与风速的关系

v_{cut-in} 和 $v_{cut-out}$—分别表示风力发电机的切入风速和切出风速；v_r—风电机组的额定风速；P_r—风电机组的额定有功出力

不考虑叶片本身的动态特性，叶片上的风速与其输出功率之间的关系为

$$P_m = \frac{1}{2}\pi\rho R_w^2 v^3 C_p(\beta,\gamma) \tag{4-1}$$

式中：ρ 为空气密度；R_w 为风力发电机叶片长度；v 为风速；C_p 为风能利用系数；β 为风力发电机叶片的桨距角；γ 为叶尖速度比。

其中，C_p 有以下三种计算方法：

（1）方法 1。

$$C_p(\beta,\gamma)=\sum_{i=0}^{4}\sum_{j=0}^{4}\alpha_{i,j}\beta_i\gamma_j \tag{4-2}$$

$\alpha_{i,j}$ 的取值见表 4-1。

表 4-1　$\alpha_{i,j}$ 取值列表

i	j	$\alpha_{i,j}$
0	0	$-4.1909e^{-001}$
0	1	$2.1808e^{-001}$
0	2	$-1.2406e^{-002}$
0	3	$-1.3365e^{-004}$
0	4	$1.1524e^{-005}$
1	0	$-6.7606e^{-002}$
1	1	$6.0405e^{-002}$
1	2	$-1.3934e^{-002}$
1	3	$1.0683e^{-003}$
1	4	$-2.3895e^{-005}$
2	0	$1.5727e^{-002}$
2	1	$-1.0996e^{-002}$
2	2	$2.1495e^{-003}$
2	3	$-1.4855e^{-004}$
2	4	$2.7937e^{-006}$
3	0	$-8.6018e^{-004}$
3	1	$5.7051e^{-004}$
3	2	$-1.0479e^{-004}$

续表

i	j	$\alpha_{i,j}$
3	3	5.9924e－006
3	4	－8.9194e－008
4	0	1.4787e－005
4	1	－9.4839e－006
4	2	1.6167e－006
4	3	－7.1535e－008
4	4	4.9686e－010

（2）方法 2。C_p 的表达式由式（4－3）给出。

$$C_p = 0.22\left(\frac{116}{\gamma_i} - 0.4\beta - 5\right)e^{-\frac{12.5}{\gamma_i}} \tag{4-3}$$

其中，$\frac{1}{\gamma_i} = \frac{1}{\gamma + 0.08\beta^2} - \frac{0.035}{\beta^3 + 1}$；$\gamma = \frac{\Omega_W R_W}{v}$；$\Omega_W$ 为风力机的机械角速度。

（3）方法 3。

$$C_p = 0.5\left(\frac{R_w C_f}{\gamma} - 0.022\beta - 2\right)e^{-0.255\frac{R_w C_f}{\gamma}} \tag{4-4}$$

式中：C_f 为叶片设计常数，一般取 1～3。

3. 轴系模型

风力发电机轴系模型通常可以分为单质量块模型、双质量块模型。一般采用双质量块轴系模型，数学模型为

$$\begin{cases} 2H_t \frac{d\omega_t}{dt} = T_t - T_{shaft} \\ 2H_g \frac{d\omega_g}{dt} = T_g + T_{shaft} \end{cases}$$
$$T_{shaft} = K_s \theta_{tg} + D_s(\omega_t - \omega_g) \tag{4-5}$$
$$\frac{d\theta_{tg}}{dt} = \omega_{base}(\omega_t - \omega_g)$$

式中：H_t 与 H_g 分别为风力发电机、发电机的惯性时间常数；K_s 为轴的刚度系数；D_{tg} 为风力发电机转子同发电机转子之间的阻尼系数；θ_{tg} 为两质块之间相对角位移；T_t 与 T_g 分别为风力发电机机械转矩与发电机电磁转矩；ω_t、ω_g 为分别为风力发电机与发电机转子转速；ω_{base} 为发电机额定转速，未考虑质量块自身的阻尼系数；T_{shaft} 为中间变量。

4. 桨距角控制系统

当实际运行风速小于额定风速时，风力发电机叶片的桨距角一般设置成零度，通过调整风力发电机转速来获得最大风能利用系数，从而使风力发电机输出最大机械功率；当实际运行风速大于额定风速时，需要同时调节风力发电机叶片的桨距角和风力发电机转速使风力机输出的机械功率稳定在额定值。

桨距角控制方式有转速控制、电磁功率控制以及转速和电磁功率共同控制三种，桨距角控制框图如图 4－46 所示。

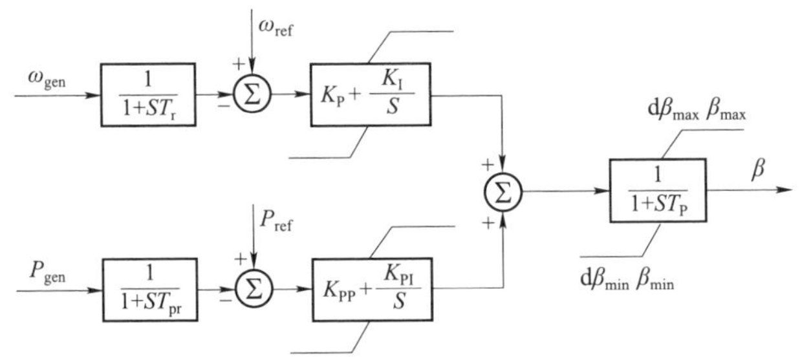

图 4－46　桨距角控制框图

ω_{gen}—发电机转速实际值；ω_{ref}—发电机转速目标值；P_{gen}—发电机功率实际值；P_{ref}—发电机功率目标值；β_{max}—桨距角最大限值；$d\beta_{max}$—桨距角变化率最大限值；β_{min}—桨距角最小限值；$d\beta_{min}$—桨距角变化率最小限值；β—桨距角指令

（1）最大功率跟踪控制策略。最大功率跟踪控制环节根据风速大小调节发电机的转速，使风力发电机的风能利用系数处于最大值，从而实现最佳风功率跟踪。一般是通过控制 W_{ref} 来进行控制的，W_{ref} 在正常工况下为 1.2（标幺值），当功率低于 0.46（标幺值）时，W_{ref} 的计算公式如下（即最大功率跟踪控制策略）：

$$W_{ref}=-0.75P^2+1.95P+0.63 \tag{4-6}$$

（2）机侧变流器控制策略。机侧变流器采用转子磁场定向的零 d 轴电流控制策略。在这种控制策略下，永磁同步电动机的 d 轴电流为零，因此可以直接通过控制 q 轴电流来控制电动机转速以及输出功率。机侧变流器的零 d 轴电流控制策略如图 4－47 所示，其中包括了交叉解耦项和前馈解耦项，给定值 $i_{\mathrm{mdref}}=0$。

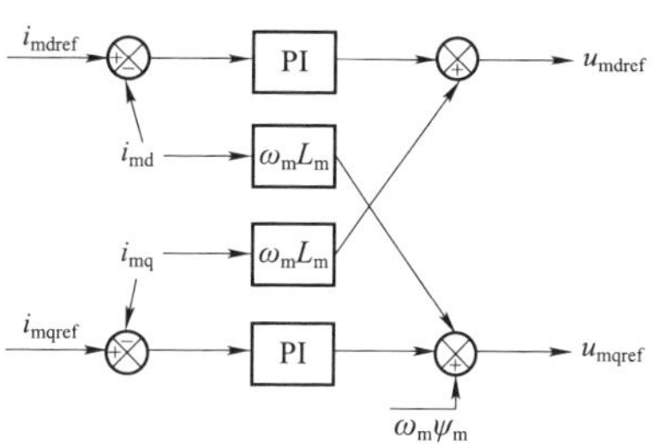

图 4－47　机侧变流器控制策略框图

机侧变流器控制系统的动态方程如下：

$$\begin{cases}u_{\mathrm{mdref}}=-G_{\mathrm{mi}}(s)(i_{\mathrm{mdref}}-i_{\mathrm{md}})+\omega_{\mathrm{m}}L_{\mathrm{m}}i_{\mathrm{mq}}\\u_{\mathrm{mqref}}=-G_{\mathrm{mi}}(s)(i_{\mathrm{mqref}}-i_{\mathrm{mq}})-\omega_{\mathrm{m}}L_{\mathrm{m}}i_{\mathrm{md}}+\omega_{\mathrm{m}}\psi_{\mathrm{m}}\end{cases}\tag{4-7}$$

式中：$G_{\mathrm{mi}}(s)$为电流环的 PI 控制器。

（3）网侧变流器控制策略。网侧变流器控制系统主要包括直流电压外环控制环节、电流内环控制环节和锁相环。在电网电压定向的矢量控制策略下，直流电压外环用于稳定直流母线电压，并输出内环有功电流参考值。风力发电机通常工作在单位功率因数状态下，此时，无功电流分量参考值 i_{gqref}为零，从而使网侧变流器输出零无功。网侧变流器的具体控制策略如图 4－48 所示，其中包括了交叉解耦项和前馈解耦项。

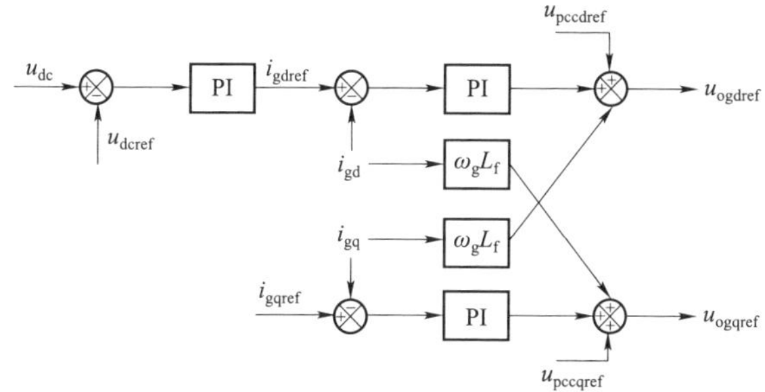

图 4－48　网侧变流器控制策略框图

直流电压外环控制和电流内环控制的动态方程如下：

$$\begin{cases} i_{\text{gdref}} = G_{\text{dc}}(s)(u_{\text{dc}} - u_{\text{dcref}}) \\ u_{\text{ogdref}} = G_{\text{gi}}(s)(i_{\text{gdref}} - i_{\text{gd}}) + u_{\text{pccdref}} - \omega_{\text{g}} L_{\text{f}} i_{\text{gq}} \\ u_{\text{ogqref}} = G_{\text{gi}}(s)(i_{\text{gqref}} - i_{\text{gq}}) + u_{\text{pccqref}} + \omega_{\text{g}} L_{\text{f}} i_{\text{gd}} \end{cases} \tag{4-8}$$

式中：$G_{\text{dc}}(s)$ 为电压外环的 PI 控制器；$G_{\text{gi}}(s)$ 为电流内环的 PI 控制器；i_{gd} 、i_{gq} 、u_{pccdref} 、u_{pccqref} 为在网侧变流器控制系统 dq 坐标系下的相应变量。

锁相环通过控制 u_{pccq} 来追踪 PCC 处的相角，实现控制系统与交流系统的同步。传统的同步坐标系锁相环，因其结构简单而被广泛采用，其具体结构如图 4–49 所示。

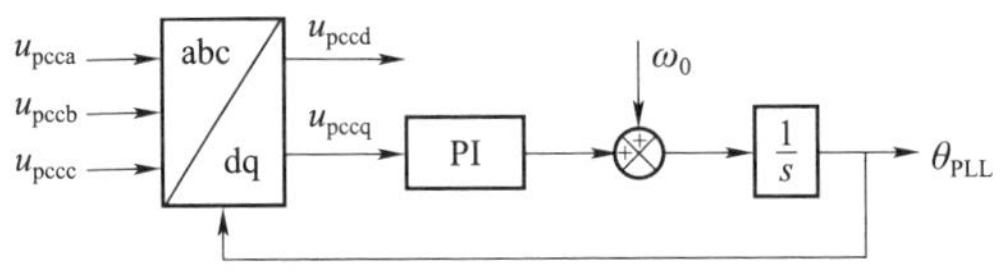

图 4–49　锁相环控制系统框图

其数学方程如下：

$$\theta_{\text{pll}} = \int\left[\left(K_{\text{p}} + \frac{K_{\text{i}}}{S}\right)u_{\text{pccq}} + \omega_0\right] \tag{4-9}$$

式中：K_{p} 、K_{i} 分别为锁相环 PI 控制器中的比例和积分参数；ω_0 为电网额定角频率。

5. 低（高）电压穿越期间和结束后的有功功率控制

风力发电机在低（高）电压穿越期间有功功率控制有：指定有功电流值、指定有功电流占初始电流的百分比、指定有功功率值以及指定有功功率占初始功率的百分比四种控制方式；低（高）穿后有功功率爬坡初始值有：指定有功电流值、指定有功电流占初始电流的百分比、指定有功功率值以及指定有功功率占初始功率的百分比四种设定方式；低（高）穿后有功功率爬坡过程有：立即恢复、按照指定斜率上升、按照抛物线的方式上升以及按照指定时间斜线上升四种方式。

6. 低（高）电压穿越期间和结束后的无功功率控制

风力发电机在低（高）电压穿越期间无功功率控制有：根据电压降计算电流、指定无功功率以及指定无功电流三种控制方式；低（高）穿后无功功率恢复初始值按指定无功电流设定；低（高）穿后无功功率恢复有：立即恢复初值、保持定值一段时间、按指数形式恢复以及按斜线形式恢复四种方式。

4.6.1.2　风力发电机组仿真

风力发电机组仿真模型可以进行暂态稳定性分析、小信号稳定性分析、风力机设计、潮流计算以及短路电流计算。其中，暂态稳定性分析包括电磁暂态稳定性以及机电暂态稳定性分析。风力发电机组仿真模型的功能如图 4－50 所示。

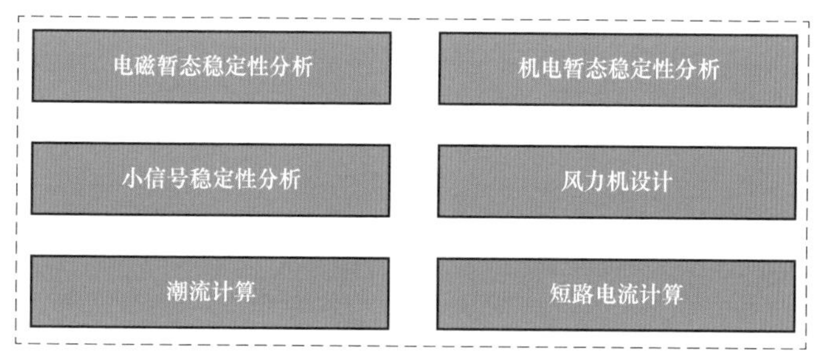

图 4－50　风力发电机组仿真模型的功能

1. 电磁暂态仿真

电磁暂态仿真可以反映电力系统中各元件电场和磁场以及相应的电压和电流变化过程，侧重于操作过电压、行波、高次谐波以及变压器等元件饱和特性的分析。电磁暂态仿真的计算元件模型采用微分方程或偏微分方程来描述，基于 a、b、c 三相瞬时值的表达式和对称矩阵求解，模型描述较为具体和详细，可以输出考虑系统饱和性、行波传播和短路电弧等过程的电流、电压瞬时值，输出的电压、电流瞬时值曲线如图 4－51 所示。

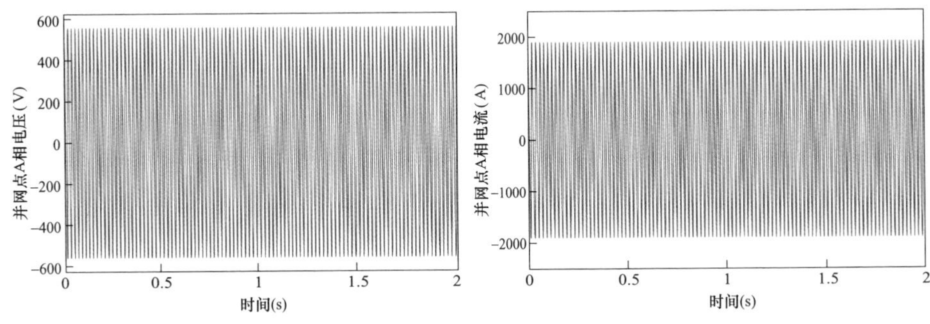

图 4-51　电磁暂态模型输出的电压、电流瞬时值曲线

2. 机电暂态仿真

机电暂态仿真可以反映电力系统中发电机和电动机电磁转矩变化引起的发电机转子机械运动的变化过程，主要研究电力系统受到大扰动后的暂态稳定特性，包括功角稳定、频率稳定以及电压稳定等。机电暂态仿真的计算元件模型采用基波相量来描述，基于序网分解理论将系统分成相互解耦的正、负、零序网络后分别求解，只能反映工频下的系统运行状况，可以输出风力发电机机端电流、电压、有功功率、无功功率，曲线如图 4-52 所示。

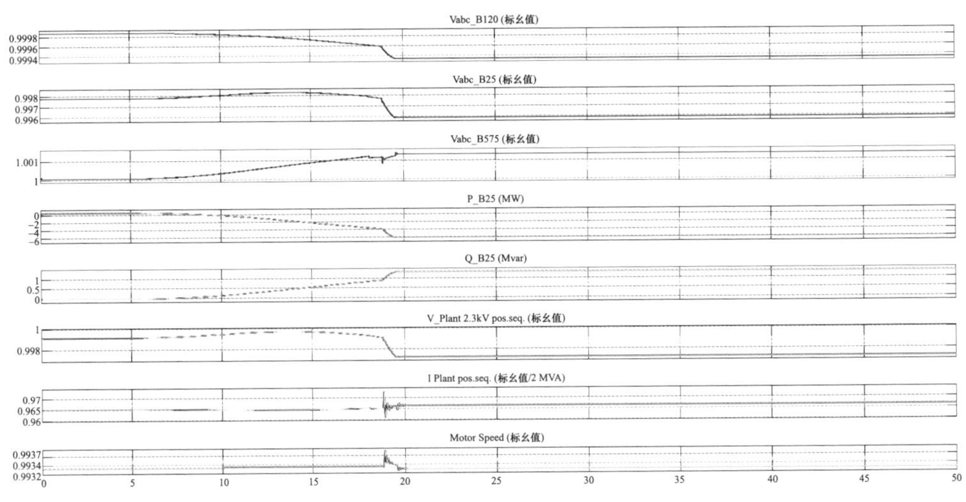

图 4-52　机电暂态模型输出的曲线

3. 小信号稳定性分析

小信号稳定性分析是分析接入电力系统的风力发电机在遭受小扰动后返回

稳定运行点的能力。具体步骤如下：

（1）将风电场实时运行数据写到文件中。

（2）通过 MATLAB 的 M 文件读取该文件，将小信号稳定性分析所需的数据读出来并赋给对应的变量。

（3）通过 M 文件修改 SIMULINK 里风力发电机模型的相关参数。

（4）利用 linmod 函数提取系统的线性化模型并计算系统的特征值、频率以及阻尼。

（5）将特征值、频率及阻尼结果通过数字孪生系统进行展示。

4. 风力发电机设计

风力发电机结构模型应保证部件承受极限载荷，保证风力发电机的使用寿命，部件应具有良好的刚度，使风力发电机振动性能得到很好的控制。根据给定的计算模型及计算公式，实现机械结构受力和气动数据的计算，包括风力发电机叶片承受的风载荷和离心力，正常运行中阵风引起弯曲应力及离心力引起的应力、拉伸力，狂风引起的弯曲应力，陀螺效应以及叶片振动等。

5. 潮流计算和短路计算

潮流计算假设系统在稳态（所有时间导数为零），风力发电机出口的节点电压、有功功率和无功功率；短路计算指系统短路时风力发电机组提供的短路电流。

（1）基础数据。

1）风力发电机机电暂态仿真模型，包括风力发电机额定容量、控制方式、故障期间限幅策略和低压保护策略等数据。

2）风力发电机状态、运行数据实时值。

（2）分析思路。

1）根据风力发电机组的运行状态及实测数据确定风力发电机组的节点类型。

2）根据风力发电机类型、控制策略、仿真模型等信息，生成稳态计算数据进行潮流计算。

3）由风电场接入电力系统规定可知，需根据新能源并网点母线电压和控制参数计算动态无功补偿电流，其短路电流与并网点电压应满足如下关系：

$$
\begin{gathered}
I_{\mathrm{T}} \geqslant 1.5 \times (0.9 - U_{\mathrm{T}}) I_{\mathrm{N}} \quad (0.2 \leqslant U_{\mathrm{T}} \leqslant 0.9) \\
I_{\mathrm{T}} \geqslant 1.05 \times I_{\mathrm{N}} \quad (U_{\mathrm{T}} < 0.2) \\
I_{\mathrm{T}} = 0 \quad (U_{\mathrm{T}} > 0.9)
\end{gathered} \tag{4-10}
$$

式中：I_{T} 为无功补偿电流；U_{T} 为并网点电压；I_{N} 为并网点额定电流。

4）在风力发电机短路电流计算时，需分别考虑不同类型风力发电机对短路电流的影响，如采用受控电流源模型，根据低电压穿越特性来建立模型，描述新能源的注入电流与机端电压跌落的关系，如式（4－11）所示。

$$
I_{\mathrm{S}} = F(U, I) \tag{4-11}
$$

5）采用电压控制无功电流的方式时，故障后的风力发电机初始无功注入电流为 0A，计算出对应的故障后风力发电机电压 U_0，随后进入迭代计算过程。

6）根据无功电流最大限制和最大电流限制，以系统基准容量进行折算，取两者最小值作为无功电流最大限制。

7）根据无功功率调整系数电压参考值，计算迭代过程中第一轮的无功注入电流值 I_{q}：

$$
I_{\mathrm{q}} = (\text{电压参考值} - U_0) \times \text{无功调整系数} \times I_0 \tag{4-12}
$$

其中，$I_0 = \dfrac{\text{风机额定功率 / 系统基准容量}}{\sqrt{3} \times k}$。

8）从第二次迭代开始，计算每轮次的并网点电压变化量和注入电流值变化量，计算下一次迭代时注入电流的变化量，迭代变化量取风力发电机并网点电压变化量的 5%。

9）根据电压变化量修改注入电流的调整方向。

10）当迭代过程中的风力发电机并网点电压变化量小于设定门槛值时，退出迭代。

11）根据 I_{q} 计算故障母线短路电流。

12）如果无功功率控制方式为指定无功电流值时，故障后的发电单元的初始无功注入电流为 0A，计算出对应的故障后电压 U_0，后续计算步骤同 6）～12）。

（3）输出结果。

1）评估风电场内各台风力发电机出口节点的有功功率、无功功率和电压有效值。

2）评估短路故障下风电场内各台风力发电机贡献的短路电流水平。

4.6.1.3　风电场输变电设备仿真模型

1. 变压器仿真建模

（1）变压器仿真模型。收集风电场 220kV 主变压器和 35kV 箱式变压器的各种特性资料，建立风电场变压器的仿真模型。

1）对于 35kV 双绕组箱式变压器，采用励磁支路迁移到电源侧的近似等值电路模型，将变压器二次绕组的电阻和漏抗折算到一次侧，并与一次绕组的电阻和漏抗合并；对于 220kV 三绕组升压变压器，采用励磁支路前移的星形等值电路模型，如图 4－53 所示。

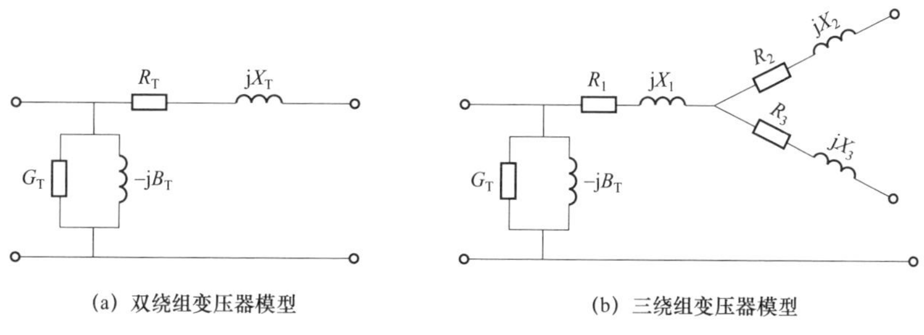

图 4－53　变压器仿真模型

2）采用变压器出厂铭牌上代表电气特性的短路损耗ΔP_s、短路电压 V_x、空载损耗ΔP_0和空载电流 I_0 计算得到变压器仿真模型中的电阻 R_T、电抗 X_T、电导 G_T 和电纳 B_T 等计算参数。

（2）变压器特性分析[94, 95]。基于 220kV 主变压器和 35kV 箱式变压器的仿真模型，对变压器空载合闸和副边突然短路的瞬态过程进行仿真并展示。

1）变压器空载合闸时，激磁磁通计算公式如下：

$$\Phi_t = \Phi_m \sin(\omega t + \alpha - \theta) + Ce^{-\frac{r_1}{L_{av}}t} \qquad (4-13)$$

式中：Φ_m 为磁通稳态分量的幅值；θ 为磁通与电源电压的相位差；C 为磁通自由分量的幅值，由合闸时的初始条件确定。

变压器空载合闸激磁曲线如图 4－54 所示。

2）变压器二次侧突然短路时，变压器短路电流计算公式如下：

$$i_k = -\sqrt{2}I_k \cos(\omega t + \alpha) + \sqrt{2}I_k \cos\alpha e^{-\frac{t}{T_k}} \qquad (4-14)$$

式中：i_k 为故障总电流；I_k 为稳态故障电流有效值。

变压器突然短路故障电流暂态曲线如图 4－55 所示。

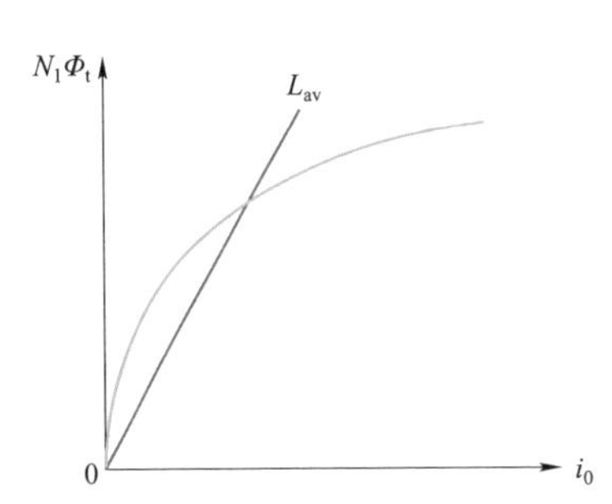

图 4－54　变压器空载合闸激磁曲线

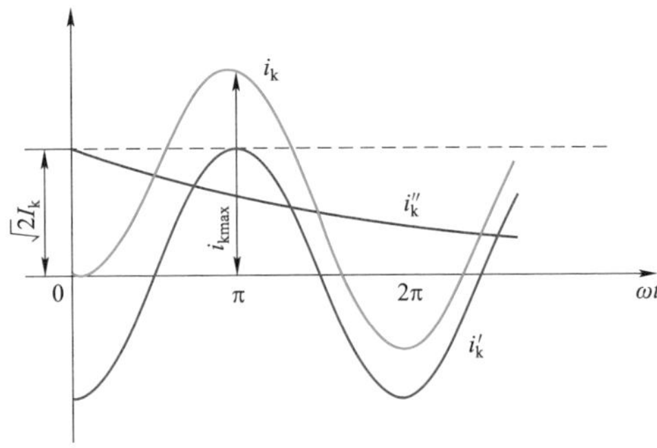

图 4－55　变压器突然短路故障电流暂态曲线

2. 汇集线路仿真建模

（1）汇集线路仿真模型。基于风电场汇流线路的各种特性清单，建立风电场汇流线路的仿真模型。

1）采用 π 型等值电路模拟风电场汇流线路，风电场汇流线路仿真模型如图 4－56 所示。

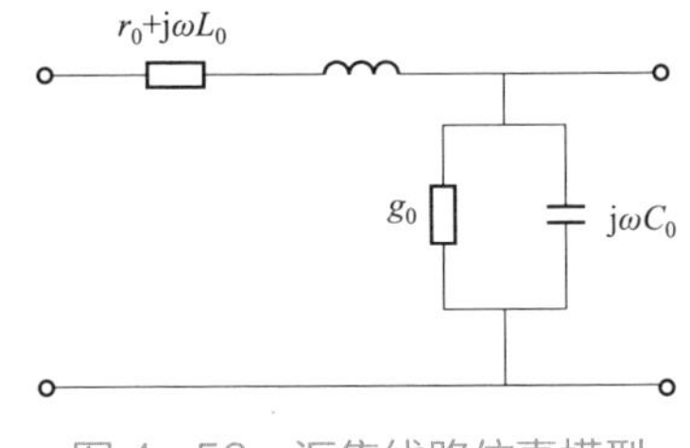

图 4－56　汇集线路仿真模型

2）采用电抗、电感、电导、电容 4 个参数描述风电场汇流线路的仿真模型，并假设上述参数沿线路全长均匀分布。其中，电阻反映线路通过电流时产生的有功功率损失效应，电感反映载流导线产生磁场效应，电导反映线路带电时绝缘介质中产生泄漏电流及导线附近空气游离而产生有功功率损失，电容反映带电导线周围电场效应。

（2）汇集线路线损和压降计算。根据汇集线路实际电压、电流和环境温度进行线损和压降的在线计算并展示，汇集线路的线损和压降计算公式如下：

$$\Delta P = I^2 \times R \tag{4-15}$$

$$\Delta U = I \times (R + \mathrm{j}X_\mathrm{L}) \tag{4-16}$$

$$R = R_{20} \left| 1 + \alpha(T - 20) \right| \tag{4-17}$$

式中：I 为汇集线路的实际电流幅值；X_L 为线路电抗；R_{20} 为环境温度 20℃时的线路电阻；α 为电阻温度系数；T 为环境温度。

3. 静止无功补偿设备（static var generator，SVG）仿真建模

（1）SVG 稳态模型。SVG 基本原理流程如图 4－57 所示。

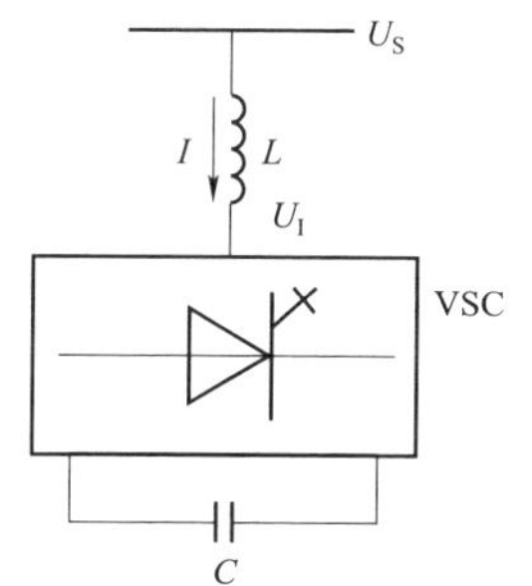

图 4－57　SVG 基本原理流程

SVG 输出的电流为

$$I = \frac{U_\mathrm{I} - U_\mathrm{S}}{\mathrm{j}X} \tag{4-18}$$

输出的视在功率为

$$S = U_\mathrm{S} I = U_\mathrm{s} \frac{U_\mathrm{I} - U_\mathrm{S}}{\mathrm{j}X} \tag{4-19}$$

理想情况下，认为 U_I 和 U_S 相位相同，则 SVG 输出的无功功率为

$$Q = \mathrm{Im}(S) = \mathrm{Im}\left(U_\mathrm{S} \frac{U_\mathrm{I} - U_\mathrm{S}}{\mathrm{j}X} \right) = \frac{U_\mathrm{I} - U_\mathrm{S}}{X} U_\mathrm{S} \tag{4-20}$$

式中：X 为 SVG 与系统间的连接变压器本身的漏抗。

（2）SVG 控制模型。实际工程案例中的 SVG 模型如图 4－58 所示，其包含电压外环控制、电流内环控制、SVG 一次接线方式以及阀组内部拓扑结构等环节。利用 SVG 自定义建模的“白盒子”特征，参照 MATLAB/SIMULINK 中的 SVG 模型控制逻辑，调整 SVG 自定义模型的各个控制环节参数，与实际风电场中的 SVG 模型保持一致。

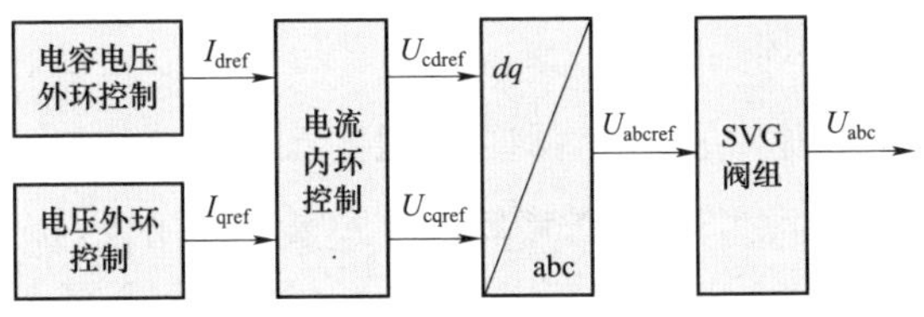

图 4-58　SVG 控制模型

MATLAB/SIMULINK 中 SVG 控制回路的建模主要包括定电压/定无功外环控制模块、主控制模块以及直流侧电容电压平衡控制模块，其中：

1）定电压/定无功外环控制模块是 SVG 电压控制的核心环节，主要根据电压或无功功率目标值调节无功电流目标值，为主控制模块提供无功电流参考值。

2）直流侧电容电压平衡控制模块根据 SVG 相单元各 H 桥直流电容电压当前值，结合控制目标值构成闭环反馈控制，生成直流电容电压平衡控制所需的有功电流，作为主控制的有功电流参考值。

3）电流内环控制模块综合电流参考值经过 PI 控制之后形成参考电压信号，与 SVG 连接点电压检测的反馈信号构成闭环控制，从而实现对 SVG 实际输出补偿电流的动态调节。

（3）SVG 控制策略验证。SVG 验证测试项目：

1）控制策略仿真验证。通过仿真的方法验证动态无功补偿装置控制器电压控制策略、无功功率控制策略、电压无功功率综合优化控制策略、故障穿越控制策略、异常闭锁策略。

2）利用风电场 SVG 现场稳态特性测试、故障穿越能力测试数据修正和完善仿真模型。

控制策略仿真验证包括以下 5 个部分。

1）电压控制策略验证：设置三相短路故障，查看故障后 SVG 无功出力曲线是否合理，查看控制点的电压是否达到目标值，验证控制策略的合理性。

2）无功功率控制策略验证：设置三相短路故障，查看故障后 SVG 无功出力曲线是否合理、无功出力是否达到目标值，验证控制策略的合理性。

3）电压无功功率综合控制策略验证：设置三相短路故障，查看故障后 SVG

控制点电压在达到电压或无功功率控制切换限值时是否可以切换到 SVG 无功功率或电压控制，查看对应 SVG 无功出力曲线是否合理，验证控制策略的合理性。

4）故障穿越控制策略验证：设置三相短路故障，使故障期间 SVG 端口电压满足进入故障穿越的要求、故障清除后满足退出故障穿越的要求，验证 SVG 在故障穿越期间及恢复过程中控制策略的合理性。

5）异常闭锁策略验证：设置三相短路故障，使电压满足 SVG 异常闭锁条件，查看闭锁的 SVG 待电压恢复延迟一段时间能否重投，验证控制策略的合理性。

4.6.1.4　风电场仿真模型建模

1. 并网点一次调频、惯量响应和 AGC 仿真分析

并网点一次调频仿真分析根据风电场并网点处频率的变化情况，模拟风电场内各风电机组附加调频控制器的一次调频动作行为，在此基础上，得出在一次调频动作后并网点新能源功率的变化情况，实现风电场并网点一次调频仿真分析。一次调频仿真模型如图 4－59 所示。

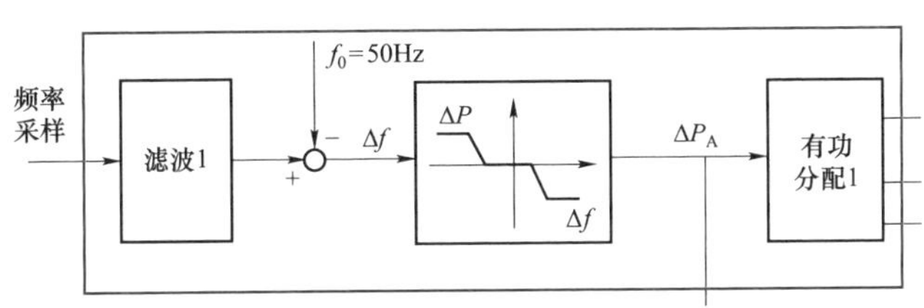

图 4－59　一次调频仿真模型

根据并网点频率变化量，模拟风电场内各风电机组出力变化，得出并网点新能源功率的变化情况，实现风电场并网点惯量响应仿真分析，如图 4－60 所示。

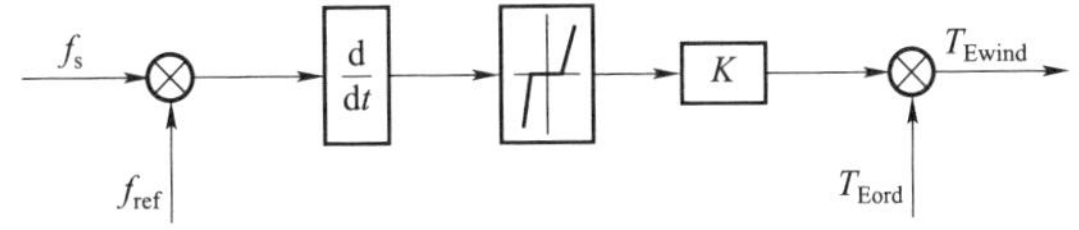

图 4－60　惯量响应仿真模型

AGC 仿真分析在并网点设置系统频率波动偏差以及联络线交换功率偏差值，计算该区域在本时刻所有 AGC 电源需要调频的有功功率变化总量，按照控制策略，模拟将有功功率分配的控制指令下发给各参与 AGC 控制的新能源机组的控制调节过程，实现 AGC 策略仿真分析。

2. 并网点无功补偿能力仿真分析

并网点无功补偿能力仿真分析根据风电场并网点无功补偿设备的运行和投入情况，计算风电场的无功功率损耗，分析并网点所能提供的无功支撑，结合风电场运行要求，分析得出并网点无功补偿能力。

3. 并网点故障穿越仿真分析

对构造的故障进行仿真分析，根据故障过程中风电场并网点母线动态电压值，结合风电机组判断故障穿越的电压类型、进入高/低电压穿越的电压值、高/低电压维持时间等参数，模拟故障期间各风力发电机的低/高电压穿越控制策略，分析得到并网点各风力发电机的状态和功率值，实现并网点故障穿越的仿真分析，如图 4－61 所示。

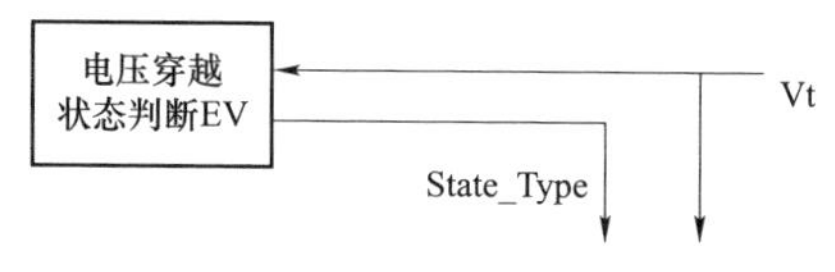

图 4－61　故障穿越仿真模型

Vt—系统电压；State_Type—电压穿越类型和状态判断

4. 风电场对无穷大系统仿真分析

风电场—无穷大系统仿真分析基于风电场实测数据及仿真模型，进行各类分析计算。

（1）小干扰稳定、暂态稳定分析与计算。小干扰稳定分析通过计算风电场—无穷大系统的振荡模式，从中筛选出最关键的若干主导振荡模式，并根据特征值得出在小干扰下的阻尼比、频率和幅值，根据运行规定判别小干扰稳定性结论；暂态稳定分析根据暂态稳定分析故障集，对风电场—无穷大系统进行详细的时域仿真计算，分析受到大扰动后系统保持同步运行并过渡到稳态运行方式的能力，并给出暂态功角稳定性、暂态电压稳定性和暂态频率稳定性等安全分析结果。

（2）风电场允许接入最大容量计算。综合考虑风电场升压变压器容量约束和风电场—无穷大系统的短路比，计算得出风电场允许接入最大容量。

（3）不同风力发电机类型对提升短路比和功率因数的作用分析。根据双馈风力发电机和同步直驱永磁风力发电机的特性区别，分析使用双馈风力发电机模型替换同步直驱永磁风力发电机模型后，风电场—无穷大系统静态安全、暂态稳定性的变化，以及风电场短路比的变化情况，从而更好掌握和比较双馈发电机和同步直驱永磁发电机的特性，为风电场机组选型和控制决策提供决策依据。

4.6.2　在线潮流计算和短路计算

风电场在线潮流计算和短路计算软件基于风电、变压器等设备机电暂态模型，利用输入的实时运行数据、静态模型、暂态模型和序网参数，对风电场进行网络拓扑分析，实现风电场短路电流和潮流精准计算[96]。

4.6.2.1　计算原理

1. 潮流计算

根据给定的网络结构、参数和系统运行状况的边界条件，求解系统的稳态运行状况，包括各母线电压、各元件通过的功率等，是研究风电场规划和运行方案最基本和最重要的手段。

通过求解节点功率平衡方程获取节点电压和元件潮流结果，每个节点包括有功功率方程和无功功率方程。

$$\left.\begin{aligned}P_{\mathrm{i}} &= e_{\mathrm{i}}\sum_{j\in i}^{n}(G_{\mathrm{ij}}e_{\mathrm{j}} - B_{\mathrm{ij}}f_{\mathrm{j}}) + f_{\mathrm{i}}\sum_{j\in i}^{n}(G_{\mathrm{ij}}f_{\mathrm{j}} + B_{\mathrm{ij}}e_{\mathrm{j}})\\ Q_{\mathrm{i}} &= f_{\mathrm{i}}\sum_{j\in i}^{n}(G_{\mathrm{ij}}e_{\mathrm{j}} - B_{\mathrm{ij}}f_{\mathrm{j}}) - e_{\mathrm{i}}\sum_{j\in i}^{n}(G_{\mathrm{ij}}f_{\mathrm{j}} + B_{\mathrm{ij}}e_{\mathrm{j}})\end{aligned}\right\} i = 1,\cdots,n \qquad (4-21)$$

式中：P_i 为节点有功；Q_i 为节点无功；G_{ij} 为节点导纳实部；B_{ij} 为节点导纳虚部；e_i、e_j、f_i、f_j 为变量。

目前，基于阻抗阵的阻抗法，收敛性和规模有所改善，但是计算量大，需要大量内存。主流的牛顿–拉夫逊法采用了稀疏技术，收敛性更好。PQ 分解法结合电力系统特点，对牛顿法进行了改造，收敛性有所下降，但是计算量小，计算速度快。采用阻抗法、牛顿法和 PQ 法组合的方法适用于风电场的潮流快速准确计算。

2. 短路计算

采用戴维南等值原理实现风电场短路电流工程化计算，短路电流的交流分量初始值（I_k''）等于短路点的开路电压除以短路点的系统等值阻抗，如图 4–62 所示。

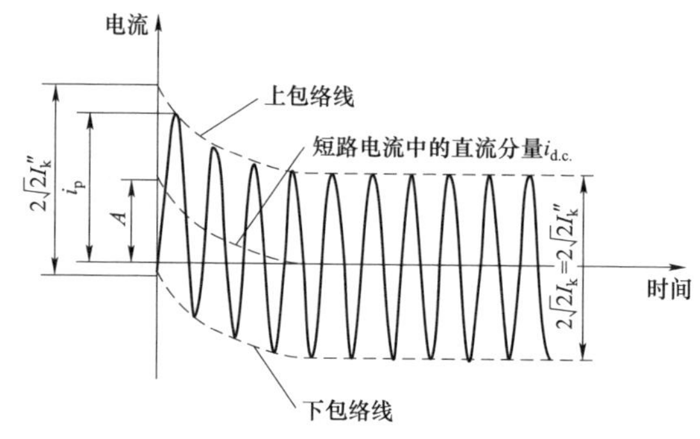

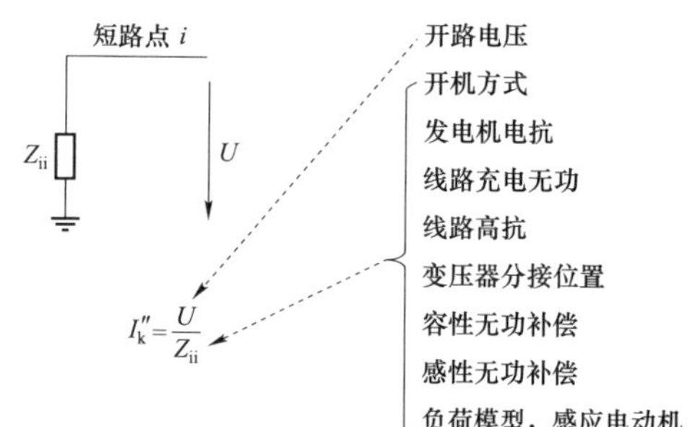

图 4–62　交流电网短路电流计算原理图

I_k''—次暂态短路电流；I_k—稳态短路电流；Z_{ii}—阻抗网络节点自阻抗

4.6.2.2　实施方案

1. 基础数据

（1）主变压器、站用变压器、接地变压器、无功补偿装置、集电线、箱式变压器的铭牌参数。

（2）风电场大方式、小方式数据。

（3）风力发电机、线路、变压器的有功功率、无功功率、运行状态等实时值。

（4）风电场内部网络拓扑连接及与并入电网之间的拓扑连接关系。

（5）短路故障类型，包括主变压器高压侧、低压侧、站用变压器低压侧三相短路、两相短路故障。

2. 分析思路

（1）根据风电场运行方式数据、风电场设备名牌参数和基准容量，计算变压器、线路和无功补偿装置的电抗标幺值。

1）线路阻抗基值计算公式如下：

$$Z_{N.on}=\frac{U_{N.on}^2}{S_{N.on}} \tag{4-22}$$

式中：$U_{N.on}$ 为设备的电压基值；$S_{N.on}$ 为系统基值，一般为 100MVA。

2）双绕组变压器阻抗标幺值折算见表 4-2。

表 4-2　双绕组变压器阻抗标幺值折算

序号	参数	来源
1	电阻标幺值	电阻有名值/$Z_{N.on}$
2	电抗标幺值	电抗有名值/$Z_{N.on}$
3	变压器绕组连接类型	—

两绕组变压器阻抗导纳示意图如图 4-63 所示。

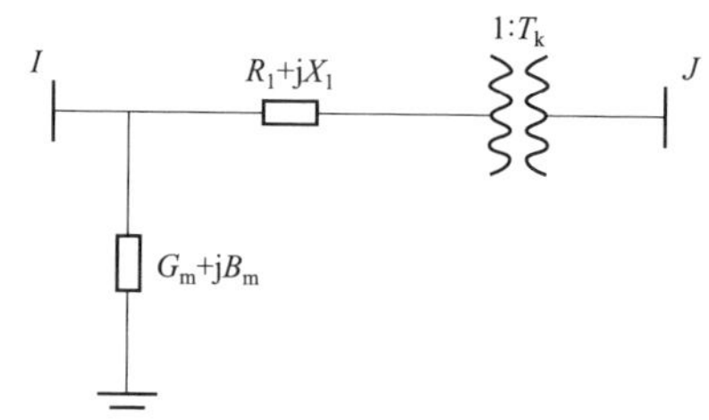

图 4－63　两绕组变压器阻抗导纳示意图

R_1—变压器等效电阻；X_1—变压器等效电抗；G_m—变压器激磁回路等效电导；B_m—变压器激磁回路等效电纳

3）三绕组变压器阻抗标幺值折算见表 4－3。

表 4－3　　三绕组变压器阻抗标幺值折算

序号	参数	来源
1	电阻标幺值	电阻有名值/$Z_{N.on}$
2	电抗标幺值	电抗有名值/$Z_{N.on}$
3	变压器绕组连接类型	—

三绕组变压器阻抗导纳如图 4－64 所示。

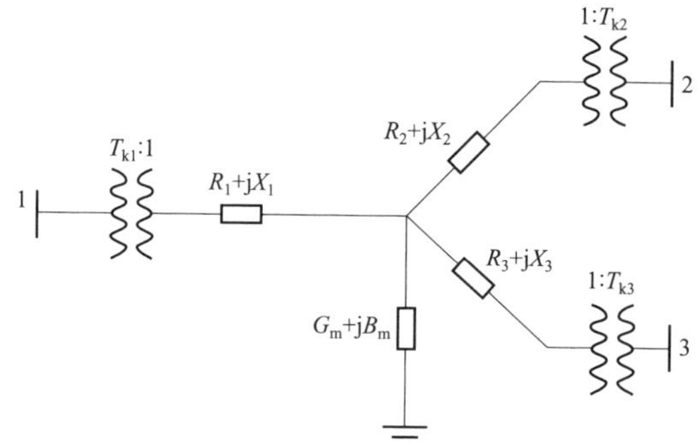

图 4－64　三绕组变压器阻抗导纳示意图

4）自耦变压器计算。判断为自耦变压器时，按式（4－23）～式（4－25）计算电抗。

$$X_{10} = X_{11} + 3X_{Z0}(1 - k_{12}) \tag{4-23}$$

$$X_{20} = X_{21} - 3X_{Z0}k_{12}(1-k_{12}) \tag{4-24}$$

$$X_{30} = X_{31} + 3X_{Z0}k_{12} \tag{4-25}$$

式中：X_{10}、X_{20}、X_{30}分别为变压器高、中、低侧的电抗，即按变压器 3 侧所连母线的基准电压排序，确定高、中、低侧；X_{11}、X_{21}、X_{31}分别为高、中、低侧的正序电抗；k_{12}为高压侧绕组和中压侧绕组之间的额定电压之比。

$$k_{12}=\frac{U_{1N}}{U_{2N}} \tag{4-26}$$

式中：U_{1N}为高压侧额定电压；U_{2N}为中压侧额定电压。

高压侧所连母线的基准电压即为 U_{1N}，中压侧所连母线的基准电压即为 U_{2N}。

（2）生成风电场网络拓扑模型数据，分别与并入电网的大方式和小方式进行拼接、外部网络等值处理，生成短路电流计算数据和风电场电气网络阻抗图。

（3）进行潮流计算，获取节点电压和系统阻抗参数结果。

（4）针对短路电流计算数据，分别生成风电场大方式和小方式下对应的短路故障集，包括主变压器高压侧、低压侧、站用变压器低压侧三相短路、两相短路故障。

（5）采用叠加原理计算大方式的短路电流，包括主变压器高压侧、低压侧、站用变压器低压侧三相短路的母线正序阻抗、最大三相短路电流、折算至变压器高压侧电流，进一步计算交流短路电流和风力发电机贡献短路电流的矢量和，获取风电场短路故障下的短路电流结果。

（6）采用叠加原理计算基于小方式的短路电流，包括主变压器低压侧、站用变压器低压侧、集电线开关柜至最远箱式变压器高压侧、集电线箱式变压器低压侧两相短路的母线阻抗、最小两相短路电流、折算至变压器高压侧电流，进一步计算交流短路电流和风力发电机贡献短路电流的矢量和，获取风电场短路故障下的短路电流结果。

（7）根据短路电流计算结果，采用式（4－27）和式（4－28）计算各短路点故障时支路故障电流和节点电压。

节点电压：

$$\dot{V}_{\mathrm{i}}=\dot{V}_{\mathrm{i}}^{(0)}-\frac{Z_{\mathrm{if}}}{Z_{\mathrm{ff}}+z_{\mathrm{f}}}\dot{V}_{\mathrm{f}}^{(0)} \tag{4-27}$$

式中：$\dot{V}_{\mathrm{i}}$为节点电压；$\dot{V}_{\mathrm{i}}^{(0)}$为节点潮流计算机电压；$\dot{V}_{\mathrm{f}}^{(0)}$为故障点故障电压；$Z_{\mathrm{ff}}$为故障点自阻抗；$Z_{\mathrm{f}}$为故障过渡阻抗；$Z_{\mathrm{if}}$为故障点对节点互阻抗。

支路 ab 的故障电流：

$$\dot{I}_{\mathrm{ab}}=\frac{k\dot{V}_{\mathrm{a}}-\dot{V}_{\mathrm{b}}}{Z_{\mathrm{ab}}} \tag{4-28}$$

式中：$\dot{I}_{\mathrm{ab}}$为支路故障电流；$\dot{V}_{\mathrm{a}}$为 a 节点故障电压；$\dot{V}_{\mathrm{b}}$为 b 节点故障电压；Z_{ab}为 ab 支路阻抗；k为发电机节点故障电压修正系数。

3. 输出结果

（1）设备参数计算结果，包括风电场电气网络阻抗图，主变压器、站用变压器、接地变压器、无功补偿装置、集电线、箱式变压器的电抗标幺值计算结果。

（2）大方式和小方式下风电场主变压器高压侧、低压侧、站用变压器低压侧三相短路的母线正序阻抗、最大三相短路电流、折算至变压器高压侧短路电流结果、各支路的故障电流和节点电压。

4.6.3 继电保护定值整定计算

为适应风电大规模集中接入电网的需要，亟需规范并网风电场继电保护配置及整定工作，提高继电保护运行和技术水平，确保系统安全稳定运行。

4.6.3.1 保护定值计算

1. 风电场的保护定值典型配置

根据风电场 35kV 以上（含 35kV）保护装置的配置，计算保护定值。风电场典型保护配置图如图 4－65 所示。

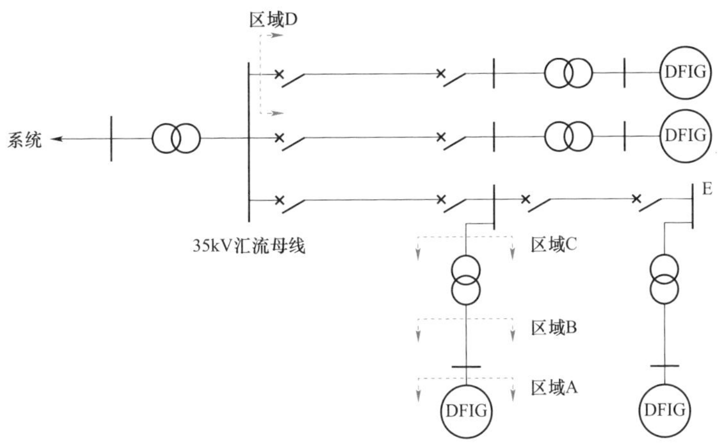

图 4－65　风电场典型保护配置图

DFIG—双馈型风力发电机

区域 A：950/1140V 等级的断路器配置在风力发电机底部，用来保护风力发电机和下垂电缆。

区域 B：950/1140V 电缆连接的塔基柜至风电变压器区域，选用熔丝或者断路器对变压器 950/1140V 侧电缆进行保护。

区域 C：通常使用 35kV 等级负荷开关来保护包含 35kV/950V/1140V 变压器和周围的 950/1140V 端部区域。出于对变压器激磁涌电流问题的考虑，950/1140V 端部故障检测要充分灵敏，35kV 侧产生较大故障电流由组合开关的 35kV 熔丝进行切除，950/1140V 端故障电流保护则由灵敏度高的分断开关切断。

区域 D：35kV 汇集线路，采用动作于 35kV 断路器的常规两段式过电流保护和接地故障保护。

2. 保护定值整定

电流速断作为电力系统的一种有效保护方式，其保护定值整定原则是要求躲开最大运行方式下，对本线路末端三相短路时的最大短路电流 I_{max} 进行整定，整定值为

$$I_{op} = K_K I_{max} = \frac{K_K \cdot E}{Z_{s\,min} + Z_L} \qquad (4-29)$$

式中：$Z_{s\,min}$ 为系统等值最小阻抗；Z_L 为短路点至保护安装处的阻抗；K_K 为可

靠系数，$K_K=1.2\sim1.3$；E 为系统等效电源的相电动势。

保护范围计算：设线路上 αZ_L 处发生短路，则短路电流计算式为

$$I_K=\frac{K_d \cdot E}{Z_s+\alpha Z_L} \tag{4-30}$$

式中：α 为故障位置系数，以百分数表示，$\alpha=0\sim100\%$；Z_s 为故障时的实际系统阻抗；K_d 为故障类型系数，三相短路 $K_d=1$，两相短路 $K_d=\frac{\sqrt{3}}{2}$。令式（4－29）等于式（4－30），则可计算出电流速断保护的保护范围。

$$\alpha=\frac{K_d(Z_{smin}+Z_L)\cdot K_K Z_s}{K_K Z_L} \tag{4-31}$$

分析式（4－31）可以得出：因为 $Z_s \geqslant Z_{smin}$，$K_K>1$，$K_d \leqslant 1$，所以系统最大运行方式下保护范围总比实际保护范围口要大，当 K_d 减小，Z_s 增大时实际保护范围也将随之缩短。

保护范围最小需要系统运行于最小运行方式，并且发生两相线路短路，此时短路电流表达式为

$$I_K^{(2)}=\frac{\sqrt{3}}{2}\frac{E}{Z_{s\max}+\alpha_{\min}Z_L} \tag{4-32}$$

令式（4－29）与式（4－32）相等，此时得到最小保护范围，最小保护范围为

$$\alpha_{\min}=\frac{\sqrt{3}(Z_L+Z_{s\min})-2K_K Z_{s\max}}{2K_K Z_L}=\frac{\sqrt{3}(K_1+1)-2K_K K_s}{2K_K K_1} \tag{4-33}$$

式中：K_1 为长度系数，线路阻抗与最大运行方式下系统阻抗之比，$K_1=Z_1/Z_{s\min}$，$K_1>0$；K_s 为方式系数，其表示的是系统最小运行方式与最大运行方式阻抗之比，$K_s=Z_{s\max}/Z_{s\min}$，$K_s \geqslant 1$。若系统方式系数 K_s 数值很大，或线路长度系数 K_1 数值很小，甚至 $K_1=0$ 时，式（4－33）的值可能为 0，即失去保护范围。

最大运行方式运行，并出现三相短路，系统电流保护范围最大，此时短路电流为

$$I_{K}^{(3)}=\frac{E}{Z_{s\min}+\alpha_{\max}Z_{L}} \tag{4-34}$$

令（4–29）等于式（4–34），得出的线路最大保护范围：

$$\alpha_{\max}=\frac{Z_{L}+(1-K_{K})Z_{s\min}}{K_{K}Z_{L}}=\frac{K_{1}+1-K_{K}}{K_{K}K_{1}} \tag{4-35}$$

为达到最好的电流速断保护效果，极端假设，电源容量无穷大时，则 $K_1=\infty$，可知 $\alpha_{\max}=\frac{1}{K_K}$，$\alpha_{\min}=\frac{\sqrt{3}}{2}\cdot\frac{1}{K_K}$，取 $K_k=1.2$，则 $\alpha_{\max}=0.83$，$\alpha_{\min}=0.722$。

所以传统电流速断保护的极限保护范围是：最大可达线路的 80%，最小可达线路的 70%。

4.6.3.2　短路故障的电磁暂态过程仿真计算

1. 基础数据

（1）风力发电机电磁暂态仿真模型，包括风力发电机额定容量、控制方式、故障期间限幅策略和低压保护策略等数据。

（2）主变压器、站用变压器、接地变压器、无功补偿装置、集电线、箱式变压器的铭牌参数。

（3）风力发电机状态、运行数据实时值。

（4）风电场内部网络拓扑连接及与并入电网之间的拓扑连接关系。

（5）短路故障类型，包括发生在风电场主变压器的高压侧和低压侧母线，站用变的低压侧母线的三相短路故障和单相接地短路故障。

2. 分析思路

在风电场内部设置不同类型的不对称短路故障，采用电磁暂态仿真方法，验证风电场内继电保护装置定值的整定结果是否满足要求，分析内容如下：

（1）短路故障位置的每相序电压、电流在网络中的分布规律。

（2）风电场站内风力发电机底部保护装置、变压器 950/1140V 侧电缆处保护装置、35kV 等级负荷开关、35kV 汇集线路断路器处的每相序电压、电流在保护装置处的分布情况。

4.7 风电功率预测技术

风电功率预测可通过气象预报、测风塔数据、运行历史数据和风电场状态数据等，预测风电出力变化趋势，对电网安全性和电力调度有积极影响[97-101]。目前，风电功率预测主要集中在单一风电场，但单个风电场的预测难以满足电网调度需求，为实时调度和联络交换功率控制，满足新型电力系统发展需求，进一步深入开展风电集群功率有效预测研究十分必要。

4.7.1 风功率预测技术发展现状与特点

4.7.1.1 风功率预测技术发展现状

国内外风电功率预测软件研究应用成熟，多采用组合方法进行预测。国外对风电功率预测的研究较早，技术相对成熟，如丹麦的 Zephry 系统、德国的 WPM 系统、西班牙的 LocalPred-RegioPred 系统、法国的 Meteodyn Forecast 系统等。国内研究和开发力度实现快速追赶，中国电力科学研究院、中国气象局国家气象中心、华北电力大学、金风科技股份有限公司等科研机构、专业公司研发的系统已在风电场安装使用，并稳定运行，实现较好预测效果。

4.7.1.2 风功率预测技术特点

风电场预测技术有以下特点：

（1）数据综合性：风电场预测技术的发展从基于气象数据的简单模型，逐渐转向基于多维数据的复杂模型，预测模型逐渐引入除风速等气象数据之外的电网负荷、风电场历史功率、风力发电机运行状态、交易信息、灾害预警等多维数据，通过数据融合，综合反映实际情况，实现更全面预测。

（2）技术相关性：风电场预测技术发展需要包括气象学、电力系统、数据科学等多个领域的跨学科合作，随着相关领域的技术进步，风电场预测技术也在不断迭代和创新，将产生更精确、高效的预测模型。

（3）预测实时性：预测技术在风电场可持续发展中发挥关键作用，准确的预测有助于优化运营、提高效率，实现更可持续的能源生产供应。风功率预测技术的发展逐渐趋向实时性和灵活性，及时的预测信息才能适应不断变化的风电供应和电网需求。

4.7.2　风功率预测流程

风功率预测流程一般由四个环节组成，分别是天气预报、机位风速计算、机位功率计算、整场功率计算，其中，机位风速及功率计算为非必须环节，部分研发机构借助天气预报数据直接通过模型或算法输出整场功率。

4.7.2.1　天气预报

欧洲地理位置在中国上风向，其预报结果较为稳定、准确率较高，早期天气预报普遍采用欧洲中期天气预报中心（European Centre for Medium-Range Weather Forecasts，ECMWF）结果，但是空间分辨率较粗（高空分辨率约 25km，地面分辨率约 10km）。随着国内气象行业的发展，越来越多的风功率预测厂家开始采用中国气象局数据作为气象数据源之一，进行集合预报，以保证预报精度的稳定性。

4.7.2.2　机位风速计算

机位风速计算一般采用动力降尺度和神经网络结合的运算模式。动力降尺度工具是建立计算流体力学模型，输入大范围粗分辨率的气象数据，求解动力方程组得到高精度气象结果；神经网络通常结合统计方法，主要使用数学方法进行计算，算法丰富，可以处理多种复杂情况，经过大量历史数据的挖掘、训练和优化后，进一步提升精度。

4.7.2.3　机位功率计算

在能够获取风力发电机现场运行数据的情况下，厂家采用现场拟合功率曲线的方式确定各机位风速和风功率的转换关系，根据运行数据拟合每台风力发电机的功率曲线，能够预测现场风力发电机的实际发电性能。

当无法获取风力发电机现场运行数据时，可采用神经网络方法，通过历史预测风速和风电场出力拟合风力发电机风速和发电功率的关系。

4.7.2.4 风场功率计算

结合场站历史运行数据和数值天气预报，采用功率曲线拟合算法、统计方法、动力降尺度方法、人工智能算法，并结合机位预报修正、线损累加等要素，得到整场预报功率。

4.7.3 风电功率预测技术分类

4.7.3.1 按时间尺度分类

如果按照时间分类，风功率预测主要分为超短期预测、短期预测、中期预测和长期预测。风功率预测时间尺度分类图如图 4－66 所示。

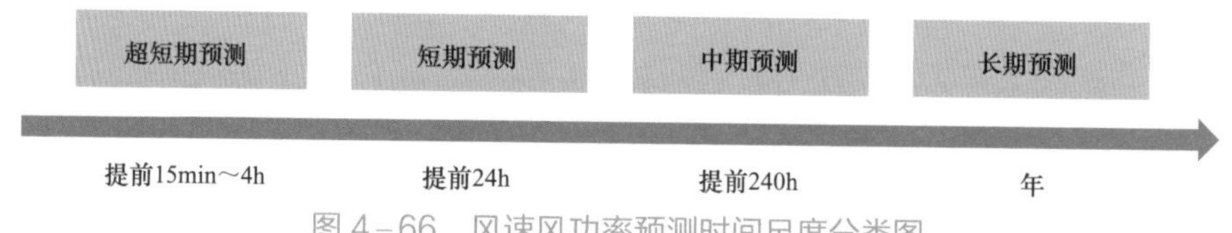

图 4－66 风速风功率预测时间尺度分类图

1. 超短期预测

以“15min”为预测分辨率。通常在 15min～4h 之前进行预测，旨在满足风电机组控制和电网日内调度的需求。一般采用持续滚动预报。

2. 短期预测

以“15min”为预测分辨率。通常提前 24h 对每 15min 的功率进行预测，旨在实现电网的合理日前调度，确保供电质量，并为风电场参与竞价上网提供保障。一般基于数值气象预报模型进行。

3. 中期预测

以“15min”为预测分辨率。通常提前 240h 对每 15min 的功率进行预测，主要用于安排检修。基于数值气象预报模型进行。

4. 长期预测

以“年”为预测分辨率。长期预测主要用于风电场的设计，通常需要提前数年进行，基于气象站 20 年或 30 年长期观测数据以及风电场测风塔至少 1 年

的测风数据，旨在预测风电场建成后的年发电量。

4.7.3.2　按建模对象分类

按建模对象不同可划分为基于风速和基于风电功率两类。基于风速的预测方法针对单个风机，根据风速模型预测出其附近的风速，再利用风电机组功率曲线计算出实际输出风电功率。而基于风电功率的预测方法则不考虑风速的变化过程，采用统计或学习方法，利用历史功率时间序列建立模型，实现对风电功率的预测[102]。由于风能具有复杂多变和不可控性的特点，前者预测效果较好，后者对数据的完整性和准确性要求较高。

4.7.3.3　按预测模型分类

按照预测模型的不同，可分为物理方法、统计和学习方法以及组合方法。

物理方法是根据实际大气条件，运用描述天气演变的流体力学和热力学方程，计算并预测未来某一时期大气的运动和天气现象。在此基础上，结合风电场整个区域的地形、粗糙度、障碍物、气温、气压等信息，建立中尺度或微尺度数值天气预报（NWP）与局地风之间的联系，估计风力发电机轮毂高度上风速的最优估定值，利用风力发电机的功率曲线计算出风电场的输出功率。

统计和学习方法是通过在历史统计数据与风电场输出功率之间建立映射关系进行预测，因此通常不考虑风速变化的物理过程，主要采用时间序列模型或人工智能（机器学习）来实现预测的目的。

组合方法是将不同的预测方法、预测模型等进行组合，充分利用各模型提供的信息及优势，对数据进行综合处理，最终得到组合预测结果。组合的形式多样，包括物理和统计方法的组合、短期和中期预测模型的组合以及统计模型之间的组合等。组合方法优势非常突出，可提高预测的全面性和精确度，如何更好地匹配各模型优势是未来的研究重点。

4.7.3.4　按预测不确定性分类[103]

风电功率不确定性预测主要包括基于误差分布的概率性功率预测和基于实测数据的区间上下限预测两种。

概率性功率预测可以分为参数化与非参数化两类。参数化方法（如高斯分布、Beta 分布、混合高斯或 t 分布）计算简单快速，适用于某一时段内风电功率预测误差服从特定概率分布的场合；非参数化方法包括 Bootstrap 重采样法、分位点回归技术（quantile regression，QR）、云模型理论（cloud model，CM）等。对于不确定环境决策，概率预测被认为是最佳选择。

区间上下预测方法即直接构造预测区间上下限，不需要预测误差数据，可以避免讨论误差数据引入的认知不确定性，直接得到不同置信度下功率预测结果的上下限，为实时调度提供快速参考。如基于核极限学习机（kernel extreme learning machine，KELM）和分位数回归（QR）结合在一起，通过给定不同置信度得到的区间结果。[104]

4.7.4 高精度风电功率预测方法

4.7.4.1 影响风电功率预测精度的因素[105]

按照风能传递和转化过程，天气预报至电站设计各环节均会增加风功率的预测误差，各环节以及其对预测误差的影响程度如图 4－67 所示。

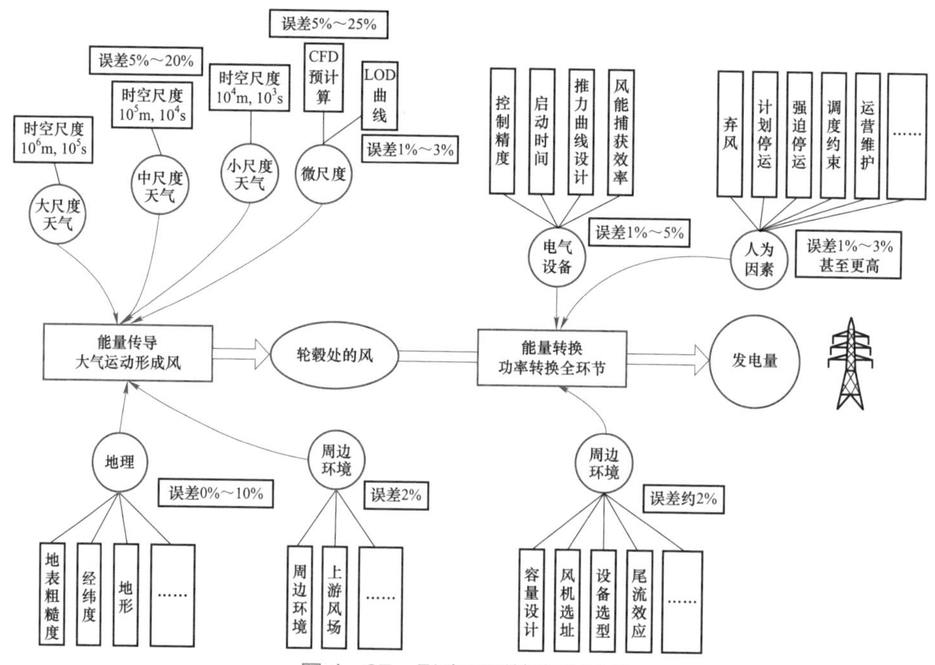

图 4－67 影响预测精度的因素

另外，风力发电预测还包含一定的固有误差。固有误差指在现有理论框架下，无法通过技术改进和数据积累降低或消除的误差。减少固有误差需要突破性技术，这也是提升预测精度面临的最困难挑战。

4.7.4.2　动力降尺度风电功率预测方法

动力降尺度系统针对风电场实际地形进行物理建模，主要功能模块分为中尺度短期数值天气预报模型建立、风电场微尺度特性库建立以及多级解耦模型输出统计（model output statistics，MOS）校正。系统耦合中尺度数值预报模拟技术与 CFD 动力降尺度技术，利用中尺度模式的预测结果驱动小尺度气象模型，通过对风电场的地形地貌、局地微气象过程的精细化解析，计算得出风电场各个机位的风能变化情况，结合风力发电机发电特性和尾流效应，再利用发电量计算模型，最终得出风电场的功率变化，实现更高分辨率的功率预测[106]。动力降尺度风功率预测方法如图 4－68 所示。

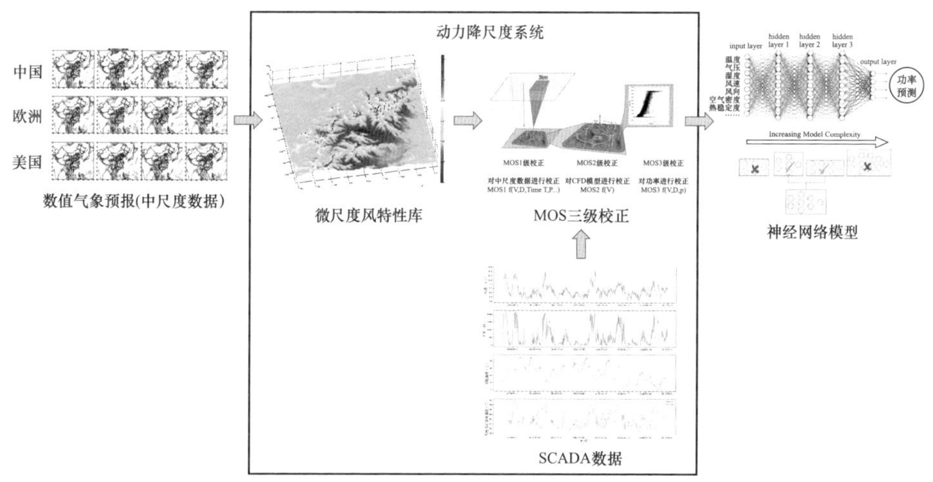

图 4－68　动力降尺度风功率预测方法

基于风电场测风塔历史测风数据的中尺度风速预报订正模块对短期中尺度数值天气预报结果进行订正；根据订正后的结果，在微尺度风场基础数据库中选出对应的风电场微尺度风场分布，分析计算出各台风电机组的自由来流风速；再根据 SCADA 系统和测风塔观测风速统计得到的功率曲线，计算得到各台风电机组的模拟发电功率；并采用风电机组模拟发电功率订正模块得到每台风电机组模拟发电功率；最后根据风电场运行维护计划，去除不运行机组和机组不运行时段，上报风电场全场发电功率预测。

4.7.5 预测技术与电网安全

风功率预测技术在不同时间尺度上对电网调度安全均有积极影响。中长期区域容量系数预测有助于长远规划和负荷平衡，而短期和超短期功率预测则支持实时调度，保障电网的可靠性和稳定性。

4.7.5.1 短期超短期功率预测与电网调度

短期和超短期风功率预测涵盖时间范围是未来几分钟到几小时，对实时电网调度至关重要。短期和超短期风功率预测结合了实时气象数据和历史信息，可相对准确的预测风电机组出力的瞬时变化，电网调度员可以根据这些预测数据做出及时调整，防止电压、频率频繁的波动对电力系统造成不稳定影响，维护电网的安全稳定运行。

4.7.5.2 区域容量系数预测与电网调度

区域容量系数预测是一种中长期预测方法，用于估计未来一段时间内风能发电的可利用容量[107, 108]，帮助更好地规划和平衡电网负荷与可再生能源供应，减少过载风险，确保电网的稳定和安全运行。区域容量系数预测可以更准确地预测特定地区可再生能源发电设施的实际发电量，有助于规划电网的电力生成和分配，规划并及时安排备用电源，避免电力供需不平衡，减少电力波动引起的电网不稳定风险，同时，通过数据进一步评估分析电网稳定性，并采取必要措施来确保电网安全运行。

4.7.5.3 风电场灾害预警与风电场及电网安全

风电场灾害预警是指通过收集并分析来自气象站、雷达、卫星等数据源的数据，实时监测气象和环境变化，并预测可能发生的气象灾害。风电场收到灾害预警后可以采取一系列的措施保障运营，如暂停机组运行、调整对风角度、降低风轮转速等，提升风电场的安全性，同时，为电网稳定运行打好提前量。

4.7.6　预测技术与电力交易

4.7.6.1　短期超短期风功率预测与新能源现货交易

超短期风功率预能够更准确地应对风速变化，可帮助风电场、电网公司、交易中心、购售电公司和用户实现对电力的实时调度，既满足电力市场的需求，更好地把握市场机会，又能够合理地规划电力购买和销售计划，制定更合理的能源交易策略，降低交易风险、提升竞争能力[109-111]。

4.7.6.2　中长期风功率预测与新能源中长期交易

中长期风功率预测可以帮助风电场规划产能、制定长期运营策略，有助于发电场更有针对性地参与电力市场交易，做好风险管理，避免价格波动对收益的负面影响，稳定地提升经济效益。

4.7.6.3　风电场灾害预警对新能源交易的作用

风电场灾害预警可以帮助电网公司和交易商及时了解可能影响风电场站的自然灾害，如风暴、台风、雷击等，预测风电场站在灾害事件发生时的产量波动，预先做好调度和能源供应准备，确保风电供应的稳定性，并根据供需变化调整交易策略。

4.7.7　预测技术的发展趋势

随着 AI 技术、区块链技术、通信技术等相关技术进一步发展，风功率预测技术将朝着高精度、实时性、智能化、综合化方向发展。对复杂风能变化模式的捕捉将趋向实时化，集成更多不确定性处理技术使风功率预测模型更加精细化，多元数据整合能力更强，预测结果更加精准。通过与其他可再生能源预测技术及储能技术的结合，实现综合能源管理和调度，促进能源系统协调运行。预测结果将为智能化运维、电网调度、电力交易提供更及时、更精准的决策支持，有力推动风能产业发展和新型能源系统构建[112-115]。

4.8 无人值守技术

传统风电场运维需要人工监视、日常巡检和维检管理，存在人员安全风险高、劳动成本高及工作效率低等问题。智慧风电场无人值守技术通过智能传感器、机器人、无人机、监控设备和信息技术对风电场的运行状态实时监测和数据采集，智能巡检，全面感知风电场的运行状态，利用大数据分析、算法模型、AI技术等对设备运行异常告警、故障预警，实现预防性维护和市场化交易决策相结合，为维护和管理人员优化维护策略与远程操作提供支持。

无人值守智慧风电场通过全方位感知设备能力，实现智能监盘、智能巡检、智能诊断和预防性维护；并通过算法模型将多场站人员经验及数据分析能力转化为机器学习能力，自我迭代，极大提高运维效率；此外，无人值守技术还能够实现风电场自动化控制和优化运行，通过智能分析，提供决策支撑，提高发电效率和可靠性。

4.8.1 无人值守架构

无人值守架构以“场站无人值班、现场少人巡检、远程集中运营、区域检修统筹”为目标，覆盖风电场站生产运行全业务环节，依托“机器代人、线上线下相结合、智能分析决策”等手段，基于云边协同一体化设计模式，提升运维管理质效，科学有序制定巡检、检修等智能应用策略并指导作业，支撑风电场站“现场无人值班+远程集中运维”新模式，加速向“无人值守”运营模式转型[116–119]。图4–69是风电场站无人值守架构图。

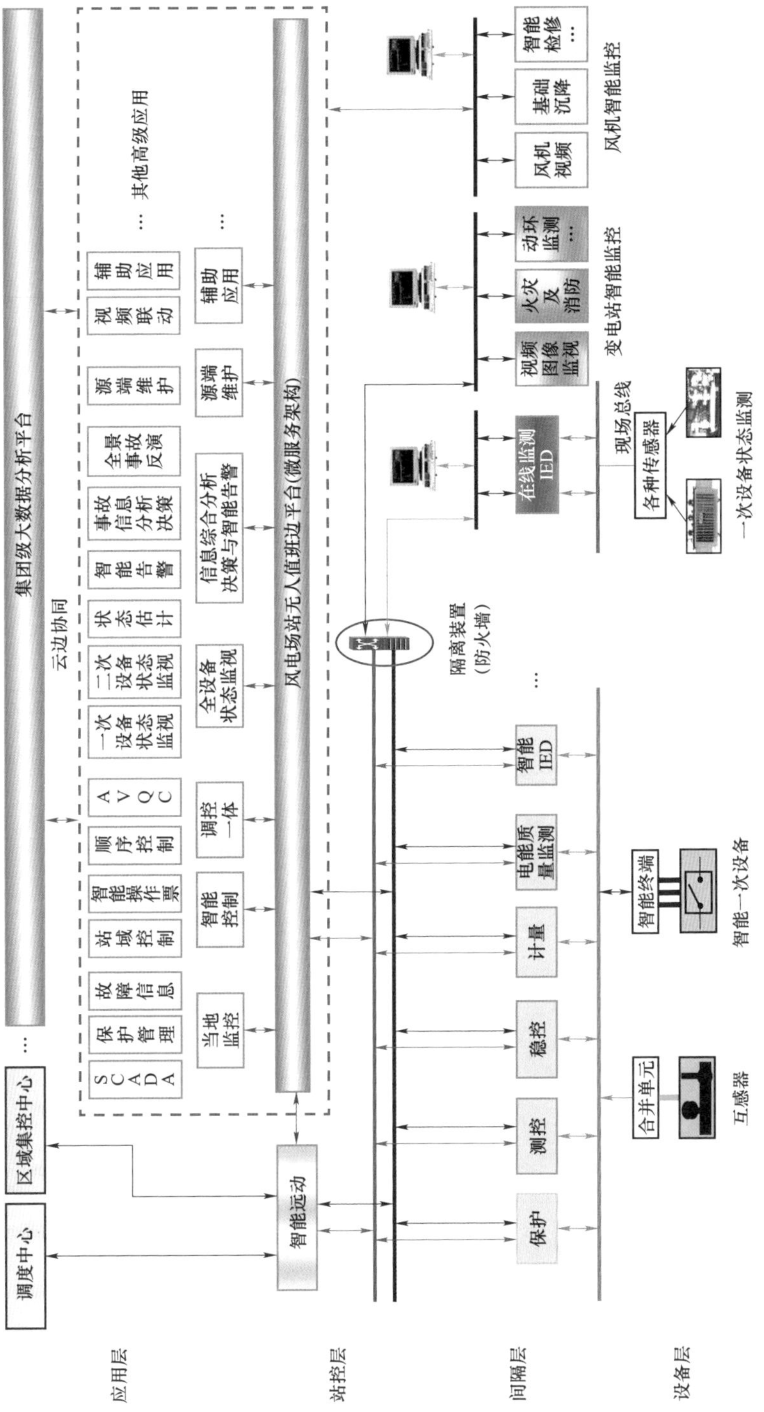

应用层
站控层
间隔层
设备层

调度中心
区域集控中心
…
集团级大数据分析平台
云边协同
智能运动

SCADA
保护管理
故障信息
站域控制
智能操作票
顺序控制
AVQC
一次设备状态监视
二次设备状态监视
状态估计
智能告警
事故信息分析决策
全景事故反演
源端维护
视频联动
辅助应用
…
其他高级应用

当地监控
智能控制
调控一体
全设备状态监视
信息综合分析决策与智能告警
源端维护
辅助应用
…

风电场站无人值班边平台(微服务架构)

隔离装置
(防火墙)

保护
测控
稳控
计量
电能质量监测
智能IED
…

合并单元
互感器
智能终端
智能一次设备

在线监测IED
现场总线
各种传感器
一次设备状态监测

视频图像监视
火灾及消防
动环监测…
变电站智能监控

风机视频
基础沉降
智能检修…
风机智能监控

图 4-69　风电场站无人值守架构图

4.8.1.1 应用层

智能应用平台提供无人值守风电场生产运行数据的汇聚与融合应用，形成智能告警数据池，实现多业务场景的数据融合与业务贯通。通过SCADA、设备遥调遥控及遥视、压板状态实时监测和遥控、一键顺序控制、周界防护、机器人、无人机巡检及智能摄像头等智能设备改造支撑无人值班业务有效开展，实现风电场运维业务统筹管理。基于云边一体化架构设计思路，构建数字化边平台。该平台部署在场站边缘侧，一是向下对接场站智能设备、向上对接产业数据中台，提供数据采集、汇聚、清洗、分析处理、上传、转发等基础功能；二是提供智能监控、智能巡检、智能检修、智能安防等智能应用，实现云边高效协同、数据协同、业务场景与应用协同，助力云边端闭环管控模式。

4.8.1.2 站控层

站控层是对风电场运行全过程自动化控制和监测管理的软硬件集成系统，主要进行控制、统计分析及故障预警等。依托“大云物移智”等新技术，面向操作、运维等业务场景，以安全、高效为目标，建设业务协同、数据融合核心功能，构建操作全防误、业务全覆盖、过程全管控的综合智能防误体系，升级升压站运维安全综合管控系统，提升自动化能力和本质安全水平，助力无人场站运行模式转变。

4.8.1.3 间隔层

间隔层是指在变电站中，为保证设备安全运行，避免电气设备之间直接接触设计安装的保护、测控、稳控、计量、电能质量监测等设备。间隔层实现对一次设备保护控制，推进间隔操作闭锁，明确统计运算、数据采集及控制命令发出控制优先级，开展操作同期及其他控制，实时承上启下的通信，同步骤高速完成与站控层的网络通信。

4.8.1.4 设备层

设备层综合应用无人机、机器人、智能摄像头、智能穿戴设备、智能传感器等智能化设备，运用数据采集与处理等先进技术，实现风电场设备全面智能感知、智能巡检，并采集与分析生产过程异常，实现异常主动预警和故障诊断，及时发现安全隐患，极大减少运维人员工作量，保障人身安全。

4.8.2　一、二次设备防误

4.8.2.1　完善防误措施，实现操作全防误

围绕倒闸操作、运维作业等实际业务，针对风电场操作安全痛点难点，在站控系统建设一次设备防误与二次设备防误、设备状态双确认、辅助设备防误、智能接地线管理、智能安全工器具管理等业务功能，并与两票联动，结合智能远动、监控系统和保护信息子站的应用，实现操作全防误，达到防范作业风险目标。

4.8.2.2　升级安全管理，实现业务全覆盖

扩大安全管理范围，构建风电场综合安全支撑体系，建设升压站电控楼安全管控区域人员安全准入、安全工器具生命周期管理、周界防护、动环监控和智能消防，纳入运维安全综合管控系统进行统一管理，实现风电场整体安全管控能力提升。同时，基于统一的基础平台和应用界面，提供各类应用的数据共享、业务融合，实现倒闸操作、检修作业和维检作业等业务统一平台全覆盖。

4.8.2.3　加强创新应用，提升作业效率

采用网络拓扑校核技术，在优化一次设备防误校核的同时，通过建立二次规则库、检修规则库等，拓展二次操作防误校核和检修防误校核，实现智能成票、智能校核、智能检修隔离等创新应用。采用分级分区设计的智能锁具，统一站内防误锁具、辅控锁具、隔离锁具接口，与五防系统、两票制动联动，运检作业仅需携带一把电脑钥匙即可实现统一安全管控，减少人为失误，简化作业流程，提升作业效率。

4.8.3　智能监控

通过设备及环境状态智能监测技术，对升压站内一次设备状态、外观、环

境情况等进行实时监控；实现远程监控和状态提示、远程报警、历史数据汇总及趋势分析等，并辅助完成开关刀闸位置的双确认；在升压站内部署对应的空调控制器、照明控制器、水浸传感器等辅控设备，通过环境监测、空调温湿度自动调节与控制。通过风力发电机 SCADA 数据及测风塔数据的采集，对风力发电机、箱变运行实时数据进行监测，通过大数据模型对风速、风向、风力发电机故障代码、振动监测等数据的分析和计算，进行智能故障诊断和风力发电机大部件预警，助力无人值班场站智能化监测。信息数据支持实时与变化上传等多种方式，采用变化传输方式时，针对传感器采集或设备监测的数据可设置不同级别告警值，对通信中断设备，利用断点续传技术保障数据采集和传输的完整性。

4.8.4 智能巡检

风电场智能巡检是指通过应用智能技术和设备对风电场进行巡检和监测的过程。智能巡检则能够屏蔽不同经验、不同操作带来的差异化结果，通过系统派发任务并自动完成巡检形成报告，更高效地实现对风电场的监测和故障检测，并降低人员登高、误操作和交通风险。

智能巡检利用无人机巡检、VR 巡检、升压站智能巡检、遥感技术、传感器监测和物联网技术等来实现。具体包括：

（1）无人机巡检：无人机搭载可见光和红外高清摄像头或传感器，自主规划航线，全自动巡航，检查风力发电机叶片、机舱、塔筒等部件的状态，360°拉近检查集电线路、送出线路，采用图像声纹算法、AI 算法精准识别，通过人工校验复核联合分析，及时发现异常情况并精准定位。

（2）VR 和增强现实（AR）巡检：结合 5G、VR、AR、人工智能、物联网等技术，将虚拟信息和真实世界叠加，1:1 模拟仿真电力生产环境，实时匹配设备真实信息，多维呈现各类电力设备数据，解决复杂、高危设备巡检难问题，通过人机交互，实现 VR 环境下智能电力巡检+远程巡检协同管理，为实现设备故障拆解及远程巡检管理提供帮助。

（3）升压站智能巡检：利用机器人 24h 不间断监测站内设备状态，使用红外双光谱摄像头、卡片机等对表计识别、温度识别及状态识别，使用摄像头对环境开展图像识别，替代人工日常巡检。

（4）遥感技术：利用卫星遥感或航空遥感技术，获取场站图像和数据，进行三维测绘及数字环境建模，对风电场风力发电机运行状态、风电场布局等进行遥感监测。

（5）传感器监测：在风机的关键位置、升压站设备安装温湿度传感器、振动传感器、声纹传感器、激光雷达、位移传感器等传感器，实时监测风机的工作状态及设备环境，并进行故障诊断和预警。

（6）物联网技术：将各种智能设备和传感器数据通过专用网络通道传输，对数据进行标准化集成及治理，打通各管理系统，实现系统的深度集成和融合应用，实现风电场远程监控和管理。

4.8.5　智能检修

传统的检修方式通常需要人工发现缺陷、填写工单、策划维护检修方案等，耗费时间和人力资源。风电场智能检修是指利用智能技术和设备对风电场维检任务管理的过程。智能检修通过推送缺陷到系统、自动派单、关联物资、推送故障处理指导及远程监督指导，全流程、高效指导、服务设备维护和故障修复。在生产安全监控方面，检修过程中结合工单、两票信息划定维检人员作业区域及作业时间，实现对作业人员检修全过程的安全管控。在检修建议方面，运维建议专家库能够根据不同的故障类别提供相应的检修建议，提高检修效率。

智能检修利用人工智能、物联网、大数据分析等技术来实现。具体包括：

（1）故障智能诊断：通过采集风电场的数据和监测信息，利用 AI 算法构建、模型训练及评估、部署应用，及时发现和诊断风力发电机的异常情况和潜在故障，并通过故障维护手册、作业指导书和故障分析报告等构建知识库，向维护人员提供维修建议。

（2）远程监控和管理：通过物联网技术，将风电场的设备和传感器通过专用网络通道进行数据传输，实现对设备的远程监控和管理，包括实时监测设备的运行状态、温度、振动等参数，及时发现问题并远程调控。并通过建立数据模型对采集到的数据进行挖掘加工，得到各类有效的、直观的数据，辅助各级管理者做出即时有效的决策。

（3）数据分析和预测维护：通过大数据分析风电场的历史数据和性能指标，建立预测模型，提前预测设备的维护所需物料、设备及人力资源，提供风险分析结果及管控措施，制定维护计划，降低维护成本和停机时间，将更智能的预测分析、管控优化和维护建议融入现实工作中优化运行方式。

4.8.6 智能安防

风电场智能安防是指利用智能技术和设备实现对风电场的安全监控和防范的过程。智能安防与作业联动，可更高效地实现风电场监测、预警和保护。并通过人员巡检轨迹定位、人员检修路径规划、人员误入危险区告警，保障现场作业人员安全。

智能安防利用视频监控、入侵检测、智能报警、人脸识别等技术实现。具体包括：

（1）视频监控：在风电场关键区域安装摄像头，利用视频监控系统实时监测风电场设备运行状态、人员活动等，及时发现异常情况。

（2）入侵检测：利用红外传感器、微波雷达等技术，检测风电场的围墙、门窗等位置的攀爬、车辆违法进入等越界闯入行为，及时发现异常情况并报警。

（3）防火监测：利用智能摄像头，应用 AI 图像识别烟雾及温度监测，实现整个场区早期火灾预警，及时处置，避免事态扩大。

（4）智能报警：通过智能报警系统，将风电场的安全隐患、设备故障及异常情况等形成集中告警池，分级分类管理，实时报警，以便及时采取措施。

（5）人脸识别：在风电场的门禁系统中应用人脸识别技术，确保只有授权人员、在工作票所列时间范围内才能进入作业现场，提高安全性。

（6）数据分析和预警：通过建立预警算法模型，对风电场采集的监控数据、智能设备数据等进行智能分析和处理，预知潜在的安全风险，防患于未然。

第 5 章

物联网关键支撑技术

5.1 引　言

物联网（internet of things，IoT）是信息科技产业的重要产物，在智慧风电IoT技术体系中，关键支撑技术起着至关重要的作用。智慧风电IoT系统依靠传感器物联网技术、网络安全技术、大数据技术、云计算技术等实现对风力发电机组、风电场资源、电网连接等方面的实时监测、运行管理和故障诊断，为风力发电行业带来更高效、可靠和可持续的能源生产和管理。

5.2 IoT 技　术

5.2.1 IoT 技术概述

IoT 技术指通过传感器建立互联网与物理设备之间的联结，使物理设备间能够相互通信、交互[120,121]，再利用无线通信、云计算等技术，实现对物理设备的监测、控制和管理。

5.2.1.1 IoT 的特点

IoT 具有以下特点：

（1）大规模连接。物联网能够连接大量的物理设备和对象，实现全球范围内的互联互通。

（2）实时感知。物联网的设备和传感器可以实时感知和收集温度、湿度、压力等环境数据以及设备状态和运行信息。

（3）数据互通。通过互联网将收集的数据传输和共享，物联网可实现设备之间的数据交互和协同工作。

（4）智能决策。通过对收集的数据进行分析和处理，物联网能够自动化、智能化地做出决策和控制。

（5）安全和隐私。物联网涉及大量数据和设备连接，安全和隐私保护是重要因素，需要采取相应安全措施和机制。

（6）可持续发展。物联网能够提高资源利用效率、降低能源消耗和环境污染，助力可持续发展和绿色生活。

（7）应用广泛。物联网应用领域十分广泛，如智能家居、智能交通、智能医疗、智能农业等，为生活和工作带来便利和效益。

5.2.1.2　IoT 系统的组成和结构

从整体上讲，物联网可以分为属于硬件系统的感知层、网络层、网络传输层，以及属于软件系统的应用层四部分，主要功能如下：

（1）感知层：感知层是物联网的最底层，包括各种传感器、执行器和嵌入式设备，负责感知并采集现实世界的数据，以及监测环境、收集数据和执行命令。

（2）网络层：网络层包括无线传感器网络、局域网、广域网等网络技术，负责将感知层采集的数据传输到上层网络，并实现设备之间的连接和通信。

（3）网络传输层：网络传输层包括传输协议、路由和安全机制，负责保护物联网中传输数据的可靠性和安全性。

（4）应用层：应用层是物联网的最上层，包括数据分析、应用开发和用户界面，负责处理和分析物联网中的数据，并实现各种智能应用和服务。

5.2.2　基于 IoT 技术的智慧风电关键技术[122]

5.2.2.1　风电数据采集

1. 风电领域信息化层次与边缘计算

进入工业信息化时代，透过物联网、大数据与云端智能，信息与通信技术

（information and communications technology，ICT）与操作技术（operation technology，OT）两者终能展开对话。由 OT 领域的传感器获取数据，上传至 ICT 领域的云端中心执行大数据分析，衍生出各种创新应用是目前智慧物联网系统的典型应用场景。

风电行业信息系统也呈现出 OT 和 ICT 协同跨界并深度融合发展趋势。现场的风力发电机属于 OT 装备，安装了智能传感器的风力发电机在多种工业通信协议的支持下能与 ICT 领域实现交互。在 IT 软件提供商、IT 硬件提供商以及网络运营商的支撑下，ICT 领域接收 OT 领域的智能传感器数据，实现现地或集中控制中心及集团级大数据云平台数据和业务的交互，从而实现智慧风电的应用。风电行业生产设施层次结构图如图 5－1 所示。

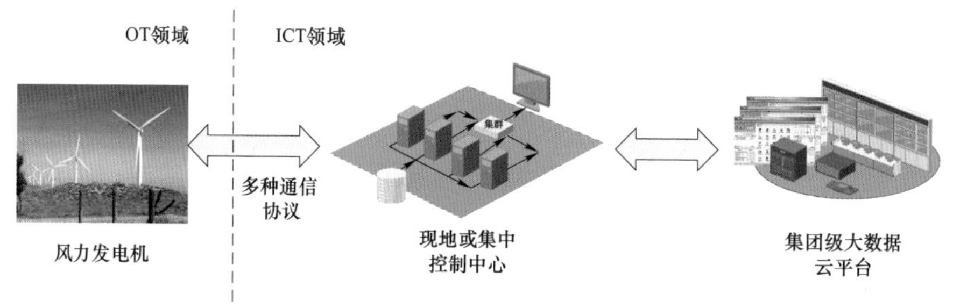

图 5－1　风电行业生产设施层次结构图

智慧风电场的智能化 2.0 的改造要面向提升风电生产与运维服务过程的敏捷性和协作性、提升资源共享和减少能耗、降低生产运行和运营的不确定性等目标，逐步建立从生产到销售和服务的端到端的行业智能。

目前，集团级风电大数据云平台上需要接入不同厂家、不同主控类型的风力发电机数据，面临据点表不统一、风力发电机状态不统一、信息传输可靠性差、信息延迟大等困难。边缘计算技术为解决这些问题提供了比较理想的方案。面对大数据云平台上每秒超百万点庞大的数据，大平台的通信带宽和处理能力需要经受非常大的考验，亟需将秒级数据在设备边缘侧计算、分析、存储。通过在现场设备部署边缘的采集、存储、计算能力，将数据标准化、设备状态分类、故障趋势判断等功能迁移至边缘云进行，可实时对风电设备健康状态进行反馈，极大地提高了数据和模型处理速度和效率，进而缓解网络通信瓶颈，减轻大数据云平台的负荷，保护重要数据安全性。

2. 边缘计算风电场数据采集系统

风电场的生产系统包括 SCADA 生产数据和需要加装的传感器数据，如 CMS 振动监测、螺栓紧力监测等，除此之外，还有气象数据、叶片监测、机舱与塔筒巡检的红外/可见光摄像头、振动、声音、气体传感器的通信数据。这些数据的通信方式主要有光纤环网传输和无线传输两种。

边缘云包括数据采集智能网关、存储设备、数据处理模块、数据智能分析模块，采集的是实时秒级生产数据和各类传感器数据。这类数据首先经过标准化的映射后，根据风电的数据处理标准存储十秒本地原始数据，经过边缘云计算模块后，将可用于中心云计算分析的结果以 10min 的间隔发往中心云端，有效减少中心云端的数据计算和存储量。

基于边缘计算的风电场数据采集架构如图 5－2 所示。

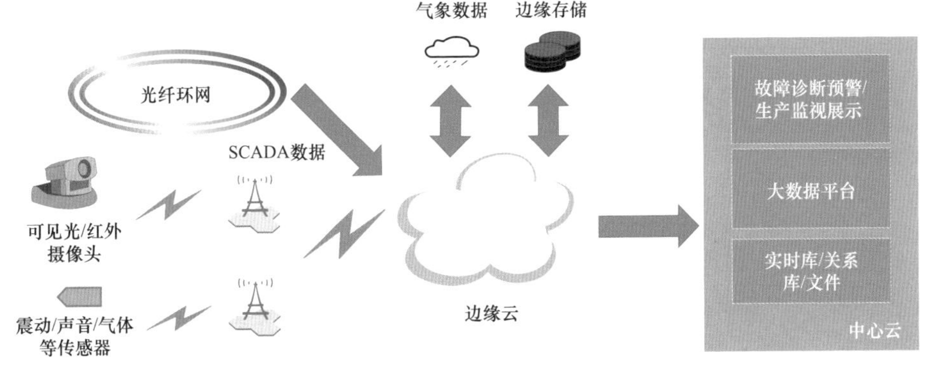

图 5－2 基于边缘计算的风电场数据采集架构

3. 风力发电机数据采集处理框架

（1）智能采集网关数据采集处理流程。风力发电机数据采集智能网关负责风力发电机数据采集如图 5－3 所示，风力发电机数据采集的原始数据位于风电场的生产Ⅰ区，气象数据位于风电场的生产Ⅱ区。根据电力安全防护的规定，在生产Ⅰ区和生产Ⅲ区不能直接联通，要加横向隔离网闸，因此在生产Ⅲ区还有一台数据采集智能网关负责数据接收。从Ⅲ区智能转发网关采集的数据到边缘云进行分析计算与存储，加工好的数据流在中心云的即时通信协议（message queuing telemetry transport，MQTT）监听程序下对数据进行传输与收集。中心云端将采集到的数据进行展示、计算、存储。

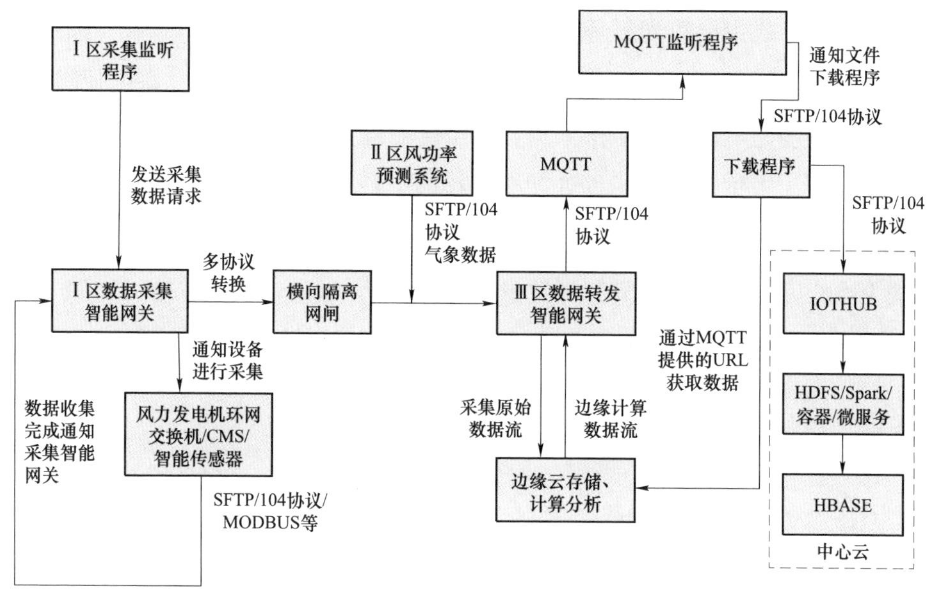

图5-3　风力发电机数据采集处理流程图

位于生产Ⅰ区和Ⅲ区的数据采集智能网关可进行多协议的转换，处理多种工业协议。为了保持采集数据的稳定与可靠，数据采集智能网关还具备断点续传功能，保证历史数据的断点续传不影响实时数据的传输。每个风电场和边缘云中心分别建立一路单独的通道来进行续传数据的传输，并对实时数据进行优先级划分，若有较高优先级的实时数据需要发送时，则优先发送该类实时数据，避免由于续传数据过多占用通道资源导致高优先级实时数据来不及发送。

（2）智能采集网关管理。智能采集网关提供了设备模板、规约管理、告警

配置等功能，如图 5-4 所示。设备模板将各风电场收资的不同风力发电机型号的点表做成标准模板管理。规约管理中支持将常用的通信规约做成标准规约库，并且支持开发者自建规约管理。告警管理中支持自定义告警类型、等级、内容和规则，以便用户管理网关的异常定义。另外，根据用户的规则定义自动触发和解除告警，并提供告警的查询和订阅服务，以便用户监控网关的实时运行状态及历史趋势分析。同时，开放告警管理接口，支持向中心云应用上报和处理告警，以便实现应用告警和中心云告警的集成。

智能网关Edge

Edge管理
模板配置
通信规约
告警配置
边缘计算

输入规约名称

规约名称	规约ID	规约类型	描述	创建者	创建时间
+ BACNET-Client-Bacnet_client	1	BACNET		edge_manager	2020-10-10 10:14:46
+ BACNET-Client-Bacnet_client-fsl	3	BACNET		edge_manager	2020-10-10 10:14:47
+ DL645/07-Client-DLT645_2007	5	DL645/07		edge_manager	2020-10-10 10:14:47
+ IEC104-Client-IEC104	7	IEC104		edge_manager	2020-10-10 10:14:47
+ IEC104-Client-IEC104_GateKeeperClt	9	IEC104		edge_manager	2020-10-10 10:14:47
+ IEC104-Client-IEC104_zf	11	IEC104		edge_manager	2020-10-10 10:14:47
+ ModbusRTU-Client-MODBUS_RTU	13	ModbusRTU		edge_manager	2020-10-10 10:14:48
+ ModbusRTU-Client-MODBUS_RTU_IOT	15	ModbusRTU		edge_manager	2020-10-10 10:14:48
+ ModbusRTU-Client-modbus_rtu_iol-moxa	17	ModbusRTU		edge_manager	2020-10-10 10:14:48
+ ModbusTCP-Client-MODBUS_TCP	19	ModbusTCP		edge_manager	2020-10-10 10:14:48

图 5-4　智能采集网关管理界面

5.2.2.2　智慧风电边缘云开放体系架构

1. 高可用性开放架构

边缘云位于风电场的站控侧属于安全生产Ⅲ区设施，如图 5-5 所示。开放

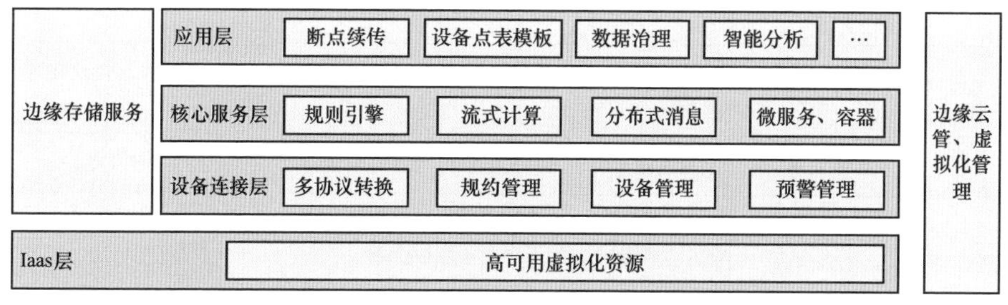

图 5-5　智慧风电场边缘云开放体系架构

平台底层基础设施采用虚拟化管理，构造出主备模式的高可用的硬件资源，由边缘云管理和虚拟化管理负责底层资源及边缘云的管理，设备连接层提供设备的多协议转换、通信规约管理等服务；核心服务层在微服务、容器、分布式消息、流式计算、规则引擎等服务支撑下为上层应用提供核心服务；应用层完成采集数据的治理、数据断点续传、智能分析等功能。

2. 边缘计算智能分析服务

（1）边缘云数据计算算子。① 数据处理算子：选择接入的点表数据、根据时间对数据记录排序、单个测点的数据按时间窗口聚合求集合的统计值、数据分组、测点最新数据缓存、多测点计算、模型数据转 redis 存储、流式记录抓取、Python 算子运行原生 Python 脚本、原生 Java 脚本计算算子、HTTP 请求计算。② 数据质量算子：迟到数据点进行数据质量打标、对数据点表进行阈值判断。③ 电量计算算子：以时间窗口为单位对电量进行聚合。④ 数据插补算子：以时间窗口为单位选择临近风力发电机或根据历史数据计算全场平均值进行缺失指标的插补。

（2）风力发电机状态判断分析服务。集团级风力发电机分布在各个省市的风电场，每个风电场可能使用多个厂家的多种机型，风力发电机的状态码各不相同。为了规范云中心生产监控系统的风力发电机机位显示状态，本书对风力发电机的状态进行了标准化分类，根据实际生产应用将风力发电机状态分为互斥的 14 类，见表 5－1。

表 5－1　风力发电机状态分类

序号	状态	说明
1	待风	风速小于启动风速，风力发电机处于空转对风状态，风力发电机无故障
2	正常发电	风速处于切入风力发电机与切出风速之间，风力发电机正常发电
3	限电降出力	风速处于切入风力发电机与切出风速之间，风力发电机收到能量管理平台的限功率指令，处于降功率运行状态
4	限电停机	风力发电机收到能量管理平台的停机指令，因电网限电原因停机

续表

序号	状态	说明
5	故障停机	风力发电机因故障原因停机
6	手动停机	运维人员由风力发电机监控系统手动停机
7	故障维护	风力发电机故障之后，运维人员到现场维护
8	主动维护	风力发电机没有故障的情况下，运维人员主动停机维护
9	大风受累	风速高于切出风速，风力发电机停机
10	高温受累	温度高于风力发电机正常运行温度，风力发电机停机
11	低温受累	温度低于风力发电机正常运行温度，风力发电机停机
12	雷电受累	风力发电机由于受到雷电关系的影响停机
13	冰冻受累	风力发电机受冰冻天气影响停机
14	风力发电机离线	与风力发电机通信中断，采集不到风力发电机数据

基于以上风力发电机状态分类，结合风力发电机运行的状态数据给出风力发电机状态判断逻辑，如图 5－6 所示。该判断逻辑的执行在边缘侧写成了判断的算子，在设备侧完成设备状态判断，并上传设备状态码至中心端平台。

5.2.2.3　智慧风电物联接架构[123]

1. 物联接架构

智慧风电大数据平台需要接入风电机组实时生产数据，然而风电机组生产数据点表、数据传输协议等差异较大，需要设计从 OT 到 ICT 互联的物联接方案，提供风电数据标准化接入集团大数据平台的能力。物联接方案能实现设备实时数据接入与其他业务数据的自助数据接入，在统一界面操作下，简化设备数据接入过程，对协议、设备、模板进行统一管理，并使中心与边缘侧配置始终保持一致。风电大数据物联接方案具体功能架构包括设备对象层、物接入中心、应用服务层，可实现多类型能源设备的海量数据接入与并行处理，并提供设备规则配置、支持设备在线管理等高级应用功能，如图 5－7 所示。

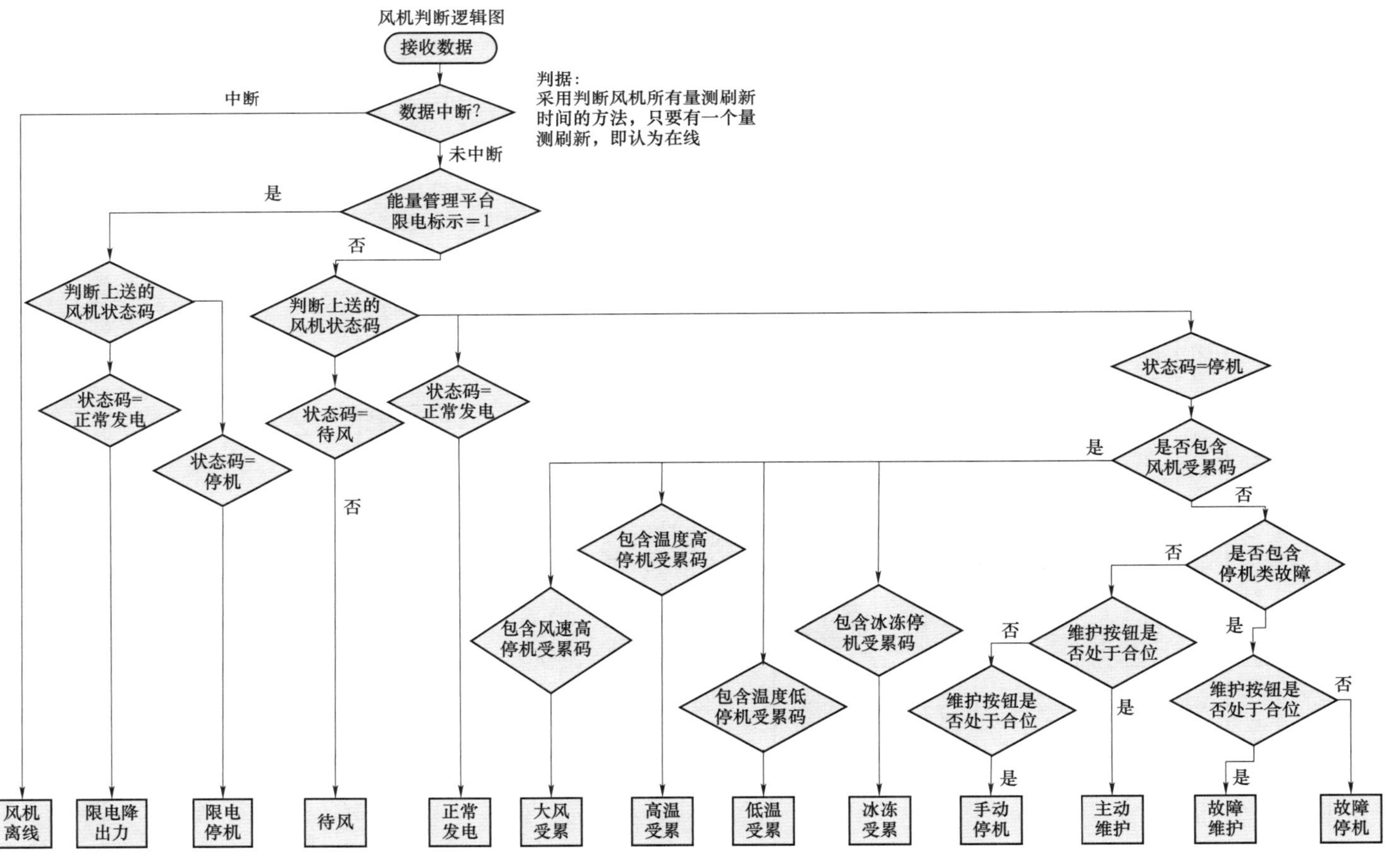

图5－6 风力发电机状态判断逻辑图

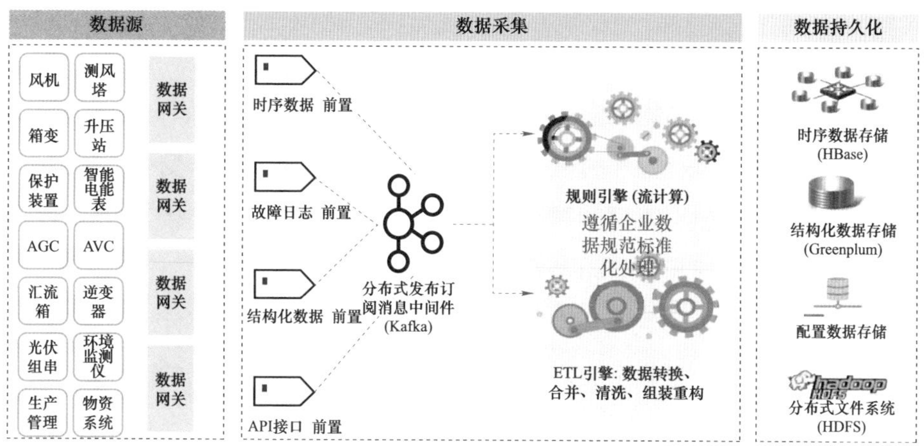

图 5-7　新能源大数据平台物联接方案

ET—抽取转换加载；AVC—自动电压控制

设备对象层主要为提供设备接入的数据对象在线注册与接入规则的集中配置，实现通信协议、设备数据解析与模型库等设备接入规则的统一配置。物接入中心是物联网平台与各设备采集服务的联络中间件，负责多种能源类型设备的实时数据接入与通信适配。应用服务层为已接入物联接模块的设备通过定义的规则引擎实现互联设备的状态监测、远程控制、固件升级维护等设备管理。

物联接建立了物联网服务的实例，通过设备自动化运维，实现设备与云端的安全可靠双向连接，提供了丰富的电力通信协议与物联网协议，同时，可提供设备级别的认证以及基于策略的授权，允许控制设备具有特定主题的读写等权限，保障物联网应用的安全。此外无缝连接大数据服务，通过分布式文件系统来存储海量数据，进而对接数据分析和机器学习服务，驱动业务的升级与转型。

物联接实现结构化和非结构化数据的实时接入，是数据应用的基础。物联接的数据接入架构可对接多种数据源和数据结构，只需要通过简单配置即可实现数据实时采集与传输，并支持高并发连接，接入的数据缓存可以被多次订阅，数据请求实现毫秒级响应。接入环境的集群中的任意单个节点出现故障时，能保持数据接入不间断，数据不丢失，并且降低接入环境对硬件资源（CPU、内存等）的过度依赖，支持数据压缩，有极高的性价比，从而实现物联接的数据接入架构采集灵活、传输高效、数据通道可复用、集群环境可靠和成本低廉的技术优势。

2. 规则引擎

规则引擎可通过结构化查询语言（structured query language，SQL）的形式设定规则，能灵活地处理和转发设备消息，对消息数据筛选、变型，根据不同场景将数据无缝转发至不同的数据目的地，如时序数据库、物接入主题、机器学习、流式处理、对象存储和关系型存储等。

规则引擎主要分为数据采集服务、数据整合服务、数据审计服务、消息通知服务四个子服务。数据采集服务为在数据包中添加收到数据的时间戳，根据数据类型 Kafka 中不同的主题，按照收到接入数据的预制审计条件，将接入数据的统计信息写入 Kafka 的审计数据主题。为了保证接入数据量，数据采集服务支持水平扩展，数据整合服务主要是获取消息缓存中间件的数据，并进行数据解析、清洗与转换，写入平台，同时按照数据质量模型定义，标注质量标记及数据质量统计信息，实现数据持久化。数据审计服务主要是对数据量和数据进行审计，及时发现数据接入、解析、持久化中的异常。此外，平台可提供消息通知服务，当数据接入阶段出现程序异常、程序依赖的组件异常、数据质量异常、事件数据驱动等问题时，可以进行消息推送与提醒。

3. 设备中心

设备中心是实现中心端设备在线注册与连接配置的主要操作界面。按照新能源典型的数据接入场景，设备中心主要分为物的注册、连接管理、物的定义规则三大功能模块。

（1）物的注册实现基于数据孪生技术的物影子的定义和操作，包括接入数据的来源采集对象和执行数据采集接入工作的网关接入器对象，通过调用设备注册服务，生成物影子、关联策略和证书，并获得证书公钥、私钥。其中，采集对象包括设备、电站与接入器。设备的定义为风电设备及输变电设备等；电站的定义为电站基础物理信息、资产分类树和资产拓扑结构等信息；接入器的定义包括电子证书、激活秘钥、数据信息等。

（2）连接管理负责建立接入器与采集对象的关联关系，对采集对象的通信协议与信息模型等信息进行配置，组成完整的通信通道。同时，支持数据连接的集中管理与增、删、改、查等单机与批量操作，支持连接管理的在线调试，并验证数据连接配置是否有效。

（3）物的定义规则支持模板列表的集中管理，包括创建、编辑、删除、查询、批量导入和导出。提供电站设备模板管理及自定义，可根据不同类型的设备（如电场、发电设备、箱式变压器、输电线、测风塔、升压站等）设置不同的设备模板。支持用户新增、编辑新的物与物的定义规则，编辑模板内的具体字段，并通过注册时填写的内容维护物的定义规则。

4. 协议中心

由于采集的设备对象不同，一般需要基于标准通信规约做定制化配置改造，形成专用于某类厂家设备数据接入的通信协议。物联接内置了丰富的协议库（包括 102/104/OPC/Modbus 等公有协议、MQTT 物联网协议、主机直连等私有协议），并通过协议中心模块进行管理。此外，物联接设立全球协议中心与企业级协议中心，支持二者共享标准协议库，并支持用户结合自身应用场景调用、管理企业级协议中心。

协议中心负责对数据采集所需的通信协议进行统一的集中管理，包括协议的预览、编辑、查询、增加、删除与权限管理，支持展示协议的历史版本与被引用的数据连接，实现在线机制与离线协议中心同步机制，支持通信协议创建与发布，如图 5－8 所示。

图 5－8　协议中心

5. 信息模型中心

信息模型是按国际电工委员会（International Electrotechnical Commission，IEC）规范在平台中进行唯一标准命名的设备采集点的集合。信息模型中心提供了信息模型字典管理与信息模型管理，可实现对场站及设备级信息模型管理。根据用途不同，信息模型又可分为企业级信息模型和接入级信息模型。企业级信息模型是在企业组织架构一级推行的标准点集合，接入级信息模型用于满足接入器与原厂数据转译解析过程中的标准数据点识别。

信息模型字典是数据接入、数据治理及后端数据服务的基础，在平台部署时自动导入，支持与全球中心平台的同步机制。企业级信息模型字典支持在线/离线更新，为保障配置一致性，离线更新文件需要进行安全加密，可导入执行，不可修改。此外，在使用过程中，可以从信息模型字典创建企业级信息模型，企业级信息模型与业务模型相关联，参与数据分析和处理过程。

信息模型管理包括信息模型创建、基础信息登记注册、新建或批量导入数据点的集合、编辑数据点的基础信息、信息模型的发布、选择信息模型发布的目标和分类目录、选择信息模型层级；支持信息模型的导入与导出、更新、删除等操作；支持信息模型的版本管理与版本应用追溯，如图 5-9 所示。

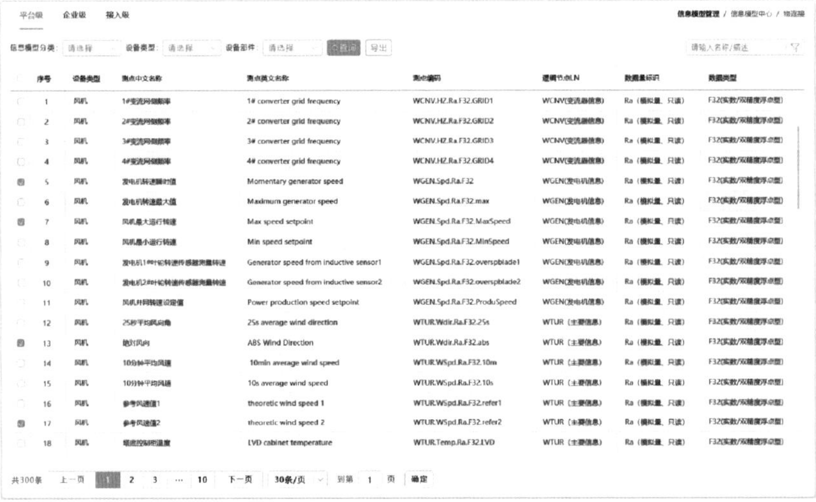

平台级　企业级　接入级　　　　信息模型管理 / 信息模型中心 / 物连接

信息模型分类：请选择　设备类型：请选择　设备部件：请选择　查询　导出　　请输入名称/描述

序号	设备类型	测点中文名称	测点英文名称	测点编码	逻辑节点LN	数据量标识	数据类型
1	风机	1#变流网侧频率	1# converter grid frequency	WCNV.HZ.Ra.F32.GRID1	WCNV(变流器信息)	Ra（模拟量、只读）	F32(实数/双精度浮点型)
2	风机	2#变流网侧频率	2# converter grid frequency	WCNV.HZ.Ra.F32.GRID2	WCNV(变流器信息)	Ra（模拟量、只读）	F32(实数/双精度浮点型)
3	风机	3#变流网侧频率	3# converter grid frequency	WCNV.HZ.Ra.F32.GRID3	WCNV(变流器信息)	Ra（模拟量、只读）	F32(实数/双精度浮点型)
4	风机	4#变流网侧频率	4# converter grid frequency	WCNV.HZ.Ra.F32.GRID4	WCNV(变流器信息)	Ra（模拟量、只读）	F32(实数/双精度浮点型)
5	风机	发电机转速瞬时值	Momentary generator speed	WGEN.Spd.Ra.F32	WGEN(发电机信息)	Ra（模拟量、只读）	F32(实数/双精度浮点型)
6	风机	发电机转速最大值	Maximum generator speed	WGEN.Spd.Ra.F32.max	WGEN(发电机信息)	Ra（模拟量、只读）	F32(实数/双精度浮点型)
7	风机	风机最大运行转速	Max speed setpoint	WGEN.Spd.Ra.F32.MaxSpeed	WGEN(发电机信息)	Ra（模拟量、只读）	F32(实数/双精度浮点型)
8	风机	风机最小运行转速	Min speed setpoint	WGEN.Spd.Ra.F32.MinSpeed	WGEN(发电机信息)	Ra（模拟量、只读）	F32(实数/双精度浮点型)
9	风机	发电机1#叶轮转速传感器测量转速	Generator speed from inductive sensor1	WGEN.Spd.Ra.F32.overspblade1	WGEN(发电机信息)	Ra（模拟量、只读）	F32(实数/双精度浮点型)
10	风机	发电机2#叶轮转速传感器测量转速	Generator speed from inductive sensor2	WGEN.Spd.Ra.F32.overspblade2	WGEN(发电机信息)	Ra（模拟量、只读）	F32(实数/双精度浮点型)
11	风机	风机并网转速设定值	Power production speed setpoint	WGEN.Spd.Ra.F32.ProduSpeed	WGEN(发电机信息)	Ra（模拟量、只读）	F32(实数/双精度浮点型)
12	风机	25秒平均风向角	25s average wind direction	WTUR.Wdir.Ra.F32.25s	WTUR（主要信息）	Ra（模拟量、只读）	F32(实数/双精度浮点型)
13	风机	绝对风向	ABS Wind Direction	WTUR.Wdir.Ra.F32.abs	WTUR（主要信息）	Ra（模拟量、只读）	F32(实数/双精度浮点型)
14	风机	10分钟平均风速	10min average wind speed	WTUR.WSpd.Ra.F32.10m	WTUR（主要信息）	Ra（模拟量、只读）	F32(实数/双精度浮点型)
15	风机	10分钟平均风速	10s average wind speed	WTUR.WSpd.Ra.F32.10s	WTUR（主要信息）	Ra（模拟量、只读）	F32(实数/双精度浮点型)
16	风机	参考风速值1	theoretic wind speed 1	WTUR.WSpd.Ra.F32.refer1	WTUR（主要信息）	Ra（模拟量、只读）	F32(实数/双精度浮点型)
17	风机	参考风速值2	theoretic wind speed 2	WTUR.WSpd.Ra.F32.refer2	WTUR（主要信息）	Ra（模拟量、只读）	F32(实数/双精度浮点型)
18	风机	塔底控制柜温度	LVD cabinet temperature	WTUR.Temp.Ra.F32.LVD	WTUR（主要信息）	Ra（模拟量、只读）	F32(实数/双精度浮点型)

共300条　上一页　1　2　3　…　10　下一页　30条/页　到第　1　页　确定

图 5-9　信息模型中心

考虑到不同企业可能会定义不同的点表命名规范，所提供的平台级信息点表需符合企业级命名规范，通过信息模型映射构建企业级信息模型与信息模型字典的标准点命名映射关系。信息模型映射支持授权用户登录并查询，支持更新、新增、编辑和维护企业点名规范与信息模型字典的映射关系。

6. 异构数据接入

根据数据类型，接入大数据平台的数据主要分为设备实时数据（如风电生产实时数据）、对象数据（如故障录波、振动文件、图像与视频）和关系型数据（如生产管理数据）。按照数据类型不同，在数据采集过程需采用不同的前置服务，如时序数据前置、故障日志前置、结构化数据前置、应用程序编程接口前置等。

接入大数据平台的时序数据吞吐量大、时间连续度高，且伴有峰值和滞后等波动，因此要求单机吞吐高，每条记录不丢不重，当发生单点故障时，时序数据可持续接入。根据不同使用场景，数据服务平台对时序数据的接入方式有实时接入、批量接入和定时批量接入三种方式，如图 5－10 所示。实时接入方式主要针对设备传感器实时产生的监测数据，这些数据需要连续不断的存储下来，以供后续处理；批量接入方式主要用于接入用户从原有系统准备的时序数据；定时批量接入方式主要用于接入用户定期从前置系统中准备的一段时间内的时序数据。此外，物联接集成的 MapReduce/Spark 并行计算框架能保障数据高效灵活地接入，其具有校验过滤功能，可保证接入数据服务平台时序数据的质量，接入统计服务可帮助用户时刻掌握数据服务平台实时数据接入容量。

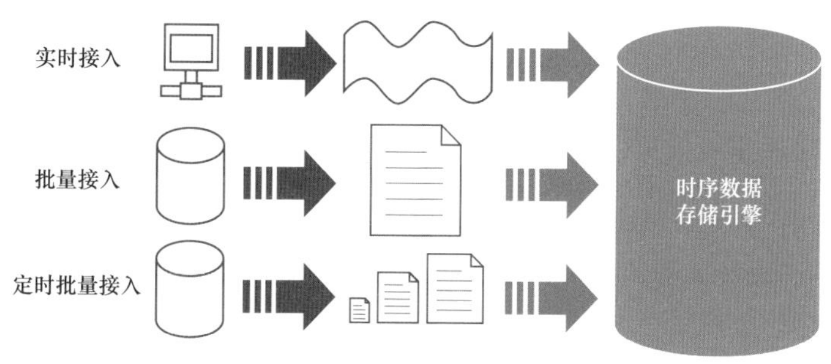

图 5－10 时序数据接入

接入大数据平台的对象数据主要包括视频监控数据和日志文本数据等。对象数据的接入过程包括对象数据注册、MD5 校验、对象上传。对象数据注册为基于新能源数据接入标准，为对象数据添加描述信息，如文件名称、类型、用途等，从而形成对象元信息，方便检索应用。MD5 校验为基于数据质量执行 MD5 校验，确保对象数据完整性。对象上传为基于数据存储策略，应用分布式文件系统写入接口并执行对象数据存储。对于不同对象数据接入的应用场景，物联接 ETL 工具提供使用管理控制台界面上传、使用 Rest API 程序上传和使用 Java SDK 程序上传三种接入服务。使用管理控制台界面上传操作简单，但无法处理大量文件；使用 Rest API 程序上传对网页应用开发友好，适用于中等规模文件数量的上传；使用 Java SDK 程序上传适合大规模文件数量上传的场景。

接入大数据平台的关系数据对支撑实际业务需求，实现异构数据间的关联分析具有重要意义。一般将物联网平台传输过来的业务数据（如计划数据、调度数据、运营数据等）接入数据服务平台的关系数据存储中，并进行数据校验、清洗、集成与聚合。数据校验基于数据类型、等数值特征数据接入标准，以保证数据的准确性。数据清洗基于新能源数据质量标准，对空值数据、单位转换进行处理，得到符合规范要求的数据。数据集成基于新能源数据存储标准，根据数据 Schema 映射规则，将业务数据存储到符合 Schema 定义的关系数据存储中。数据聚合基于新能源数据存储标准，将业务数据按地域、时间等各种维度进行聚合。

5.2.2.4 智慧风电物联网主要通信协议

1. 104 协议

104 协议是一种用于电力自动化系统通信的协议，也称为 IEC 60870－5－104 协议。该协议定义了在电力系统中传输实时监测和控制数据的规范。104 协议主要有以下特点和功能：

（1）客户/服务器架构：104 协议采用客户/服务器模型，其中客户端是监控系统或控制中心，通过 104 协议与服务器进行通信，服务器端是远程站点或装置，共同实现数据的传输和控制命令的发送。

（2）实时性：104 协议具备高实时性，支持实时数据传输和控制，通过使用 TCP/IP 协议，可以实现快速和可靠的数据传输。

（3）基于报文：104 协议使用报文进行数据传输，报文包括数据对象标识符（data object identifier，DOI）、传输原因（transmission cause）、传输原因限定词（qualifier of transmission cause）等信息，以确保数据的准确传输和解析。

（4）通信可靠性：104 协议具备高度的通信可靠性，支持数据的确认和重传机制，以防止数据丢失或错误。

（5）控制命令：104 协议支持对远程站点或装置发送控制命令，如遥控和遥调命令，用于对电力系统进行实时监控和控制。

（6）安全性：104 协议可以通过加密和认证机制来保护通信的安全性，确保数据的机密性和完整性。

104 协议广泛应用于电力系统中，用于监测和控制变电站、发电厂、配电网等各种设备和装置，为电力系统的自动化和远程监控提供了一种标准化的通信方式。

2. Modbus

Modbus 是一种常用的串行通信协议，用于工业自动化领域的设备之间进行通信和数据交换。它广泛应用于监控和控制系统中，包括了 Modbus RTU（基于串行通信）和 Modbus TCP（基于以太网通信）两种变体。Modbus 协议主要有以下特点和功能。

（1）简单易用：Modbus 协议设计简单，使用简单的请求/响应模型，易于实施和使用，通过读取和写入寄存器的方式进行数据交换。

（2）多设备连接：Modbus 协议支持多个设备间通信，通过设备地址进行识别和区分，一个主站可以与多个从站进行通信，实现设备之间的数据交互。

（3）灵活的数据访问：Modbus 协议支持对设备的不同寄存器进行读写操作，包括线圈（coils）、离散输入（discrete inputs）、输入寄存器（input registers）和保持寄存器（holding registers）。

（4）通信速度：Modbus 协议的通信速度相对较慢，通常以波特率来指定。

（5）传统串行与以太网：Modbus RTU 是基于串行通信的变体，使用串行通信协议（如 RS－232、RS－485）进行数据传输；Modbus TCP 是基于以太网通信的变体，使用 TCP/IP 协议在以太网上进行数据传输。

（6）确保通信可靠性：Modbus 协议具备一定的错误检测和纠正机制，如奇偶校验、循环冗余校验（cyclic redundancy check，CRC）等，以确保通信的可靠性。

（7）开放标准：Modbus 协议是一个开放的标准，各个厂商可以基于该协议开发自己的设备和系统，实现互操作性。

Modbus 协议被广泛应用于工业自动化领域中传感器、可编程逻辑控制器（programmable logic controller，PLC）、人机界面（human machine interface，HMI）、变频器等各种设备之间的监测和控制，简单性和可靠性使其成为工业控制系统中常用的通信协议之一。

3. MQTT 协议

MQTT 是一种轻量级的发布/订阅消息传输协议，旨在实现物联网设备之间的可靠通信。MQTT 协议主要有以下特点和功能：

（1）发布/订阅模型：MQTT 协议采用发布/订阅模型，其中设备可以发布消息到特定的主题（topic），其他设备可以订阅这些主题来接收消息，这种模型使设备之间的通信变得灵活和高效。

（2）轻量级：MQTT 协议设计简洁轻量，适用于资源有限的设备和网络环境。它使用较少的带宽和资源以及较小的消息头，使得在低带宽网络和嵌入式设备上的通信更加高效。

（3）通信可靠性：MQTT 协议具备一定的通信可靠性，包括消息确认和重传机制，发布者可以选择确认消息是否已经被接收，订阅者可以请求重传丢失的消息。

（4）QoS 级别：MQTT 协议定义了三个不同的服务质量（quality of service，QoS）级别，用于控制消息的传输可靠性和效率。QoS 级别包括最多一次传输（at most once）、至少一次传输（at least once）和恰好一次传输（exactly once）。

（5）保留消息：MQTT 协议支持保留消息，即发布者可以将消息发送到特定的主题，并且这些消息会被保留在代理服务器上，以便订阅者在稍后订阅时可以接收到最新的消息。

（6）消息保密性和安全性：MQTT 协议可以通过使用 TLS/SSL 等安全机制

来确保通信的保密性和安全性，以防止消息被篡改或窃取。

MQTT 协议广泛应用于物联网领域，特别适用于传感器网络、远程监控等场景，轻量级和高效性使其成为物联网设备之间可靠通信的一种优选协议。

5.3 安　全　技　术

5.3.1 风电场信息物理系统安全架构

黑客可能通过网络入侵手段，对风电场的控制系统进行攻击，导致风力发电机运行异常或停止，甚至对整个电网安全造成威胁。风电场信息物理系统零信任安全架构，针对风电场控制系统的攻击，建立基于零信任技术的网络安全管理框架，以强化风电场的网络安全，建立优化动态身份认证机制。通过信息物理系统模型对用户行为进行分析，增强安全防御。使用基于深度学习的行为分析模型，结合实时物理数据，在系统层面检测和评估网络用户和设备的行为模式。使用基于信息物理零信任安全监控模块，实时检测和分析网络中的异常行为，识别异常访问模式或潜在威胁行为，对风险实现提前防范措施。

基于信息物理系统技术的风场安全防护措施及风力发电机系统信息物理系统安全模型，对风力发电机物理组件（如叶片、发电机、变速箱）和网络组件（如传感器、控制系统）进行联合建模，从而进行系统层面的安全分析。利用部分观测马尔可夫决策技术监测风力发电机的物理状态，通过分析传感器数据，识别由网络攻击导致的设备故障或异常状态。使用自适应的控制系统模型，根据风力发电机的实时物理状态和网络安全状况，以及识别的网络攻击引起的非正常物理表现，动态调整系统控制策略，减少由网络攻击造成的物理组件损害。

5.3.2 网络安全分区原则

按照国家能源局《电力监控系统安全防护总体方案》(国能安全〔2015〕36号文件）关于电力监控系统安全防护“安全分区、网络专用、横向隔离、纵向认证、综合防护”的基本原则要求，部署安全防护措施。

5.3.2.1 安全分区

安全分区是电力二次系统安全防护体系的结构基础，原则上划分为生产控制大区和管理信息大区。生产控制大区可以分为控制区（安全Ⅰ区）和非控制区（安全Ⅱ区)。管理信息大区分为安全Ⅲ区与互联网区。互联网区与外网数据进行交互。

5.3.2.2 网络专用

电力调度数据网是指用于电力系统调度运行和管理的专用数据网络，集控中心与各个子站安全区Ⅰ、Ⅱ使用电力专网可以在物理层面上实现与电力企业其他数据网和外部公共信息网的安全隔离。

5.3.2.3 横向隔离

横向隔离是电力二次安全防护体系的横向防线，采用不同强度的安全设备隔离各个安全区。集控中心生产控制大区内的安全Ⅰ、Ⅱ区与管理信息大区内的安全Ⅲ区之间采用横向单向正反隔离设备；生产控制大区内的安全Ⅰ、Ⅱ区之间进行防火墙逻辑隔离；管理信息大区与互联网区域之间使用防火墙逻辑隔离。

5.3.2.4 纵向认证

纵向认证是电力二次系统安全防护体系的纵向防线，集控中心与各个子站之间采用认证、加密、访问控制等技术措施实现数据的远方安全传输以及纵向边界的安全防护。

5.3.2.5 综合防护

在满足电网安全防护原则外，还需增加集控中心各区域之间服务器的物理及逻辑安全防护。在安全Ⅰ、Ⅱ区之间与安全Ⅲ区外连区域部署防火墙设备对流量进行数据包与端口号的过滤以及数据的安全加密。

图 5－11 是典型的风电场站与风电集控的网络安全分区图。

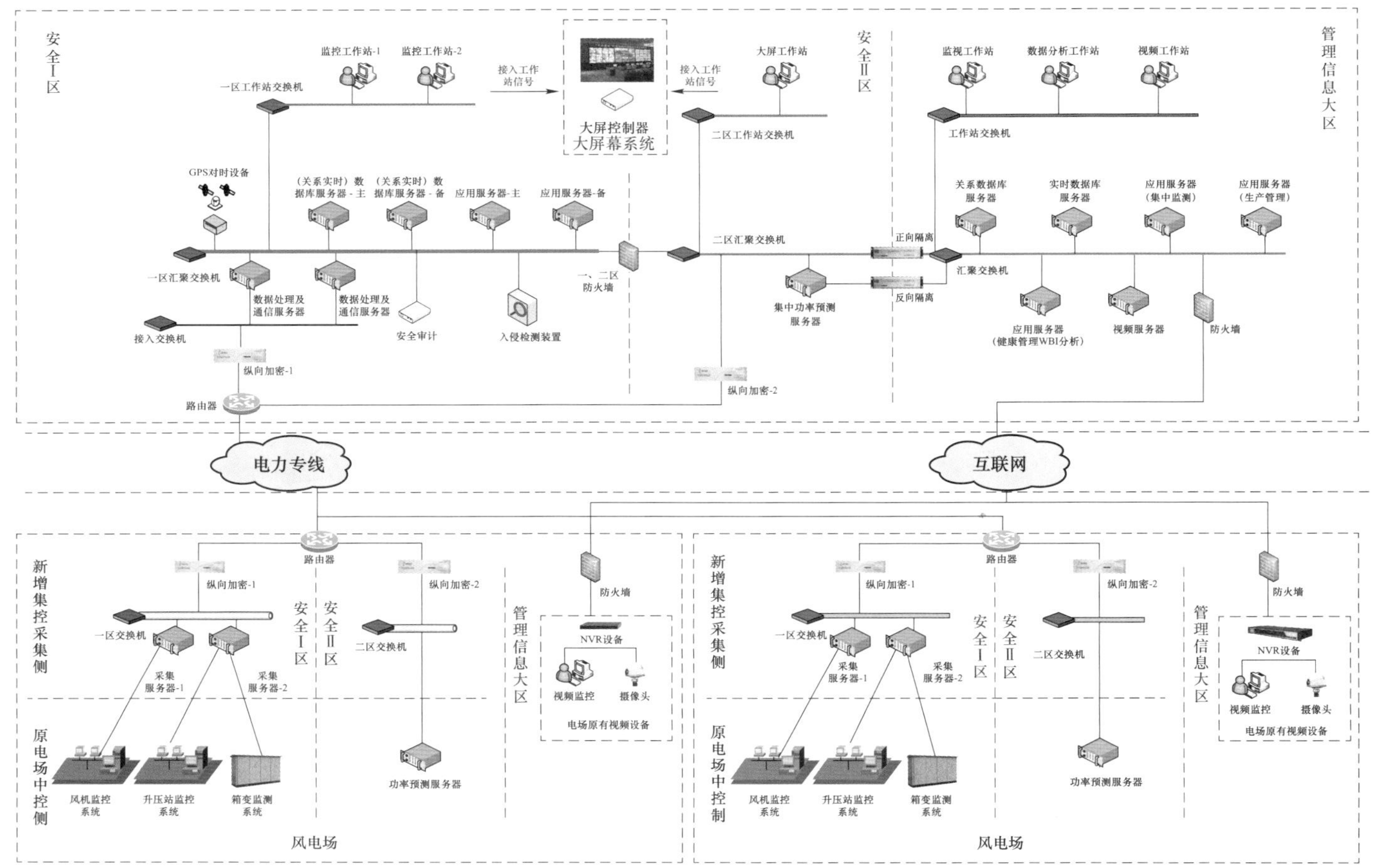

图 5-11　典型的风电场站与风电集控的网络安全分区图

NVR—网络视频录像机；WBI—无线宽带互联网

5.3.3 网络安全防护体系建设

按照相关标准要求，以“一个中心、三重防护”为核心指导思想，依据出具的安全风险评估报告、分析的风电场的安全现状，进行智慧风电安全防护体系的建设，总体思路包括以下 8 个方面。

5.3.3.1 风电场网络拓扑设计

在设计风电场网络拓扑结构时，要考虑网络安全的因素。按照上文所述分区原则，采用分段、隔离的网络结构，将关键设备和系统隔离开来，减少攻击面，有效地降低网络安全风险，提高风电场的安全防护能力[124,125]。

随着智慧风电场采集和人工智能分析的数据越来越庞大，以及海上风电、分布式风电发展带来的运维难度增大，智慧风电的网络拓扑也在积极探索无线网络覆盖体系[126,127]。风电场无线网络建设可以通过采用先进的无线 Mesh 网络覆盖组网技术来实现。这种网络覆盖技术可以突破风电场内无线网络未覆盖的困境，实现风电站现场作业音视频数据传输融合。风电场无线网络安全防护需要综合考虑加密通信、网络隔离、访问控制、固件和软件更新、监控和日志记录、入侵检测与防御等方面的措施，降低无线网络面临的潜在风险和威胁，确保风电场的无线通信的安全性和可靠性。

5.3.3.2 访问控制和身份认证

风电场的访问控制和身份认证需要采取多重措施，建立严格的访问控制机制，限制对风电场网络和系统的访问权限。采用强密码策略，使用多因素身份认证技术，并定期账户审查，确保只有经过授权的人员可以访问和操作风电场系统，另外，加强网络隔离和分区、审计和日志记录、教育和培训以及物理安全措施，保护风电场的安全性和可靠性。

5.3.3.3 防火墙和入侵检测系统

在风电场网络中部署防火墙和入侵检测系统，实时监控网络流量和入侵行为，及时发现和阻止潜在的攻击行为。风电场中的防火墙和入侵检测系统是保护网络安全的重要工具。防火墙可以限制特定类型的流量进入和离开网络，入侵检测系统可以监控和检测潜在的入侵行为，应根据风电场的特定需求进行配置和定制，以确保网络的安全性和可靠性。

5.3.3.4　数据加密和安全传输

对风电场中的敏感数据进行加密存储和传输，确保数据在传输过程中不被窃取或篡改。采取多重措施，包括使用加密协议、建立安全的网络隧道、使用数字证书进行身份验证、实施访问控制等，确保数据在传输和存储过程中的机密性和完整性，保护风电场的数据安全。

5.3.3.5　安全审计和日志监控

建立安全审计和日志监控机制，对风电场的网络和系统进行实时监控和记录。安全审计可以评估风电场的安全性和合规性，日志监控可以实时监测关键系统和设备的活动，及时发现和应对安全威胁，提高风电场的安全性和响应能力，保护网络和系统免受潜在的安全威胁。

5.3.3.6　定期漏洞扫描和安全评估

漏洞扫描可以帮助发现系统中的潜在安全漏洞，并及时修复；安全评估可以评估风电场的整体安全性，并提供改进建议。定期进行漏洞扫描和安全评估，可以确保风电场的网络和系统处于安全状态，并提高对潜在安全威胁的识别和应对能力。

5.3.3.7　应急响应和灾备计划

通过监控和检测、情报共享、加密认证、第三方管理以及更新和漏洞修复等措施，进一步增强风电场的应急响应和灾备能力，减少安全事件的影响。

5.3.3.8　安全培训和意识提升

加强员工的网络安全培训和网络安全意识提升，让员工了解网络安全重要性，学会防范网络攻击和应对安全事件。

5.3.4　PLC 安全性

PLC 是一种专门用于工业自动化控制的计算机控制设备，用于控制和监控风力发电系统中的各个组件和子系统。风力发电 PLC 的安全性是保证在风力发电系统中使用的 PLC 设备的稳定性、可靠性，防止事故和危害的发生，确保设备、人员和环境的安全。风力发电 PLC 安全性需要从以下 4 个方面进行考虑。

（1）设计制造：风力发电 PLC 的设计和制造应符合相关的安全标准和规范，确保设备的结构、电气元件和软件的可靠性和安全性。同时，在设计和制造过程中应考虑 PLC 的抗干扰能力和容错能力，以应对各种异常情况和故障。

（2）控制策略：风力发电 PLC 应通过传感器、监测设备和自动化技术，实时监测风力发电系统的运行状态、温度、压力等参数，以及预警和控制设备的工作状态，确保设备在安全范围内运行。

（3）通信安全：风力发电 PLC 中的数据通信应采用安全可靠的通信协议和加密技术，以防止数据被篡改、泄漏和非法访问，并建立健全的网络安全策略，防范网络攻击和恶意行为。

（4）运行维护：应定期进行检查、维护和保养，确保风力发电 PLC 系统的正常运行和性能安全，并建立健全的运行管理制度和应急预案，以应对突发情况。

5.3.5 风力发电机加密系统

5.3.5.1 系统架构

风力发电机加密系统分为两个部分，分别是统一安全管理平台和工控安全加密设备，统一安全管理平台负责秘钥生成、分发管理以及各个设备运行状态监测，工控安全加密设备完成数据加解密。各个风力发电机发电设备上的工控安全加密设备可以对管理控制信息进行解密后，执行相应的任务。

各个风力发电机发电设备部署工控安全加密设备与风电场控制中心部署的安全加密设备间使用安全协议建立安全数据传输通道，保障数据安全传输，系统整体架构如图 5－12 所示。

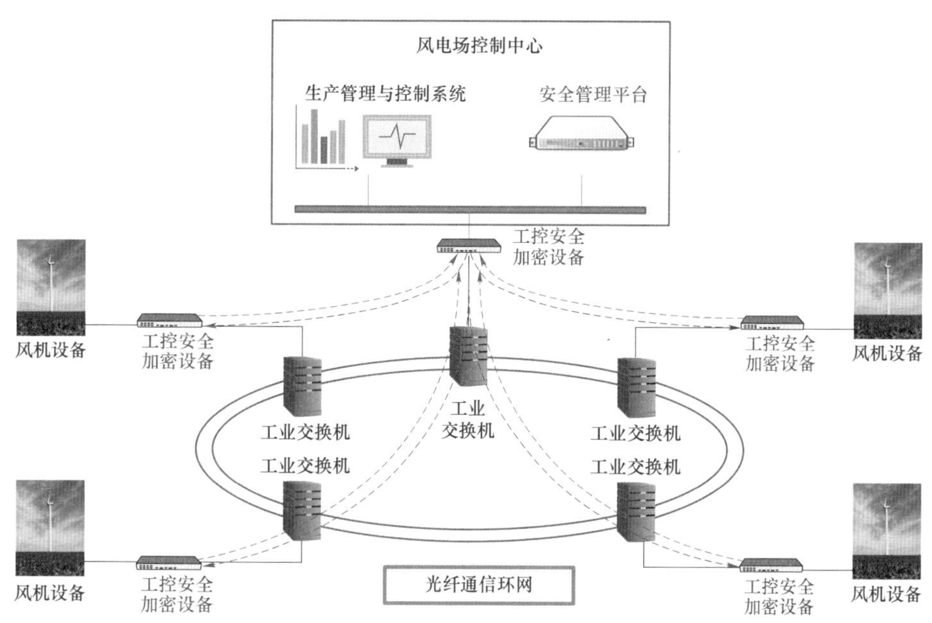

图 5-12　工控安全加密系统设备

5.3.5.2　典型通信安全加密体系架构

典型通信安全加密设备体系架构如图 5-13 所示，具体组成如下：

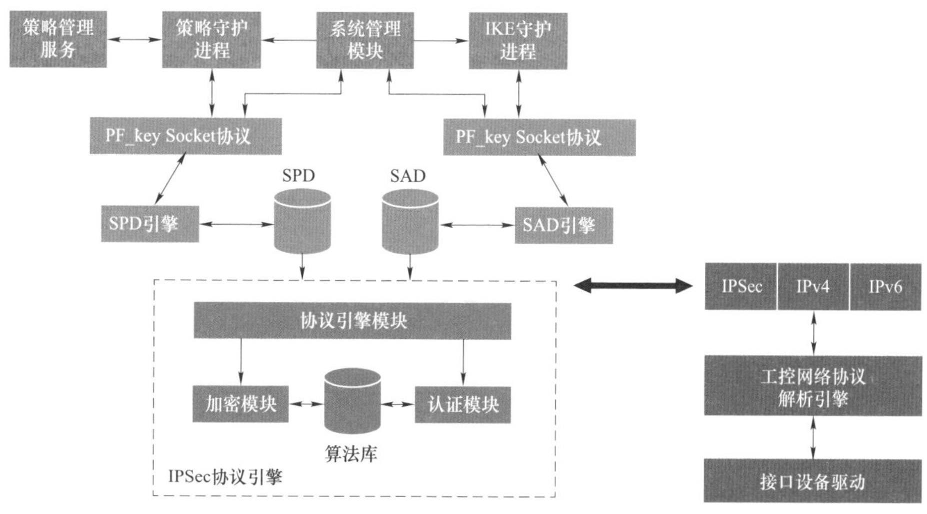

图 5-13　典型通信安全加密设备系统架构

（1）策略管理服务：负责整个系统的安全策略管理。

（2）策略守护进程：通过守护进程控制对安全策略的访问。

（3）系统管理模块：负责整个设备的管理、参数配置等相关工作。

（4）网络密钥交换（internet key exchange，IKE）守护进程：负责协商、分配与存储安全关联（security association，SA）的建立与维护，以受保护方式为 SA 提供经过验证的加密材料。

（5）安全策略数据库（security policy database，SPD）与 SPD 引擎：SPD 用于存储安全策略，SPD 引擎用于维护和管理 SPD，完成安全策略的添加、删除、修改等操作。安全策略存储在 SPD 中，明确进出加密设备数据包的安全处理规定，进入和发出的数据包按照检索 SPD 反馈结果进行处理。

（6）安全关联数据库（security association database，SAD）与 SAD 引擎：SAD 用于存储安全关联，SAD 引擎用于对 SAD 进行管理与维护，完成 SA 的添加、删除、修改等操作。加密系统通过安全关联协商建立安全通道，并规定用于保护数据的安全协议、转码方式、协商密钥等。

（7）互联网安全协议（internet protocol security，IPSec）引擎：用于实现 IPSec 协议，保证基于通信 IP 环境下端到端的数据安全，主要包括加密模块、算法库、认证模块、协议引擎模块。

（8）PF_Key Socket 协议：内核的 PF_KEY 类型套接口，提供了 IPSec 的应用层管理程序与内核的交互接口，便于用户与内核间进行通信，如 IKE 守护进程与 SAD 引擎通信、策略守护进程与 SPD 引擎间通信。

（9）工控网络协议解析引擎：用于工控网络中专用协议转换与封装处理。包括：Modbus Plus、Modbus TCP/IP 协议、OPC 协议、DNP3 协议、Profibus 协议、Ethernet/IP 协议和 EtherCAT 协议等，以支持不同工业控制通信协议数据解析与处理。

（10）接口设备驱动：用于网络中硬件设备间的通信，以便系统识别和使用设备。接口设备驱动提供与设备交互所需的指令，允许设备与其通信，设备正常工作。

5.4　云 计 算 技 术

云计算是一种基于互联网的计算模式，允许用户通过互联网按需获取和使用计算资源，无需拥有或维护实际的物理设备或基础架构[128,129]，广泛应用于企业应用、数据存储和分析、人工智能、物联网等领域。

5.4.1　云计算特点

云计算的主要特点包括：

（1）弹性扩展：云计算可以根据用户需求，动态调整和扩展计算资源，以满足不同规模和工作负载的需求。

（2）资源共享：云计算通过虚拟化技术，将物理资源划分为多个逻辑资源，并且可以同时被多个用户共享使用，提高资源利用率。

（3）按需付费：云计算采用按需付费的方式，用户只需根据实际使用的资源量支付费用，避免传统计算模式下需要购买和维护昂贵硬件设备的成本。

（4）高可用性：云计算提供高可用性的服务，通过将数据备份和分布在多个地点，并且具备容灾和故障恢复机制，确保用户的业务能够持续可用。

5.4.2　云计算应用

通过云计算在风电行业的智能化管理和运维中的应用，可实现风电场数据采集、存储、分析和管理等工作的集中处理和优化。

5.4.2.1　风电生产模式的分布性和共享性

随着可再生能源的跨越式发展以及大规模储能技术的进步，能源需求侧管理不断进步，能源消费者可兼具能源生产者的角色。风电的生产场站非常分散，集团级的风力发电管控模式由场站级–集控中心级–集团级三级组成，云计算技术可以对此提供良好的支撑，实现资源共享及资源效率最大化。智慧风电云计算的应用可以提高风电设备的可靠性，减少运维成本，提高发电效益。同时，通过数据的集中管理和分析，可以为风电行业提供更多的运营决策和战略指导。

5.4.2.2 能源传输方式的智能化和集成化

传统能源传输主要依靠电力线路和管道进行，这种方式往往存在能源损耗、能源泄漏等问题。云计算可实现智能化、集成化的能源传输方式，通过以下 3 个方面改进可解决上述问题。

1. 智能监测和管理

利用传感器和监测设备对能源传输线路和管道进行实时监测，及时发现异常情况并进行预警和处理。同时，通过智能化管理系统，对能源传输进行优化调度，提高能源传输效率。

2. 数据分析和优化

通过收集大量能源传输数据，利用数据分析和算法优化，实现能源传输的智能化优化。例如，根据实时的能源需求和供应情况，自动调整能源传输的路线和容量，以最小化能源损耗和泄漏。

3. 集成化管理和优化

将不同能源传输系统进行集成，通过集成管理和优化，实现能源的多元化传输，实现能源的高效利用和整体优化。例如，通过智能化系统，实现电力和热能的联合传输和优化，提高能源利用效率。

5.4.2.3 能源传输体系的模块化和并行化

云计算可以对能源传输体系进行模块化和并行化优化，从而提高能源传输的效率和可靠性。

1. 云计算可以实现能源传输体系的模块化管理

传统能源传输体系通常由多个不同的子系统组成，利用云计算技术，可以将这些子系统进行模块化管理，每个子系统都可以独立进行资源的分配和管理，从而提高能源传输的灵活性和可扩展性。同时，通过云计算的虚拟化技术，可以将不同的子系统虚拟化为独立的虚拟机，从而实现资源的共享和优化。

2. 云计算可以实现能源传输体系的并行化处理

能源传输体系通常需要处理大量的数据和复杂的计算任务，利用云计算的强大计算能力，可以将这些计算任务并行处理，加快计算速度，提高处理效率。同时，通过云计算的弹性计算能力，可以根据实际需求动态调整计算资源，实现能源传输任务的高效处理。

5.5 通信技术

5.5.1 移动互联网

移动互联网是通信网和互联网的融合，其定义分为狭义和广义两种，目前，业内认可度较高的定义来自工信部电信研究院发布的《移动互联网白皮书》。狭义的移动互联网是指用户能够通过手机、掌上电脑或其他手持终端通过无线通信网络接入互联网。广义的移动互联网指用户能够通过手机、掌上电脑或其他手持终端以无线方式通过多种网络［无线局域网（WLAN）、BWLL、全球移动通信系统（GSM）和码分多址（CDMA）等］接入互联网。

5.5.1.1 移动互联网应用模式

从应用层面来看，典型的移动互联网有如下两种应用形式：

（1）以计算机作为用户的使用终端通过数据卡、手机或嵌入式模块接入无线网络访问互联网。这种形式中，运营商主要为用户提供了一个和有线接入不同的互联网接入手段，无线网络仅作为一个数据通道，用户的实际应用和有线接入的互联网没有不同，仍然是互联网应用，除了数据通道外，能实现的业务有限。

（2）以手机等移动终端作为用户的使用终端通过无线网络访问互联网。在这种形式中，移动互联网应用可以看成是适合于移动终端使用的特殊互联网应用。受限于移动终端的体积、性能和操作特殊性等原因，大多数应用专门为移动终端设计。由于使用了移动终端和无线网络，使终端生产商、电信运营商和移动互联网应用提供商共同决定了移动互联网的发展趋势，运营商能够更容易地控制用户终端，所以也具有比互联网应用更大的话语权。

5.5.1.2 5G 电力专网技术赋能智慧风电

2021 年，国家能源局等十部门印发《5G 应用“扬帆”行动计划（2021—2023 年）》的通知。行动计划中指出 5G+智慧电力要突破电力行业重点场景如 5G 确定性时延、授时精度、安全保障等关键技术，开展基于 5G 电力通信网络改造和应用场景试点及规模推广。

移动时代让生活变得更加快速方便，很多传统行业也趁机开始转型。我国新能源产业发展至今普遍存在产业链不完整或上下游产业链无法对接问题，矛盾比较突出的是风力发电和光伏发电产业。这样的矛盾也在一定程度上制约了新能源行业发展，移动互联网的及时出现，可助力搭建行业网络平台和移动客户端，恰到好处地解决了风电行业的发展瓶颈，使信息得到及时传递。

对电力行业而言，5G 可促进电力系统负荷特性的优化和调整，大幅提升系统运行效率。尤其是面对弹性、智慧的电网发展趋势，迫切需要有一张具备大带宽、低时延高可靠、广连接等特性的 5G 通信网络。具体来讲，5G 可以为新型电力系统带来更灵活经济、更安全可靠和低时延确定性的网络通信服务。随着 5G 网络的建设和关键技术的发展，5G 专网和电力应用开始大规模融合，催生出能适应电力需求的 5G 电力专网。

5G 网络延时低、大连接特性可实现发电厂分布式储能调节能力评估、发电预测以及场站运行分析等模块数据实时交互。发电设备传感器和高清摄像头视频数据可通过 5G 大带宽能力传输到云平台或本地边缘计算平台，实现无人巡检、机器视觉视频安防等应用。具体来讲，5G 可以助力实现以下 3 个方面的需求。

（1）智能巡检业务场景及需求：作业现场安全管理、无人机、机器人巡检等移动应用类业务对网络带宽及移动性有较高需求，要求能够随时随地支撑现场业务，未来将向自主化、精益化，4K/8K 高清、AR/VR 方向发展[130]。智能巡检主要应用高清成像和图像识别处理技术，在特定区域或线路由智能巡检设备开展自主巡检和视频图像信息高速回传，实现“以机代人”的智慧巡检模式，提升电网安全运行水平和巡检效率。

（2）分布式源储场景及需求：各类分布式清洁能源电站分布较分散，各类源储信息采集较困难，快速完成分布式能源接入及应用，实现分布式能源出力直采，做到实时出力可观测，需使用一种可靠的通信方式来传输业务数据[131]。

（3）采集类业务场景及需求：随着设备规模和业务数量快速增长，设备和电力业务运行风险、运维保障、运行效率等方面的压力越来越大，亟需实现电力业务和设备的状态深度感知、数据全面连接。信息采集类业务未来将向采集频次提升、采集内容丰富、准实时、双向互动等方向发展[132]，需要 5G 的功能支持。

当前，5G 电力专网试点项目正在逐步推进，巡检机器人、信息采集、视频监控、环境监控、混合显示移动作业、应急通信等业务通过了 5G 的现场测试，已经在风电场得到应用，但还需要相关领域技术不断发展，针对风电场的场景进行优化，满足各个环节需求，实现差异化服务保障，进一步提升自主可控能力，促进环境友好型智慧风电取得更大技术突破。

5.5.2　北斗卫星系统

北斗卫星系统是我国自主研发的卫星定位、导航系统，可在全球范围内提供精确的定位、导航、授时等服务，该系统已广泛应用于交通、物流等行业。北斗卫星系统相关技术的加持可以为风电行业提供高精度、高可靠性的通信支持，另外，基于其精准的定位功能开发的塔筒晃动监测方法可进一步保障风电的安全运维。

5.5.2.1 基于北斗的通信技术

风电场通常分布在山区、戈壁等远离生活区域的地域，且环境复杂，传统通信方式可能存在覆盖不及的问题。北斗卫星通信技术可以与智慧风电系统相结合，提供可靠的通信支持和数据传输，从而实现对风电场的远程监测、控制和管理。

（1）北斗卫星通信技术可以提供广域覆盖的通信网络，通过卫星信号覆盖整个风电场区域，实现远程通信和数据传输，不受地理位置限制。

（2）北斗卫星通信技术具备高可靠性和稳定性。传统通信设备在风电场应用中，可能面临信号干扰、中断等问题，而北斗卫星通信技术通过卫星信号传输数据，不受地形、环境等限制，具备较强抗干扰能力。

（3）北斗卫星通信系统还支持多种通信方式和数据传输，智慧风电系统可以实现对风电场的实时监测、故障诊断、远程控制等功能。

5.5.2.2 基于北斗的塔筒晃动监测

随着风电机组的大型化发展，整机的结构柔性也越来越大，“柔塔”应用比例不断增加，在外部风载荷和主动运行控制动作联合影响下，塔筒会表现出复杂的低频晃动行为。相比传统刚性塔架，柔塔的固有频率更低，易发生风轮转动与塔架的共振现象（1P 共振），会大量削减机组使用寿命。在 1P 共振或涡激振荡下，塔顶可能发生最大摆幅。如果结构本身存在某些损伤或控制策略存在瑕疵，塔筒晃动可能超出合理范围，对机组自身造成更多损伤，影响运行安全。

为应对这种情况，一般在机舱内配置加速度传感器，测量机舱前后左右方向的加速度，并针对关键大部件的固有频率设置监测和保护策略。但基于加速度信号（惯性定位）并不能对机舱（塔筒）的晃动位移进行准确的测量（积分运算误差发散），当对新型风电机组的塔筒晃动幅度、整体形变等情况进行更充分的监测和评价时，需要采用基于位移信号的绝对定位方案，以便及时发现可能存在的隐性问题。

基于 GNSS 高精度实时相位差分定位技术，能够对测量天线实现 1～5Hz、厘米级的高精度实时定位，进而解算出精确的塔筒中心位移、机舱方位角等关键监测量。这种对绝对位置的测量监测方法，是对基于加速度等相对位置测量监测方法的有益补充，能够为风电机组的安全运行提供更多维的保证。

5.5.3　AI 视频传输技术

视频技术是环境友好型智慧风电不可或缺的基础技术，是风电场与控制中心信息传递的重要媒介。环境友好型智慧风电需要布局和配置大量监控摄像设备，对视频数据的存储、传输、交互要求非常高。然而大型风电场多建造在偏远地区，尤其是深远海海上风电，环境非常恶劣，在极端天气条件下，即便通信技术足够成熟，也会影响视频的存储和回传，造成卡顿、延迟、不清晰等问题，严重影响运维中心诊断、预警、预测的实时性与准确性。并且，视频传输对速度和质量要求很高，现阶段，通过宽带或卫星传输均会产生高额的成本。在保证高画质情况下的低成本存储和实时传输将成为未来支撑环境友好型智慧风电发展的基础和关键的一个环节。

5.5.3.1　AI 算法在视频技术的必要性

AI 技术具有极强的跨学科交叉性与技术产业创新能力，是新一轮科技革命和产业变革的重要驱动力量。近年来，AI 技术迅猛发展，学习与感知能力更强，输入内容更加便捷，输出形式更加多元，影响范围快速扩大。以数字视频为核心内容的多媒体技术蓬勃发展，移动互联网的飞速演进为数字视频创造了更广阔的应用空间，在智慧城市、视觉通讯、智能交通、智慧医疗和远程教育等行业发挥重要作用。

视频处理和压缩技术作为一种有效的解决方案，能够在保证视频质量的前提下大幅度降低视频数据的冗余，从而减少存储和传输成本。2006 年以后，随着算力和成对标注数据规模的提升，深度学习逐渐成为主流方法，深度神经网络在视频处理和视频压缩任务中均大幅超越传统的基于统计模型规则的方法，并陆续提出了多种深度网络模型结构及其优化方法，将视频处理和压缩任务从局部优化迁移到端到端的整体优化。AI 技术通过内容感知能力实现视频画面精准压缩，有效解决了有限宽带条件下的视频存储与传输难题。

5.5.3.2 AI 算法在视频技术中的应用

AI算法在视频压缩中的应用可以具体分为视频处理技术和视频压缩两个方面。在视频处理技术中主要包括的技术有视频超分辨率、视频插帧以及视频恢复等；在视频压缩中主要包括帧内预测、帧间预测、熵编码、滤波、编码优化以及端到端深度学习视频压缩等。

1. 视频处理技术

（1）视频超分辨率。使用视频超分辨率实现视频压缩和传输的核心思想是在存储和传输的过程中采用较低的视频分辨率，在视频播放时，通过视频超分辨率算法将视频分辨率恢复，以此实现视频的低成本存储和传输。视频超分辨率方法分为传统基于信号处理的方法和基于深度学习的方法。在传统基于信号处理的方法中通过估计底层运动、模糊核和噪声水平指导高分辨率帧的重建，但该类方法用于采用固定的解决方案，不能适应视频中的各种场景。由于深度学习技术在图片生成领域的优秀表现，视频超分辨率的研究方向也逐渐转变为基于深度学习的超分辨率方法。其中包括基于卷积神经网络（convolutional neural networks，CNN）、生成对抗网络（generative adversarial network，GAN）和递归神经网络（recurrent neural network，RNN）的视频超分辨方法。该类方法通过卷积层和递归网络层提取空间和时间序列上的相关信息指导高分辨率帧进行重建。

（2）视频插帧。视频插帧技术实现视频压缩的思想和视频超分辨率方法类似，在存储和传输过程中降低视频的帧率，在播放时通过视频插帧算法恢复视频帧率。基于深度学习的视频插帧方法主要充分利用运动信息，通过使用前向变形技术从连续的两帧中生成了中间帧，然而前向扭曲矫正存在像素缺失和重叠，因此大多数基于光流的算法都是基于反向扭曲矫正的，需要估计中间运动（即中间帧的运动向量）。

（3）视频恢复。视频恢复是视频处理中的一项核心技术，对提升视频的主观与客观质量以及优化下游视觉分析任务至关重要。该技术特别适用于处理高压缩比下的视频画质损失，能够有效恢复出细节丰富的清晰场景图像。在视频压缩过程中，常见的干扰如雨滴和随机噪声会引入大量非必要的运动信息，这些信息增加了视频编码的复杂性，从而降低压缩效率。视频恢复算法通过精确去除干扰，不仅清晰化视觉画面，也优化了视频数据的压缩流程。利用基于深度学习的方法，视频恢复技术通过分析大量数据获得的先验知识，以及结合视频帧内的空间细节与帧间的时间连续性，有效去除无规律的噪声和其他视觉干扰，净化后的视频数据简化了编码器的工作负荷，因此提升了压缩编码的效率。

2. 视频压缩技术

（1）帧内预测。帧内预测主要是利用邻近块之间的空域相关性来消除空域冗余。采用全连接网络进行帧内预测时，利用当前块的上下文信息为不同的预测模式训练不同的网络，并且根据上下文，额外训练一个网络预测不同模式的概率，以提高压缩率。

（2）帧间预测。基于深度学习的帧间预测主要研究如何高效利用视频帧间的时域相关性以及如何将时域与空域进行融合。通过将基于神经网络的插帧技术用于视频编码的帧间预测，使用已经编码的帧通过神经网络预测出当前帧，并将该预测帧作为一个虚拟参考帧使用，高效地去除时间冗余。

（3）编码。熵编码使用全连接神经网络分析视频的纹理特征，估计帧内不同预测模式的概率分布，提高了帧内预测模式的编码效率。基于神经网络的滤波方法根据是否影响后续编码分为环内滤波技术和后处理技术，可以显著提高编码效率。基于深度学习的编码工具又称为编码优化工具，作用是编码加速和码率控制等，目标是提高编码效率。国际上对编码优化的研究主要集中于将深度网络模型与编码单元划分决策相结合。

（4）端到端深度学习视频压缩。端到端深度学习视频压缩的所有模块都基于深度神经网络实现，通过光流预测网络生成帧间运动信息，根据参考帧和运动信息通过神经网络层恢复当前帧，并计算残差，运动信息和残差的量化和编码也是通过神经网络层实现，网络的训练采用率失真目标函数。该方式实现的端到端深度学习视频压缩在性能上已经接近甚至超过 H.265。

5.5.3.3 AI 视频传输技术在风电场的应用

AI视频传输技术在风电场的应用可以提高风电场的安全性、可靠性和效率，能为风电场的运营管理带来更多便利和优势。AI 视频传输技术在风电场的应用场景如下：

（1）安全监控：通过在风电场安装摄像头并利用 AI 视频传输技术，可以实时监控风电场的安全状况，识别潜在的安全风险，如火灾、事故等，从而及时采取措施保障人员安全和设备完整性。

（2）设备监测与维护：利用 AI 视频传输技术可以对风力发电机组进行实时监测，识别设备运行状态异常、故障等情况，提前预警并进行维护，从而降低故障率，延长设备寿命，提高发电效率。

（3）环境监测：通过在风电场周围设置摄像头和利用 AI 技术，可以实时监测环境情况，如周界防护情况、气象变化、野生动物活动等，为风电场的运营管理提供数据支持。

（4）可视化管理：利用 AI 视频传输技术可以实现对风电场集控中心的全量远程实时监控图像，管理人员可以随时随地通过互联网查看风电场的运行情况，及时调整运营策略。

5.5.3.4 AI 视频传输技术在风电场实施方案

AI 视频传输技术实施需考虑在风电场站部署视频传输网关，将压缩后的视频传输至风电集控中心，解决场站到集控中心网络带宽不足问题。AI 视频传输网关部署方式如图 5–14 所示。

以前端 4Mbit/s 码率的摄像机为例，视频传输网关以旁路的形式接入场站交换机，并对该场站 4Mbit/s 的监控视频进行无损压缩，将压缩后的视频存储网络视频录像机（NVR）中，实现场站监控视频的轻量化存储。从场站传输出去的视频流也是压缩后的视频流，以 10 倍压缩率为例，集控中心收到的视频流为 400Kbit/s 路的监控视频，压缩后的视频流进入融合通信平台。

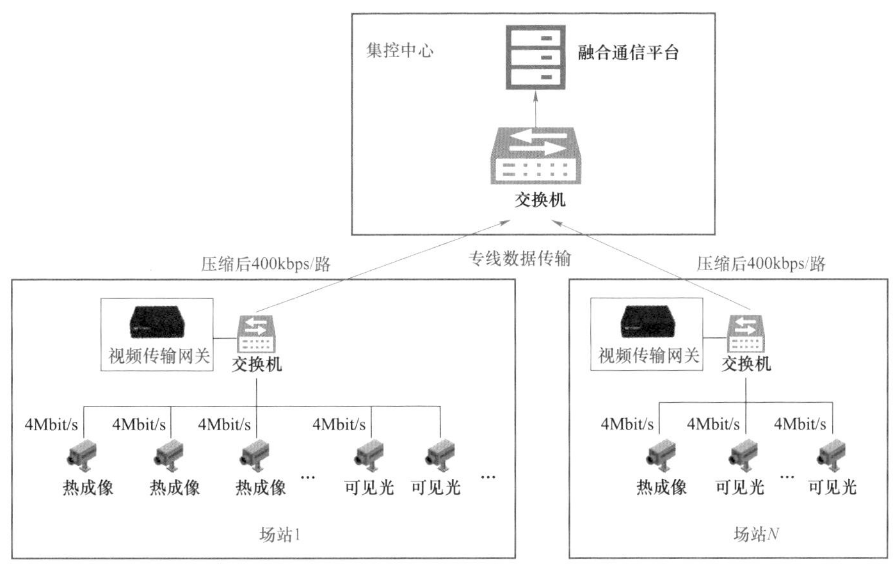

图 5-14　AI 视频传输网关部署方式

5.5.3.5　AI 技术应用展望

在视频压缩领域，AI 技术全面颠覆了传统方法，通过引入具有全场景自适应性和泛化特性的深度网络模型，视频的主客观质量得到了显著提升，在多种任务上突破了传统方法固有的系统性效率瓶颈和性能缺陷，取得了飞跃式发展。AI 算法在视频压缩领域的应用和创新不仅为视频压缩技术带来了新的活力和发展机遇，也为环境友好型智慧风电的发展提供了基础支撑。未来，随着人工智能技术的不断发展，AI 算法将在环境友好型智慧风电中发挥越来越重要的作用，并为环境友好型智慧风电带来更广阔的发展空间。

5.6　大数据技术

大数据技术是指处理和分析大规模数据集的技术和方法，通常涉及大数据收集、存储、处理、分析和可视化等环节。大数据通常被定义为具有大量、高速度和/或多样性的数据集，这些数据集的规模或类型超出了传统数据库软件工具的处理能力范围。随着互联网的普及和社交媒体的兴起，数据量不断增长，传统的数据处理方法已经无法满足大规模数据的需求。大数据技术提供了一种有效处理、存储和分析海量数据的方式。大数据技术在电力行业中的应用可以提高电力系统的效率、可靠性和安全性，优化能源管理，并为用户提供更好的能源服务。

5.6.1 风电大数据分类

5.6.1.1 风电气象大数据

风电气象大数据是指用于风电行业的气象相关数据，包括风速、风向、气温、湿度、气压等气象要素的观测数据。这些数据通常通过气象观测站、测风塔、遥感技术等手段收集。

风电气象大数据对于风电行业至关重要。风是驱动风力发电机转动的主要动力，准确的气象数据对于风电项目的规划、建设和运营非常重要。以下是一些风电气象大数据的业务场景：

（1）风能资源评估：使用气象大数据可以评估特定地区的风能资源情况，确定风电项目的可行性和发电潜力。

（2）风电场选址：通过分析历史的气象数据和风速分布，可以帮助选择合适的风电场地，以最大程度地利用风能资源。

（3）风电项目设计和运营：利用气象数据可以优化风电项目的设计，包括风力发电机的布置、风力发电机高度的选择等。同时，实时的气象数据也可以用于风电场的运营管理，例如风速预测、风力发电机控制策略的调整等。

（4）风险管理：风电气象大数据可以帮助评估风暴、台风、冰雪等极端天气事件对风电场的影响，从而制定相应的应急预案和风险管理措施。

（5）大规模风电系统运行：对于大规模风电系统，气象大数据可以用于预测电网负荷和风电出力，优化调度和电力平衡。

5.6.1.2　风电生产运维大数据

风电生产运维大数据是指用于风电项目生产和运维管理的大规模数据集合。风力发电机在运行中产生的数据包含测风数据、电量指标及各个设备部件的运行状态和故障记录、维护和保养记录、设备运行状态等相关信息，种类多样，数量巨大。由于风电机组中的环境、工况、状态参数具有一定的复杂性、多变性，且各参数之间关联密切，可以利用大数据手段，从海量数据中挖掘出影响风力发电机正常运行的关键因素，提升风力发电机发电量，并对频繁发生故障的部件进行预警，降低运维成本。

风电生产运维大数据对于风电项目的管理和运营至关重要。以下是一些风电生产运维大数据业务场景：

（1）风速和功率预测：通过收集和分析大量的气象数据和风电场运行数据，可以建立风速和功率预测模型。这有助于预测未来的风速和风能资源，帮助风电场制订更准确的发电计划，优化风电机组的运行和发电效率。

（2）故障诊断和预测：通过分析大量的故障记录和设备运行数据，可以建立故障诊断模型和预测模型，帮助预测设备故障、优化维护计划，并及时采取措施修复故障，降低停机时间和损失。

（3）维护和保养优化：利用大数据分析技术，可以对风电设备的运行状态和维护记录进行监控和分析，帮助优化维护计划和保养策略，提高设备可靠性和使用寿命。

（4）资产管理和投资决策：通过对风电生产运维数据的分析，可以评估风电场的运行状况、发电效率和经济效益，帮助进行资产管理和投资决策，包括设备更新、扩建或拆除等。

（5）运行监控和优化：通过实时监测和分析风电生产运维数据，可以及时发现运行异常和性能下降的问题，采取相应的措施进行调整和优化，提高风电场的发电效率和运行效益。

（6）资源调度和电力市场参与：大数据技术可以帮助风电公司实现风

电发电和电力市场的优化调度。通过分析大数据，可以准确预测风电发电量，优化风电机组的出力调整，参与电力市场交易，最大化收益并提供稳定的供电。

（7）数据驱动的决策支持：风电生产运维大数据可以为管理层提供全面的数据支持，帮助做出更准确的决策，例如制订运营计划、优化资源配置、改进工作流程等。

5.6.2 风电大数据特点

5.6.2.1 数据量大

以最具代表性的风力发电机数据为例，1 台风力发电机一年产生的数据大约为 60GB，1000 台风力发电机一年产生的数据就大约为 60TB。一台风力发电机产生的数据量虽然不多，但随着装机容量日积月累不断增加，再算上风力发电机数量带来的容量翻倍，构成了一套十分庞大的数据库。

5.6.2.2 数据传输速率高

仍以最具代表性的风力发电机数据为例，1 台风力发电机每秒能产生 500 个数据点，1000 台风力发电机每秒能产生 50 万个数据点。针对风电企业回传数据的特点，如果把这些数据加载到关系数据库，根据这一数据库的产生速率，无论是批量导入还是实时插入，远超过商用的通用数据库的加载速率。因此，需要定制数据存储和查询平台，支持每秒百万千万级数据点的导入。

5.6.2.3 采用特殊数据格式

（1）风电企业的主要动态数据为风力发电机产生的时间序列数据。

（2）由于风力发电机型号和出场时间的差异，风电企业回传的机器大数据格式多样。

基于风电大数据的这些特点，加之对风电数据的实时分析、查询和存储区需要大量计算资源，为了弥补物理设备的不足，通常会采用云平台架构。

5.6.3 风电大数据应用

5.6.3.1 大数据在选址规划中的应用

风电场的选址是一个非常重要的环节，在风电场选址时，大数据可以提供全面的数据支持和决策分析，帮助寻找最佳的风场建设地点，并提高风场的经济和环境效益。

风电场布局目标是在给定风电机组型号和数量，某特定区域的地形地貌、风能信息（如风向、空气密度、风速的频率分布）等的情况下，在该区域内放置风电机组，使得风电场的发电量最大化。在已知风电机组的发电性能参数和价格、电价等信息的情况下，目标函数可以等效地转化为风电场净收益或性价比等指标。日发电量计算公式如下：

$$E=\sum_{i=1}^{n}\int_{\theta=0}^{2\pi}P(\theta)\int_{V=0}^{\infty}p[v(\theta),c_i(\theta,X,Y),k(\theta)]\beta_i(v) \qquad (5-1)$$

式中：n 为风电场中的风电机组数量；θ 为风的方向；v 为风速；$\beta_i(v)$ 为风电机组 i 的功率曲线，由风电机组自身性能指标决定；$P(\theta)$ 表示风来源 θ 方向的概率。在 park 尾流模型中，风速 v 分布使用韦伯分布进行描述，$p[v(\theta),c_i(\theta,X,Y),k(\theta)]$ 表示在方向 θ 上比例参数为 $c_i(\theta,X,Y)$、形状参数为 $k(\theta)$、风速为 $v(\theta)$ 时的概率。

$k(\theta)$ 由测量得到，同时受到其他的风电机组影响。因此在计算 c 时需要考虑到所有的风电机组的位置。风电机组的位置由向量 X、Y 表示。可以看出，在计算某个风电机组的发电量时，不仅需要做大量的积分操作，同时还需要考虑其他所有风电机组的影响，这使目标函数计算复杂程度极高。

智能微观选址系统流程如图 5－15 所示，其中 WRG 为地理信息和风能资源模型结合的信息文件。根据风场地形选择合适的风力发电机型号、风电机组最小间距、风电机组数量等基本参数。用户可以输入初始的风电机组位置，也可以由系统根据风电机组数量进行随机分布作为微观选址的初始解。由于基本参数的设定，初始布局可能不可行，需要对基本参数进行调整，如减少风电机组的最小间距或减少风电机组数量。如果初始解为合理布局，则计算当前布局下的风电场产能，作为初始解。

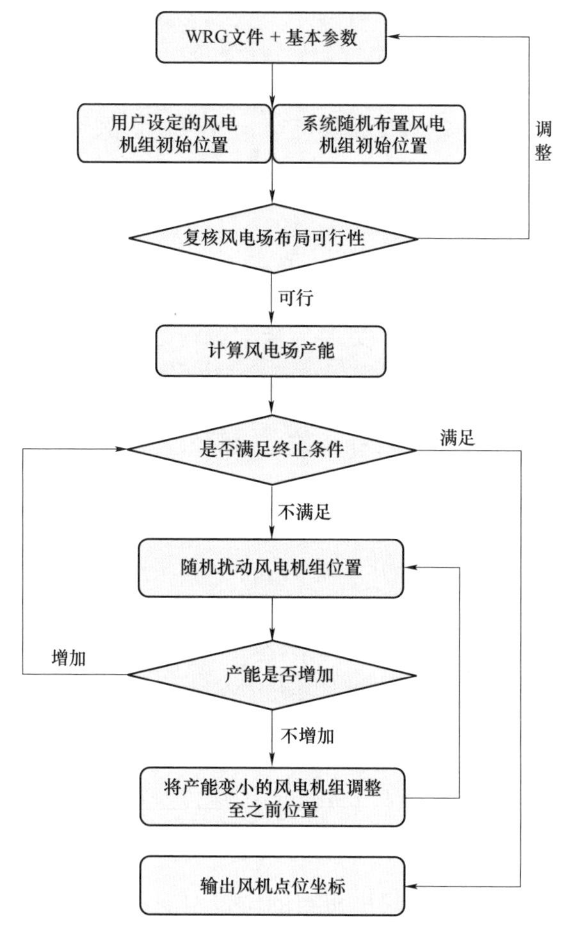

图 5-15　智能微观选址系统流程图

接下来使用迭代寻找新的更优布局，直到满足终止条件。终止条件一般为满足产能预设值或者迭代循环的次数达到某一数值。首先尝试为每一台风电机组找到更好的位置。如果在上一轮迭代中，某个风电机组的移动使得它的产能更大，则让该风电机组本轮迭代中移动向相同的方向移动相同距离。否则，对该风电机组的位置进行扰动。扰动时，产生两个服从高斯分布的随机数，来确定风电机组移动的位置。这样可以保证风电机组移动到距离当前位置较近的概率更大。如果找到的新的位置是非可行的，则重新扰动。若尝试次数大于一定次数，则不再尝试改变该风电机组的位置。对于风电场而言，如果新的布局产能高于之前的布局产能，则用新的完全代替之前的布局，如果产能减少，则将每个产能变小的风电机组移回到之前位置重新扰动，进行迭代。当满足终止条件后，系统会输出风力发电机点位坐标、每台风电机组和风电场发电量、尾流损耗等相关结果数据。

5.6.3.2 大数据在生产管理中的应用

随着技术进步，风电行业发展日趋标准化和专业化，通过大数据实现对风电场各项数据的科学分析和系统评估，可以优化风电场生产运维，将为运维服务商提供核心竞争力。

大数据的作用就好比可以通过记录和分析个人行为偏好，对此人接下来的行为做出准确预测，如果努力拓展这一功能，就完全可以实现规划、设计、实施和维护全方位的服务。通过采集到的数据信息，联合运用数学方法进行相关性分析、对比分析等再次处理，得出最终结论，并依此得到供做决策用的更加形象化、简单化的报告、报表以及相关图形。大数据时代，风电运维将努力迈向预测、预防方向，实现智能化。具体来讲，有以下 4 个方面应用。

（1）在应用大数据之前，对风资源的预测往往存在较大偏差，预测信息的参考价值很小，大数据技术可满足数据准确性要求，为做出科学预测提供强有力支撑，保证风电场安全生产运营，有效提高电力系统稳定性。

（2）基于温度、湿度、降雨量、风向和风力等变量的大数据综合分析，与天气建模技术有机融合，可使数据分析精准度更高，分析速度更快，实现对风电出力更精准的预测，便于及时做好调度安排，从而有效提高风电场运维管理有效性。

（3）大数据提高了风电场远程监控有效性，帮助工作人员尽早发现运行异常信息，大幅降低故障发生率，避免造成更大的损失，且以此为基础，制定最佳的运维策略，有利于做好风电场科学合理调度计划、运维计划，推动风电场向集控式、智能化、精细化管理模式发展。

（4）通过有效利用大数据，可以实现对风电分散信息的合理优化分配，大数据技术采集的数据信息相较于以往更加精准，可以作为有力的数据依托，凭此进一步提高风力发电机性能。

5.6.3.3　大数据在运维检修中的应用

风电场管理需要与时俱进，积极创新，探索与大数据相结合的集控式、智能化、精细化运维管理方式，发挥大数据时代下风电产业发展潜能，不断提高工作人员专业水平，改进完善管理模式。

1. 基于大数据的风电场运维管理和技术监督

用于完善风电场运维管理安全性评价和技术监督工作体系在场区内构建安全监控体系，通过信息化手段对风电设备的运行状态、风力强度、设备负载量、是否存在故障等信息进行全面监控，发现问题时根据情况进行启停操作，并对故障设备进行即时检修。整合风电场风功率预测数据并校验其准确性，定期导出平均风速、有效风速等信息，并与风力发电机监控系统、风电场测风塔及有关部门围绕数据进行全面校验，分析风能变化趋势，做好各种情况的运维准备工作。

2. 基于大数据技术布置巡检无人机和机器人

通过网联无人机实时超高清图上传，远程低时延控制等重要技术，实现精度更高的定位技术。尤其针对海上风电“无人值守、少人值班”的运行要求，在海上升压站安装具有环境适应性强、远程控制功能的智能停机坪，并与大数据网络连接，应用边缘计算技术实现视频及数据的处理，同时为无人机作业提供指引、存放、充电、数据传输等功能。

3. 实现无人机叶片故障识别与实时反馈

风电机组叶片远离地面，常规手段难以对其故障有效识别，尤其海上风电可及性差、出海窗口期短，更增加了叶片故障识别的难度。传统的人工检修方法，风力发电机停机时间长，发电量损失严重。基于“大数据+工业互联网平台”的海上风力发电机叶片故障识别无人机能够实现无人机航线自主规划、无人机随动叶片、多机协同作业、叶片缺陷智能识别等功能，同时，结合机器学习与人工智能技术，可实现无人机对叶片故障情况的实时反馈，并且无人机可以随叶片同步运动，不需叶片保持静止状态，也避免了人员坠海、高空坠物等安全隐患的发生。

4. 构建风电作业现场智能化的风险管控平台

应用大数据的低迟延功能实现风电作业全方位实时监控和全闭环管理，保证作业人员人身安全。作业人员携带高清摄像头，能实时将作业环境、设备监控和监控画面传输至作业风险防控服务器，其上安装了基于机器视觉的智能化识别系统，可根据电站实时数据（管理区获取）结合机器视觉系统分析情况，当发现作业人员及设备存在安全风险时，立即通过语音提示作业人员停止作业，并及时消除危险因素。

5. 搭建智能故障预警系统

智能故障预警系统以短期、超短期风速波动数据和传感数据为基础，经过大数据中心分析并根据分析结果预测故障点，向现场人员提供故障预警分析以及故障预警报告，通过提前更换折损部件缩短机组故障停机时间，间接提升运维效率。

6. 搭建智能故障诊断系统

智能故障诊断系统根据设备部分历史周期信息和当前运行状态，结合设备运行中产生的信息，自主比对数据中心内历史故障信息，并基于此给出故障诊断信息，提供初步排障方案和步骤，减少排障时间，降低排障难度。

7. 实施智能场群控制

智能场群控制是基于风电场最优发电层面的区域级应用，扩大场级机组故障容错空间，提升风电场系统整体柔度。根据现场条件及运行数据分析，建立单台风力发电机的控制寻优策略，根据不同风力发电机的产出与载荷情况，建立风电场级寻优策略、限电分解、场级尾流寻优控制、预测性寻优控制[133]。

第6章

环境友好关键技术

6.1 引　　言

风能具有绵绵不断、绿色低碳的特点，是保障能源安全、推动能源绿色转型、应对气候变化、守护绿水青山的重要可再生能源，大规模风能资源开发是我国构建新型电力系统、建设现代化能源体系、实现“双碳”目标的关键路径。目前，风电呈集中式与分布式并举发展，开发场景逐渐向沙漠、高山、海洋挺进，然而风电资源开发引起的环境风险和冲突不断增加，成为风电发展的瓶颈。环境友好型智慧风电在关注自身的同时，更关注实现环境友好，在全生命周期内，结合项目自身需求与特点，通过多种手段，实现与生态环境、自然环境、人文环境、电网环境的友好互动和融合发展，以环境友好型智慧风电发展推动绿色发展，促进人与自然和谐共生。

实现环境友好需要根据项目情况就地取材、量体裁衣，具有典型的因地制宜特点。本书列举的思路和方案无法面面俱到，不能适配所有环境、场景，旨作引玉之砖，提升行业对环境友好的关注度，提高风电与相关学科的融合度，集思广益，创造更多创新做法。

6.2 生态环境友好

生态环境友好以保护生物多样性为目的，关注风电项目开发运营过程中对植物、动物的影响以及生态修复，并采取相应措施将负面影响降到最低。

6.2.1 植被修复

6.2.1.1 对植被影响

风电场建设期间，道路施工、电缆铺设以及宿舍、仓库等临时性建筑建设，涉及土地开挖、场地平整等不可避免地会对地面原有植被造成破坏，增加地表裸露面积，降低土壤肥力，最终引发水土流失问题。砍伐、铲除等人为干扰更会对植被造成严重甚至永久性破坏，影响施工区域内的生物多样性。同时，施工不可避免地会产生临时或永久性占用土地的情况，尽管风力发电机塔筒本身的占地面积不大，但需要挖掘一定面积和深度才能将其基础牢固地埋入地下，这也会对区域内植被造成难以修复的影响[134]。

6.2.1.2 保护措施

风电项目对植被的保护措施，应从以下 4 个方面考虑。

1. 提前调研规划

在规划风电场的位置时，要对周围环境进行深入调查研究，分析区域生态环境特点。充分考虑生态调研结果，做好施工规划，如果遇到树木和植被茂密区域，采用尽量避开的建设路径，减少对植被的破坏，最大程度保护植被原貌。

2. 对建设期间的废弃物进行集中处理

在风电场施工建设过程中，对产生的大量废水统一收集处理，所产生的垃圾不随意放置或倾倒，集中收集后向外托运，以有效减少风电场施工过程中所产生废水及固体废弃物对周围植被的影响。

3. 做好施工后的修复工作

施工过程中要注意表土保存，在施工结束后，进行土壤分层回填，使其恢复到占用前的土壤性质，并做好下一步植被恢复工作，如采用异地补偿方法，在周围区域种植同等数量的植被，通过补偿有效减少风电场建设对植被影响。

4. 风力发电机平台以及升压站区域植被保护

风力发电机平台缺少植被覆盖，在雨季来临时容易引发泥石流，完工后要

及时在其周边种植低矮灌木，保留风力发电机检修道路，并对道路进行放坡，降低滑坡产生的可能性。首先，扩大植被覆盖率，种植灌木混交林播撒草籽等，尤其在有大块石头覆盖的边坡播种草籽，防止石头随意移动的情况发生。在植被种植的过程中，要重视植被养护，保障植被存活率，促进植被完好生长。其次，要加强升压站区域绿化建设，选择适宜物种。禾本科植物大多具有喜光、耐旱、耐阴的特点，即使在 -20℃环境下也能正常生长，可以选择这类植被进行植被绿化修复。同时，在草坪边缘地带要间隔性地栽植阔叶以及针叶乔木等，确保植被多样性和互补性。

6.2.2　动物保护

6.2.2.1　对动物影响

陆上风电场建设和运营可能对区域生物生存状况造成多种负面影响，容易造成当地生物栖息地的破坏，对动物迁徙路径产生干扰，导致其改变迁徙路径，影响其繁殖和觅食行为。还可能导致当地物种种群和多样性变化，间接影响到食物链上下端物种数量，进而影响该地区物种结构。海上风电场存在类似情况，风电场的建设影响鱼类生存和繁殖，进而改变海洋物种结构。

6.2.2.2　对鸟类影响

无论陆上风电还是海上风电，受影响最大的动物都是鸟类，主要是对其生存环境影响和对其迁徙路线影响。

1. 对鸟类生存环境影响

鸟类的飞行高度一般远高于风力发电机叶片旋转高度，因此在天气晴好时，鸟类飞行中误撞风力发电机的可能性比较小，但在强风天气时，鸟类飞行被影响后更容易撞击风力发电机。另外，夜间、多云、大雾等天气也会影响鸟类飞行视线，进而增加撞击风险。当风力发电机成排排列时，往往会形成一堵风墙，鸟类为了躲避，更易在边缘发生撞击。虽然风力发电机叶片转动速度较慢，但由于叶片较长，叶尖转动速度很快，可达 200km/h，若有鸟类从叶轮周围经过，很容易被叶片击伤导致死亡。

另外，风电场的建设会严重影响鸟类及其食物链上野生动物的栖息地，且影响草原、湿地中昆虫、鱼类的生存质量，间接对鸟类的繁殖和捕食产生较大影响，造成的危害往往是群体性的，后果要比鸟类与风力发电机撞击引起的伤亡更严重，并且风力发电机转动的噪声也会产生类似的影响。

2. 对鸟类迁徙路线影响

受气象条件影响，风能资源富集区域与鸟类迁徙通道往往是重叠的，并且这些大规模风电场的累积效应对鸟类的影响更大。迁徙的鸟类在夜间、大雾等视线较差条件飞行时，极易受风力发电机附近的光源影响，且迁徙途中，排在后排的鸟群视线也会受前鸟的影响，这些因素都会增加撞击风险。另外，鸟类主动躲避风电场所在区域，进而改变迁徙路径，对整体迁徙路线形成潜在的不利影响。

6.2.2.3 保护措施

我国风电虽然发展很快，但起步较晚，在风电对鸟类及其他野生动物的影响领域相关研究成果并不丰富，应在深入探索风电对野生动物影响的基础上，从以下 6 个方面实施保护措施。

（1）从生态学角度建设观测平台，加强对野生动物，尤其是鸟类生存、迁徙相关习性的研究，并分类、分区域评估风电场对鸟类和其他野生动物的现实影响及潜在干扰，并将研究成果应用于新建风电场的选址，从基础层面保证风电场的生态友好。

（2）风电场在规划选址时，应避开鸟类的迁徙通道或野生动物的集中栖息地，实在无法避免时，应建立野生动物保护机制，寻找风电场与野生动物及鸟类和谐共生模式。

（3）参考机场做法，使用鸟类及野生动物驱赶设备，如在风力发电机叶片尖端涂上醒目的颜色提醒、采用生物声学技术进行驱赶、夜间激光干扰等方式，并可加装监测系统控制干扰装置。

（4）对已建于鸟类迁徙路线的风电场，且有明确依据其运营会对鸟类迁徙产生较大影响时，可在鸟类迁徙的季节采取临时关停的系列措施，实现对鸟类的保护。

（5）在海上风电场建设和运营过程中，应重点采取措施减少对水生生物的影响，包括建立保护区域、设置鱼类通道、限制施工时间等，以保护水生生物的迁移、繁殖和生长。

（6）加强生态宣传。减少其他人类活动对鸟类及野生动物的干扰，加强动物保护教育宣传，严格惩处猎杀鸟类及野生动物的行为。

6.2.3　海洋环境保护

6.2.3.1　对海洋环境的影响

随着技术更新，海上风电逐渐由近海向远海挺进。由于海上风电项目规模大，建设周期长，且与海洋环境的联结更加紧密，施工、运营、退役阶段都会对海洋环境造成干扰，影响海洋动植物的生存环境。在施工期，风力发电机基础打桩、海底电缆铺设等基础工程会对海底沉积环境造成影响，使海底基质发生硬化，影响在海底细沙沉积物区域生活的生物的生存环境，海洋生物相对更加脆弱，极易造成生物多样性下降。施工活动还会导致水体浑浊度提高，影响海水含氧量，对海洋生物造成直接影响。运营阶段，风力发电机在海底的基础结构（如桩基、海底电缆）对海水的流动产生影响，造成湍流，持续冲刷桩基部位的沉积物，造成一定程度的海床侵蚀；风力发电机重金属析出会对海水质量产生影响。另外，海洋内海豚等哺乳动物主要通过声音交流，风力发电机噪声会对其正常交流造成影响；海鸥等海鸟在迁徙过程中，风电场产生的电磁干扰也会影响其通过地磁场进行导航迁徙的方向判断。

6.2.3.2　保护措施

除参考植被修复的保护措施外，结合海洋环境的特殊性，可从以下 3 个方面加强环境的保护和修复。

1. 加强环保型海上风电机组涂层的研发

针对海水性质和特点，研发海上风力发电机的绿色防腐涂层材料，减少海水对金属材料的腐蚀，同时减少重金属析出产生的污染。

2. 加强海上生态发展顶层设计

建立海底观测网，科学谋划海上风电场的环境风险防控工作，制定与海洋生态的和谐发展方案。

3. 海上风电与海洋牧场融合发展

加强海上风电与海洋牧场的联合开发，实现更加科学合理的海洋资源节约和开发，并合理规划风电场与海洋牧场的功能布局，实现互补，减少海上风电对海洋环境的影响。

6.2.4 石漠化治理

6.2.4.1 石漠化现状及背景

石质荒漠化，又称石化、石山荒漠化，是指由于自然及人为因素造成的植被持续退化乃至消失，导致水土流失、土地生产力下降、基岩大面积裸露于地表的土地退化过程[135]。它是地质、地貌、气候、土壤和植被等自然背景因素和不合理的人类活动综合作用的结果，如今，石质荒漠化已成为影响区域可持续发展的主要障碍。

风电项目建设中，如果工程活动不合理进行，会破坏土壤的稳定性，引起土壤侵蚀和流失，最终导致石漠化；风电场的建设需要清理原有植被，导致植被覆盖的减少，进而加速土壤的风蚀和水蚀，也有可能引发石漠化；风电项目建设和运营可能会影响地下水位和水流分布，特别是在干旱地区，水资源的变化影响到土壤的湿润程度，也会加速石漠化的发展；风电项目可能会引起土地大规模的变化，导致原有的土地利用模式受到破坏，如果新的土地利用方式不利于植被的生长，可能会导致土壤暴露，从而加快石漠化的进程。

在人类活动和自然灾害双重影响下，风电项目会造成地表土层变薄、融水侵蚀严重、植被覆盖率降低以及基岩大面积裸露等情况，可能导致喀斯特石漠化广泛发育。因此，将石漠化区域植被恢复与风力发电相结合，可促进脆弱区域能源经济与生态治理共赢发展。

6.2.4.2 石漠化影响

1. 动植物影响

（1）植被减少：石漠化导致土壤裸露，植被受到破坏，植物无法生长，从而降低了生态系统的稳定性和生物多样性。

（2）动物栖息地丧失：石漠化导致生态系统破坏，引发动物失去合适的栖息地，影响其繁衍和迁移，对生物多样性造成破坏。

2. 环境影响

（1）气候变化加剧：石漠化可能导致地表温度升高，进一步影响气候，形成所谓的“热岛效应”。

（2）水循环受阻：植被的缺失使得土壤的保水能力下降，水分难以保持，导致地下水位下降以及水循环受阻，可能引发干旱、土壤侵蚀等问题。

（3）土壤侵蚀：缺乏植被覆盖和稳定的土壤表面，风雨侵蚀加剧，导致土壤流失，严重的情况下可能形成沙尘暴。

3. 社会经济影响

（1）农业生产受损：石漠化减少了土壤的肥力和保水能力，对农作物生长造成阻碍，影响农业生产。

（2）生计问题：石漠化对依赖土地谋生的农牧民等群体造成收入影响，可能引发社会不稳定。

综上所述，石漠化给动植物、环境、社会经济都带来了极大的负面影响，不仅加重了自然灾害，可能导致水旱灾害频繁发生，山洪、滑坡、泥石流威胁加大，严重者导致耕地丧失，加剧当地贫困，往往被称为区域“灾害之源、贫困之因、落后之根”。为了减少这些影响，应采取合适的土地管理和生态恢复措施，以保护和恢复受影响地区的生态环境。

6.2.4.3 石漠化防治措施

1. 坚持因地制宜、科学系统治理

坚持山水林田湖草沙生命共同体理念，统筹山水林田湖草沙系统治理。遵循生态系统内在机理，以生态本底和自然禀赋为基础，关注生态质量提升和生态风险应对，强化科技支撑作用。因地制宜、实事求是，宜林则林、宜灌则灌、宜草则草、宜荒则荒，更加注重保护的系统性、协同性、整体性，科学配置保护和修复、自然和人工、生物和工程等措施，推进重要生态系统一体化保护和修复。

2. 加大重点地区的治理力度及资金投入

石漠化综合治理既要全面开展又要突出重点，通过实施人工造林种草、封山育林、封山管护、农业技术措施、坡改梯工程、小型水利水保工程等措施，进一步推进石漠化区域生态修复；综合林草、农业、水利、乡村振兴等措施，有效加快岩溶地区石漠化综合治理步伐；对于水土流失严重、石漠化发生率较高的地区或流域，提高治理标准，增加治理投资，加大治理力度，使石漠化综合治理更具针对性。

3. 继续实施林草生态修复重点生态工程

严格保护石山植被，科学封山育林育草、造林种草，巩固退耕还林还草成果，开展退化林修复，精准提升森林质量；适度开展以坡改梯为重点的土地整治，合理配置小型水利水保措施；加强矿山生态修复，增加林草覆盖，提升区域水土保持和水源涵养能力。

4. 加强潜在石漠化土地的保护

岩溶地区潜在石漠化土地通常范围分布广、土地面积大，如遇不合理的人为活动干扰，极可能演变为石漠化土地，是岩溶地区潜在的生态危险。应遵循自然规律，因地制宜，减少不合理的人为干扰，保护好现有林草植被，减少水土流失，预防潜在石漠化土地的逆向演变。

5. 改善农业条件，创新生态产品

通过坡耕地综合整治形成集中连片、设施配套、高产稳产、生态良好、抗灾能力强、与现代农业生产经营方式相适应的高产稳产耕地。结合石漠化土地修复与林草质量精准提升，优化岩溶地区林草生产力布局，推广石漠化综合治理修复成果，大力发展草食畜牧业、绿色农业、特色林果、林药、林菌、花卉竹藤、生态旅游、森林康养等生态经济型产业，推进生态标志产品认证，促进

“农业产业化、产业生态化”发展。采取有偿方式合理利用国有森林、草原及景观资源开展生态旅游、森林康养等，提高岩溶地区林草资源综合效益。

6. 降低石漠化区域土地承载压力

通过推进新型农村城镇化建设，提高城镇化率。积极引导、有组织地输送农村剩余劳动力到大城市和沿海发达地区去务工，这些措施都将减轻石漠化区域土地承载压力，减少对区域森林植被的破坏，遏制区域石漠化土地发生。

6.3 自然环境友好

风电项目施工及运营过程中，不可避免地产生噪声、光污染以及对景观一致性的破坏，本节从自然环境角度重点对以上问题展开应对措施分析。

6.3.1 噪声治理

随着土地资源的减少以及分布式风电的发展，风电机组的建设区域不断靠近居民生活区。客观来讲，风电场噪声存在于风电场建设、运营的整个周期，超过环境标准的噪声容易导致居民的睡眠质量下降、心理压力增加和生活质量下降。另外，噪声也会干扰到动物的迁徙、交流和繁殖，严重的甚至会导致动物死亡。

目前，针对风力发电机组以及风电场的建设，国内外有明确的噪声限值标准，部分国家不仅对噪声声级有明确的要求，对可听性和音调性也有相关规定。我国风电产业起步较晚，对风电噪声控制的研究也相对较晚，但相关问题已经引起环保部门的关注，未来低噪声风力发电机的开发将成为必然趋势。

风力发电机降噪技术是一项复杂的系统工程，通过综合手段降低噪声的干扰，全面的噪声治理技术复杂性和难度非常大，不仅需要从主动控制上优化设计相应的机械部件，降低噪声源的辐射声能，也需要研究噪声传播途径的降噪方式，还需要考虑在敏感建筑物附近进行隔声吸声处理。

6.3.1.1 风电整机噪声产生机理

风电机组的噪声来源有气动噪声、机械噪声和电磁噪声三种，在大功率的风电机组中气动噪声是最主要的[136,137]。下面将分别阐述噪声的种类及产生机理。

1. 气动噪声及产生机理

气动噪声是空气动力性噪声的简称，这种噪声是由于气体流动过程中，气体间相互作用或气体和固体介质之间的相互作用而产生的噪声。一般分为单极源、偶极源和四极源三类。风电机组气动噪声主要是由于气体的非稳定流动造成的，为偶极源。主要有下面 4 种形式。

（1）低频噪声。这部分噪声是由风电叶片旋转时遇到气流不均（气流围绕塔筒流动）、风速改变或者从其他叶片上的尾流脱落而产生的。

（2）流入湍流噪声。这部分噪声来源于空气湍流造成的叶片周围载荷力和载荷压强的波动，取决于空气湍流的总量。

（3）翼型自身噪声。这部分噪声是沿翼型表面的空气流产生的噪声，一般为宽频噪声，但是生硬的边缘或气流穿过狭缝或孔会产生纯音，主要由后缘噪声、翼尖噪声、失速噪声、分离噪声、边界层噪声、纯尾缘噪声 6 种噪声组成。

（4）叶片损动噪声。这是一种类似通过节奏性调制的噪声，听起来接近涡轮的声音，其幅值和频率随叶片的旋转速度和振动状态而发生改变（相当于声源相对接收者发生了变化），其声源特性的变化可能是由湍流、偏航误差和切向风力增强引起。这部分噪声随涡轮距离增大而减弱，但经常使人感到烦躁。

2. 机械噪声及其产生机理

机械噪声是在冲击、摩擦、交变应力或磁性应力等作用下，引起机械设备结构部件碰撞、摩擦、振动产生的。在风电机组中，主要的机械噪声来源有齿轮箱、发电机、偏航设备、冷却风扇和其他辅助设备。

对于齿轮箱、偏航设备这类旋转部件，由于转子的形状不对称、材质不均匀，毛坯缺陷，热处理变形，加工和装配误差以及与转速有关的变形等原因，使质量分布不均，造成转子偏心，当转子运转时就产生了不平衡的离心惯性力，从而使机械产生振动和噪声。

发电机的噪声问题比较复杂，其噪声源主要有电磁噪声、流体产生的空气动力噪声及转子和轴承的机械噪声。电磁噪声是由于交变磁场引起定子铁芯和电驱绕组振动时产生的噪声，该噪声为固体传播声，传向定子机座，成为噪声源。空气动力噪声则是由于安装在转子轴端的风扇和转子自身的旋转使发动机内各部分的冷却空气流动，继而产生的噪声。此外，转子自身旋转也会产生空气动力噪声，转子和轴承的机械噪声则是由振动产生的。

冷却风扇的噪声原理基本相似，以轴流风扇为例，轴流风扇的噪声包括旋转噪声和涡流噪声，另外，风力发电机冷却风扇排气时还有排气噪声。

3. 电磁噪声及其产生机理

电磁噪声主要来自风电场变电站，是由电磁场交替变化而引起某些机械部件或空间容积振动而产生的噪声，主要是主变压器、电抗器和室外配电装置等电气设备所产生的电磁噪声，以中低频为主。常见的电磁噪声是由线圈和铁芯空隙大、线圈松动、载波频率设置不当、线圈磁饱和等原因引起的。

6.3.1.2　施工期噪声类型及预测

风电场在施工期会有较多、较集中的噪声产生，主要来源有：场内道路修建、进场道路改/扩建、场地平整、风电机组和箱式变压器等施工活动的基础开挖、施工机械噪声、工程运输车辆交通噪声等。

风电场施工机械设备大多在露天作业，一般有很好的声传播条件。根据风电场施工所使用的设备噪声声源类比调查，结合变电站的平面布置和施工机械使用情况，可利用施工噪声预测模式计算出距声源不同距离处的施工噪声分贝值。

采用无指向性点声源的几何发散衰减公式对施工设备噪声衰减计算，计算公式为[138]

$$L_i(r) = L_0(r_0) - 20\lg(r / r_0) \quad (6-1)$$

$$L = 10\lg\sum 10^{0.1L_i} \quad (6-2)$$

式中：$L_i(r)$为与声源相距r_i（m）处的单机施工机械噪声级，dB；$L_0(r_0)$为基准点r_0处的声压级，dB；L 为与声源相距处的机械联合作业施工机械噪声级，dB；r、r_0为预测点、基准点与声源的距离，m。

采用有限长线声源的几何发散衰减公式对交通运输噪声衰减计算，公式为

$$L(r) = L(r_0) - 10\lg(r / r_0) \quad (6-3)$$

式中：$L(r)$为预测点的声压级，dB；$L(r_0)$为基准点r_0处的声压级，dB；r、r_0为预测点、基准点与声源的距离，m。

6.3.1.3 开发策略

在噪声控制过程中，首先要保证噪声处理方案不会影响能量转换效率，其次，噪声控制措施不应影响机组各部件的安全运行，确保不影响后续的操作、维修等工作。另外，风力发电机组塔筒内部需要良好的散热，降噪处理措施不能影响塔筒内整个空间的散热效率，同时还需考虑风电场的气候条件，确保安装的外部隔声装置耐湿，耐寒，经久耐用。

在设计阶段，围绕流线型和合适的弯曲角度，对叶片的噪声情况建模以优化结构，指导设计生产，一般来说，应选用上风向型设计，这样的风电机组产生的气动噪声较小。另外，气动噪声控制措施还有：降低叶尖速度比，减少叶尖速度，减小叶片迎角，确定合适的变速控制策略，改变叶片尾缘，增加转子的力矩，增加涡轮机重量，调节叶尖速，改进叶片形状，及时清洁表面，修补漏洞等。

叶片的材料、数量、转速对噪声均有一定程度的影响。材料对噪声的影响相对单一，损耗系数越大，噪声越小。叶片的数量和转速对噪声影响相对复杂，在转速不变的条件下，增加叶片数可以增加风轮的风量，或者在获得同等风量的前提下，通过降低风轮的转速降低叶片噪声。但当叶片在 6 片以上时，继续增加叶片数，不但风量增加有限，而且在降噪特性上往往有负面的作用。低速

宽叶风轮与高速窄叶风轮在相同的风量情况下，前者比后者产生的噪声声压级低，并且功率消耗减少 27%。另外，缩小风轮与护风圈的间隙，防止气流紊乱，也可以降低噪声。

齿轮也是产生噪声的主要部件，降低齿轮噪声有以下几种途径：选择耐磨材料或减振材料制造齿轮可以减少齿轮之间的摩擦和振动，从而降低噪声；通过优化齿轮的模块（齿轮尺寸和齿数）以及齿形参数，可以减少齿轮之间的啮合冲击和噪声；采用高精度的加工设备和技术，如磨齿加工、抛光加工等，可以提高齿轮的精度和表面质量，减少齿轮的噪声；选择适合的润滑剂和润滑方式，减少齿轮之间的摩擦和磨损，从而减少噪声的产生；考虑齿轮啮合的几何特性、载荷分布等因素，使用先进的齿轮设计软件优化设计，可以减少齿轮的振动和噪声。

电磁噪声的降噪措施包括采用磁致伸缩小的高导磁材料，降低铁芯磁密，改良和缩小铁芯接缝，采用多级接缝，以及进行隔声隔振处理等。此外，有研究发现，改变转子材料对发电机进行主动降噪，从而实现低额定转速，可在声源上控制发电机的噪声。

针对噪声的传播途径，采取的常见措施有：在排风口安装消声器，使用主动控制装置，在叶片边缘扰乱湍流模式等。另外，可在塔筒内部铺设吸声隔声板消除室内混响，降低塔筒内的声能密度，降低声源向外辐射的强度，以及设置两级房间并采用隔声性能好的双层隔声门，在敏感建筑附近关注的接收点处设立隔声屏障等。

6.3.2　光污染治理

6.3.2.1　光污染影响

风电造成的光污染主要有两方面。

（1）光影闪烁效应。主要指在有风和阳光的条件下，阳光照在旋转的叶片上产生周期性变化的阴影，这种晃动的阴影容易产生眩晕、心烦意乱的感觉，给风力发电机附近的居民和动物的生活带来影响[139]。如在高速路、公路两边布置风电机组，尤其在天气晴朗的时候，叶轮转动产生的间歇性阻挡光线，会给司机的视觉带来影响，威胁驾驶安全。

（2）闪烁的警示灯带来的光污染。大型的风力发电机通常会安装灯光警示系统，以确保航空安全，为了标识飞行器避开发电机的区域，这些灯光通常是高亮度的闪烁灯，在夜间可能会对周围环境造成光污染。

6.3.2.2 开发策略

受太阳位置的影响，我国北回归线以北的区域风力发电机光影闪变出现在风力发电机位置以北，北回归线以南区域风力发电机光影闪变集中在风力发电机周边及偏北区域。光影影响范围的大小取决于太阳高度角。机组所在地的纬度、轮毂高度、叶轮半径、叶轮方向等也会影响叶片的投影范围。通过计算某一时刻叶片翼间旋转一周在各个位置的投影长度和方位，模拟出该时刻地面上叶片光影闪变的范围。一年内每 10min 时间序列的投影范围内的时间长度，即该点一年内理论上发生光影闪变的时长，通过对同一时长点的连线，即可获得该光影闪变时长涉及的区域范围。

应结合计算结果，掌握风电项目光污染规律，在风力发电项目建设前，做好光污染影响范围的科学预测，做好风电场的规划选址，结合风电机组光污染距离衰减规律、不同方位光污染分布情况合理布设风电点位，并对风力发电机选型进行优化。另外，在光影防护距离内不允许新建居民区等环境敏感点。

参考欧洲的经验，例如丹麦环境部对光影闪烁提出了 10h 的限制建议，要求光影闪烁对住宅的年实际影响时长不应超过 10h，对于闪烁时长超过这个限制的风电机组，应通过安装自动控制系统加以限制。

6.3.3 景观一致性

6.3.3.1 景观一致性破坏问题

由于风力发电机通常体积巨大，且在空旷的区域建设，如果工业化风格与自然风光格格不入，就会产生不协调的观感，往往会破坏优美的山脉、海滩、草原等自然景观。

6.3.3.2　开发策略

1. 资源综合集约化方案

构建全风电场 CFD 模拟计算模型，精确计算不同机位选择方案下每个机位受到的尾流影响，制定占地面积最小、全场发电量最大以及风电开发成本最低等多目标综合寻优的个性化机型机位选择方案。针对不同风电场的特点，科学、全面地评估不同位置的风能资源及地形地貌，通过对每个机位风能资源的细化评估，因地制宜，定制不同高度、容量、不同叶片长度的机型选择方案，提高风力资源的利用率，降低机位总数和占地面积，从而实现风电场的配置最优化与用地集约化。

2. 建立风电项目的景观生态体系评估模型

风电项目的景观生态学的生态质量状况评判模型由空间结构分析模型、功能与稳定性分析模型两部分组成。通过现场踏勘、遥感数据、地形图相结合的方式评价当地的地形地貌、土地利用类型、主要植被及农作物以及相应的植被生物量和植被生产力。随后，可通过计算不同自然组分的密度（R_d）、频率（R_f）和景观比例（L_p）以及优势度值（D_o），得出该地区目前的景观生态体系现状评价结果，并根据项目施工后该地区土地利用格局的转化进行项目的景观生态体系预测评价，从而量化评估项目对于生态景观的影响程度。

3. 建设基于智能集控系统的无人/少人值守风电场

风电场的无人/少人值守可有效减少人类活动对于环境的破坏和影响，更有益于风电场生态环境在基建后的迅速恢复。实现无人值守的前提则是稳定可靠的风电场智能集控系统的开发与应用。以风电场的“实时运行最优”和“管理方法最优”为目标，开展基于风电场实时评估的全局优化控制策略的研究，在云端建立可为远程集控提供足够支撑的风电场智能化分析平台，实现全风电场发电量最大协同控制的同时，具备设备状态监测、大数据预警、智能故障诊断和设备健康评估等功能，实时向区域集中控制中心推送机组状态预警信息，为下一步的远程运维检修计划做指导。

6.4 人文环境友好

环境友好型智慧风电和人文理念的融合，不仅是风电自身发展的需求，也能够使可再生能源为人民带来更直观、更切身的幸福感。工业与自然友好共处，能源与人文和谐互动，这也是美丽中国正在徐徐展开的画卷。

6.4.1 人文识别与文化认同

将绿色工业与人文理念相结合，筛选和识别出项目所在区域内重要的历史、文化、艺术、饮食等能代表地域特征的元素，将科技与情感有机统一于风电场设计中。以区域发展为核心，推动风电项目与区域的生态、人文、工业、产业深度融合，协同发展，让人民从中体验到幸福感和获得感。将风电场打造成区域名片，成为区域中不可或缺的和谐元素与美丽中国的缩影。通过人文识别增加活力、魅力、凝聚力、吸引力、认同感和归属感，以此建立起城市与自然的纽带，为人与自然和谐共生打造鲜活的样本，提升风电场甚至是整个区域的品位。透过风电场展示区域的历史积淀、奋斗实景，成为区域建设的鲜活案例及文明交流的重要窗口。

风电场一般建设在远离城市的区域，与乡村和自然环境联系更加密切，相比车水马龙的城市，乡村更有浓厚的风土人情和乡土气息。打赢了脱贫攻坚战，站在新起点的我国乡村面貌焕然一新，既守护了绿水青山的宝贵生态财富，也迈步在能源科技致富的康庄大道。乡村的发展离不开能源，“千乡万村驭风行动”因地制宜推动风电就地就近开发利用，探索“村企合作”“共建共享”新模式，将进一步发挥风电在乡村全面振兴和促进农村能源绿色低碳转型的作用。

人文环境友好风电的发展是炫酷工业风与乡村自然淳朴风的碰撞，产生的火花让可再生能源不再是概念性的高大上，而是能切实为人民带来福祉的、源源不断的绿色清洁能源，是连接人与自然、城市与乡村、工业与文化的纽带，是扎实推进乡村产业、人才、文化、生态、组织“五大振兴”的不竭动力。

6.4.2　开发策略

风力发电场的建设不但为社会提供了大量的电力，同时也在很大程度上提升了现代化建设中的经济效益，高耸的风力发电机同时起着一定的名片作用，将区域的人文与文化融入风力发电场设计开发，达到风力发电场与生态环境的深度融合与协同发展的目的。

6.4.2.1　风力发电机塔筒彩绘

风力发电机塔筒彩绘将现代绘画与传统文化相结合，与生态友好原则相统一。通过环保材料、节能设计、保护生态环境等方式，将彩绘作品融入丰富的区域元素，形成别具一格的视觉盛宴。既美化了环境，展示了当地特色，又尊重并保护了生态系统和人民的美好夙愿，在提升城市与自然景观统一性的同时促进可持续发展。

彩绘可以展示的内容有：一是彩绘塔筒可以展示当地的独特景观特色。我国幅员辽阔，地貌丰富，有层峦的山峰，有奔腾的江河，有美丽的峡谷，有静谧的湖泊；我国致力于守护生物多样性，地域明星生物各异，憨态可掬的大熊猫、灵巧活泼的金丝猴、威武勇猛的东北虎，娇艳的玫瑰花、朝气的太阳花、傲骨的梅花、风度的兰花；我国城市发展迅速，天安门、广州塔、东方明珠、国家大剧院、重庆解放碑，一座座地标性建筑拔地而起。这些元素都可以作为彩绘展示在塔筒上，展示祖国山河的壮丽和多姿。二是彩绘塔筒可以展示丰富多样的民俗文化。我国是四大文明古国之一，历史悠久，文化底蕴深厚，众多省市有自身的发展脉络，在漫长的历史星河中，形成了独具特色的手工制品、民间乐器、饮食文化、地方戏剧等文化特产。并且，我国有 56 个民族，每个民族都有精美的服饰以及独特的文化传统。这些元素同样可以展示在彩绘塔筒上，作为一张生动鲜活的名片，为城市描绘独特的文化符号，展示多姿多彩的历史故事。三是彩绘塔筒可以展示主题艺术元素，如水墨画、油画、浮雕等，通过艺术形式带给人身心的享受，让彩绘风电场成为区域靓丽的风景线，展示区域的审美观，体现区域的创造能力，呈现区域的艺术魅力。四是彩绘塔筒可以宣传展示重要活动。我国已经承办了多项重大国际盛会，并在会徽、吉祥物的设计中深度融入了中华元素，深受全球友人的喜爱，比如 2022 年北京冬奥会的冰墩墩和雪容融。未来，作为国际大国的中国还将在国际舞台上有更多的展示机会，彩绘塔筒可以成为宣传窗口，展示中华民族的创新理念、友好包容，也作为重要活动的记录和纪念。

总之，彩绘塔筒展示的内容丰富多样，且有意义，有正向影响，从环境友好目的出发，在彩绘中，应重点考虑以下 4 个方面。

（1）使用环保材料。选择无害、低挥发性有机涂料或环保油漆，以减少对空气质量的影响，并减少化学物质的释放，确保所使用的材料对环境和生态系统没有毒害。

（2）考虑能耗。在彩绘设计时，选择明亮的颜色和反射性材料，有助于反射阳光并减少吸热，降低塔筒温度，减少对周围空气温度的影响，有利于减轻热岛效应。

（3）宣传环保意识。通过彩绘来传达环保信息，提高公众的环保意识，鼓励人们节约能源、减少排放，采用可持续发展的生活方式。

（4）社区参与。在彩绘项目中吸引社区参与，居民的支持和参与可以使彩绘与环境更加融洽，同时增强社区的环保共识，确保设计符合当地居民的期望。

6.4.2.2 风电文化空间

让风电走进乡村，更贴近居民的生活，打造以风电为主题的风电社区活动中心、风电文化长廊、风电亲子活动室等公众文化空间，以风电作为供给文化空间的绿色能源供给，并在其中嵌入风电的科普介绍。给村民提供开展文化生活的场所，改变村民的生活方式，提升村民的生活品质，加强乡村精神文明建设。在这项工作的开展中，最重要的是调研了解村民的需求，在尊重乡土文化、尊重人与自然和谐共处的基础上，挖掘乡村与工业结合之美，丰富村民的文化生活，也让风电文化空间成为城市人郊游时感受乡情乡愁、体验乡村小清新、了解绿色风电的重要场所。从文化认同到文化融合，为继续做好乡村振兴这篇大文章发挥风电力量。

6.5 电网环境友好

电网友好型风电以风电场和电网成为友好互动的有机整体为目标，具有预测准确、控制灵活以及主动响应电网的能力，通过风电与电网之间的协同，保障风电可靠送出和稳定消纳。

6.5.1 源网协同挑战

近年来，我国的弃风、弃光现象仍然较为明显，尤其是三北地区的新能源外送和就地消纳能力明显不足。虽然近年来新能源的消纳形势逐渐变好，但仍存在源网协同运行、就地消纳困难等制约大规模新能源基地开发建设的问题。

风力发电具有随机性和不稳定性的技术特征，我国风电开发呈现出大规模、大容量、高集中度的特点，给电网稳定运行带来了很大冲击。我国风电正处于高速发展时期，装机容量不断增加，未来，电力系统中传统电源占比逐渐减少，以风电为代表的新能源比例逐渐增加。在源侧，存在风电出力不确定性、电力电子设备比例增大、风电设备缺乏无功主动支撑、设备种类繁多、控制策略研究不足等问题。在网侧，还存在频率调节能力不足、系统惯量不足、动态无功支撑不足、源–荷平衡问题、对同步机稳定产生影响的问题。有如下 4 个方面挑战亟待解决。

（1）挑战一：源–荷时空不匹配问题。源–荷时间分布不匹配导致源网双侧难以实现有效快速的电力平衡。源–荷空间逆向分布特性带来时间断面稳定约束（静态稳定、暂态稳定、动态稳定和电压稳定），成为电网安全稳定运行的主要矛盾。同时，由于各区域经济与能源分布因素，负荷、新能源接入点分布不均匀，区域电网对新能源承载能力也成为重要制约条件。

（2）挑战二：电压波动大及无功功率不足问题。大规模风电、光伏出力随机性、波动性导致潮流频繁变化，容易造成局部过电压或无功功率不足问题，尤其当系统受到较大扰动时，可能导致电压稳定薄弱环节电压崩溃，使得大规模新能源接入下的无功功率平衡成为目前亟需解决的重要问题。总体来讲，风电场机组连接方式、远距离输电以及机组无功调节能力差，是风电场无功和电压调整困难的主要原因[140]。近年来，国内外大型风电基地出现多次风电机组连锁脱网事故，大量机组在短路故障中及故障切除后电网连续出现低/高电压相继脱网现象，给电力系统安全稳定运行带来极大干扰。

（3）挑战三：转动惯量支持问题。电力系统安全稳定运行的核心是能量瞬时平衡。新能源机组通过电力电子变频器控制实现机械部分与电气部分解耦，按照变频器控制指令发出功率，对系统扰动无法自动提供惯性支持，降低了系统等效转动惯量。随着新能源占比不断增加，常规电源被大量替代，由于风力发电机转动惯量小、光伏发电无转动惯量，系统转动惯量和频率调节能力持续下降，交直流故障导致大功率缺额情况下，易诱发全网频率问题，严重情况下可能触发低频减载动作损失大量负荷。

（4）挑战四：短路容量不足问题。当系统短路比不足时，可能会引起电压不稳定、动态过电压和换流站不正常动态行为等问题，尤其在直流换相失败故障后可能会引起功率振荡问题。大规模风力发电机、光伏等新能源通过电力电子变换器并网后，由于电力电子变换器电流耐受能力低，故障时新能源电场能够提供的故障电流有限。因此，新能源机组大量安装会降低系统短路比，危害系统安全。根据电气与电子工程师协会（Institute of Electrical and Electronics Engineers，IEEE）相关标准定义，交流电网短路比 $SCR<3$ 的电网为弱电网，$SCR<2$ 的电网为极弱电网。新能源高比例接入，我国局部地区电网短路比甚至远远小于 2，给电力系统稳定运行带来极大挑战。

6.5.2　风电场出力分析

6.5.2.1　风电场出力特征

风电场平均出力 P，取统计时段内所有采样出力的平均值，风力发电机组的出力时间分辨率为 10min。基于风电场出力时间序列，得出：

$$
\begin{aligned}
&\text{小时出力 } P_{\text{hour}} = \frac{\sum P_{10\,\text{min}}}{6} \\
&\text{日平均出力 } P_{\text{day}} = \frac{\sum P_{10\,\text{min}}}{6\times 24} \\
&\text{月平均出力 } P_{\text{month}} = \frac{\Sigma P_{10\,\text{min}}}{6\times 24\times \text{该月天数}} \\
&\text{年平均出力 } P_{\text{year}} = \frac{\Sigma P_{10\,\text{min}}}{6\times 24\times \text{该年天数}}
\end{aligned}
\tag{6-4}
$$

式中：年、月小时出力 P_{year} 和 P_{month} 为统计时段内所有相同时刻 P_{hour} 的平均值；$P_{10\text{min}}$ 为各统计时段内的逐 10min 采样出力值。

6.5.2.2　风电场出力分布特征

单机出力和整场出力随时间变化的特征反映了风电出力随时间变化的波动性，要掌握风电场单机和整体出力的总体情况，需要研究出力样本的分布特性，主要用出力概率密度和出力累积曲线来描述。

上网容量率：一个或多个风电场机组出力的总和占总并网机组容量的比率。

风电场出力概率密度：单位上网容量率区间内，采样出力次数与总采样出力次数的比率。

风电保证率：风电场出力大于特定出力值的概率，一般对应一定的上网容量率而言。

风电保证小时：风电场出力大于特定出力值的累计出力小时数，一般对应一定的上网容量率而言。

累积电量比率：风电场限定某一上网容量率时全场上网电量与不限制上网容量率时全场上网电量的比率，一般对应一定的限制上网容量率而言。

6.5.2.3 风电同时率

风电同时率 k，定义为采样时间风电集群总出力与同一采样时间内风电集群装机容量之比。

$$k = \frac{P_{\mathrm{Mi}}}{C_{\mathrm{ap}}} \tag{6-5}$$

风电最大同时率，定义为统计时间内，风电同时率的最大值。

$$k_{\max} = \max\left(\frac{P_{\mathrm{Mi}}}{C_{\mathrm{ap}}}\right),\ i = 1, 2, 3, \cdots, n \tag{6-6}$$

式中：P_{Mi} 为风电场集群采样时间内机组出力的总和；C_{ap} 为采样时间内风电集群各子风电场的并网容量；n 为统计时段内采样值的数量。

风电同时率反映一个或多个风电场机组同时出力情况，风电最大同时率表征一个或多个风电场机组在统计时间内的最大出力。

6.5.3 开发策略

电网友好型风电在电力系统稳定运行时，能够协同参与；在电力系统遇到波动时，能够及时调整；在电力系统故障重启时，能够不阻碍其恢复。应重点提高以下 5 个方面的能力。

1. 主动参与调频调峰

风力发电存在不确定性、随机性、间歇性，导致大规模并网后，电网调峰、调频难度增大，直接影响电力系统安全稳定运行，环境友好型风电从自身角度出发，提高对电网的适应能力，形成风电主动参与电网调频辅助服务的新模式。一是精细化的调控措施，通过逆变器控制、储能控制、低频减载和直流紧急功率、调度优化 4 个方面增强调控、调度能力。二是结合新能源基地的实际情况，综合考虑送出通道、装机增量存量、风光资源特性，明晰多类型储能在时间维度和性能维度下的互补模式，提前制定多元储能配置方案，融合飞轮储能、超级电容器等新技术。鼓励风电场配储能，发展典型新能源汇集站共享储能，形成储能“点－线－区”发展模式，充分挖掘储能参与调频的技术效果与经济潜力。

2. 加强源网互动

电力电子装备的大规模渗透使电力系统运行模式和稳定状态发生本质改变，应加强源网间的协调互动能力。一是提高风电机组高压耐受能力，避免其他新能源直流外送系统换相失败或直流闭锁过程中瞬时过电压传导导致的脱网。二是源网稳态组合调压中，增加发电机稳态无功出力容量，提升内电动势运行水平，利用机组无功功率输出维持和增幅输出能力，可增强电网暂态无功输出能力，提高交流电网瞬时电压稳定水平。三是采取单一同步环节、新型同步环节及多形式支撑以提高系统同步稳定性。

3. 提高短路容量

针对大规模风电基地短路容量不足引起的电网支撑能力下降问题，可通过提高短路容量满足送端电网稳定支撑能力。一是若风电场具备与同步机自组网条件，可以建立自组网，通过自组网内部的同步机与风电协同控制实现对系统的短路容量提升。二是通过虚拟惯量控制、下垂控制和综合惯性控制等方式或附加储能装置，使风电参与电网调频调压，提高系统的主动支撑能力。三是加装分布式调相机，加装电压源型无功补偿装置，满足系统所需无功功率，实现快速动态调节无功功率的目的，提高送端电网短路容量。

4. 创新消纳方式

为减轻外送压力、通道及电网调峰压力，满足当地经济发展及用电需求，促进当地“双碳”目标实现、能源转型和绿色发展，风电项目应充分挖掘就地消纳潜力，结合当地经济发展、产业规划及用电需求，在源侧建设多能互补、源网荷储一体化项目等促进风力发电的就地消纳。开发模式主要有多能互补、绿色冶炼、绿电交通、绿电产业园、清洁供热、光制氢、风光氢储、承接东部产业转移（如大数据中心）等。依托新能源大基地，开展源侧“风光水火储”多能互补、源网荷储一体化建设，创新源侧风电就地消纳模式。

5. 提升电力市场参与度

建立容量市场激励更多灵活性资源，并适度放开电力市场电价上限，更大程度发挥电价调节作用，有效对容量价值进行补偿，提升电力充裕度，利于通过价格信号促进需求响应，削减高峰负荷。未来，随着更多可再生能源成为主力电源，参与市场交易成为必然趋势，常规电源偏差考核等规则可应用于新能源，促进风电采用多种方式提升容量特性。与此同时，配套建立完善的碳配额机制，推进绿电交易和中国核证自愿减排量（CCER）交易流动性，提升碳资产价值，提高风电投资效益。

6.5.4 风电＋储能

6.5.4.1 储能对新能源发展的作用

储能是促进新能源消纳、保障电网安全稳定运行、支撑新型电力系统构建的重要技术手段，其支撑实现电能的清洁、经济、高效、安全、共享。发展储能既是加快能源绿色低碳发展的必由之路，也是“双碳”目标实现的必然选择。储能技术在新型电力系统中作用发挥源于其技术种类多元化和应用场景多样性，这二者共同实现了储能技术的灵活性。在各种应用场景中，配置不同储能系统，体现储能技术优势，才能更好地发挥储能系统的调节能力，保障构建稳定安全的新型电力系统。

在风电装机容量不断增加的大背景下，发展储能技术是解决供需匹配问题、减小风波动对电网冲击的关键。传统的电力系统强调电能的发、输、配、用流程，要求供需的实时平衡，储能系统兼具源荷双重属性，储能技术的时间性和空间性优势打破了以往的计划、调度、控制模式。一方面，通过削峰填谷，可以解决峰谷时段发电量与用电负荷不匹配的问题；另一方面，储能技术可以提供电力辅助服务，解决风力发电的波动性和随机性给电网带来的不稳定；此外，通过储能系统存储和释放能量，提供了额外的容量支持；在一定程度上，储能可以增加本地电量消纳，降低输电系统的建设成本。

储能是不同能量形式与电能之间的相互转换，按照能量转换的技术与能量传输载体不同，储能可分为物理储能、化学储能、电磁储能与热储能。其中，物理储能主要有抽水蓄能、压缩空气储能、飞轮储能、重力储能；化学储能主要包括各种电化学储能和储氢；电磁储能主要是超级电容储能、超导储能；热储能主要包括储冷和储热。

储能技术可以应用于电源侧、电网侧、需求侧与微网，在不同场景下具有不同的价值和意义。

1. 电源侧

储能在电源侧可体现灵活性作用，发挥快速响应能力，辅助电源更好地跟踪调度指令，使发电更加可控。对于火电，因机组机械惯性，调节效果与期望很难实现完美配合，储能可参与调频，发挥快速响应优势，进一步缩短响应时间，实现高速度调节与高精度调节，显著提升调频综合性能指标。

对于风电等波动性较大的可再生能源，可使出力更加平滑，提升消纳能力。在构建新型电力系统的大背景下，我国风力发电装机规模稳步扩大，发电量稳步增长，风光等可再生能源的随机性需要储能的灵活性来中和。

2. 电网侧

电网侧储能选址需结合区域电网特性与储能预期功能。储能系统可缓解电网阻塞、平衡供需，确保电网运行平稳，并且可作为应急电源和发挥黑启动作用保障电网安全。储能系统保障电网的灵活性、安全性，推动源网荷储协调发展，作用更加灵活，参与模式更加多样，因此也创新性地发展出更多商业模式。2021 年 12 月 21 日，国家能源局印发《电力辅助服务管理办法》，在提供辅助服务主体中增加了新型储能、电动汽车充电网络、虚拟电厂等。

另外，共享储能的商业模式已在青海省实现稳定运营，青海地区早期新能源项目上网电价高，且弃电率高，采用共享储能运营模式有效提升系统调峰能力，并促进了可再生能源消纳。通过电网统一调度，发挥独立储能系统共享价值，在不同新能源场站间共享使用，拓展储能系统为多个发电企业、多个用户、整个电力系统服务，充分提升储能经济价值。

3. 需求侧与微网

可再生能源装机规模的不断增大，其波动性、互动性、随机性让电力系统的重心向需求侧逐渐倾斜，削峰填谷是目前储能在需求侧成熟的商业模式，储能也通过这一作用不断改善用户用电习惯，在满足用电需求的同时降低电能消耗，同时实现了需求侧对电能质量的调节。分时电价机制的不断优化、范围不断扩大、管理不断规范是储能系统在需求侧发挥作用的前提，也是储能系统实现赢利的基础。但由于需求侧用户群体庞大且需求多样复杂，尤其建筑和交通领域的大规模电能替代，给需求侧储能的发展带来更多挑战。

工业和商业用户对分布式能源、负荷、储能的整体调度形成的微网中，储能系统也是标配环节，帮助实现微网中分布式能源的就地消纳，减少了远距离传输对电网造成的压力，尤其实现沙漠、荒漠、戈壁、海洋、离岛等远距离可再生能源消纳。

6.5.4.2　基于飞轮储能的电网友好型风电技术

飞轮储能的工作原理是机械能与电能之间的能量转换。飞轮储能系统一般由飞轮转子、轴承、变换器、电动/发电机、真空室五个组成部分。储能阶段，电能通过变换器带动飞轮旋转，储存机械能；放电阶段，飞轮带动发电机旋转，再通过电力电子变换器配置需要的电能形式。飞轮储能优点众多，如瞬时功率大、寿命长（几乎与其中电子元器件的寿命相当）、储能密度高、环境依赖性低、能量转换效率高、响应快、易于检测充放电状态等，在航空航天、交通、不间断电源等领域尤其凸显其优势。2022 年 4 月 11 日，我国首台套 1MW 飞轮储能装置在青岛地铁 3 号线万年泉路站完成安装调试并顺利并网应用，该项目拥有完全自主知识产权，成为行业飞轮储能技术应用里程碑。

飞轮转子是核心部件，其旋转产生机械能的公式为

$$E=\frac{1}{2}J\omega^2 \tag{6-7}$$

式中：J 为转动惯量；ω 为转动角速度。

由此可见，能量受飞轮的转动惯量和转动角速度影响，受转动角速度影响更大，可通过优选飞轮转子材料、改良飞轮转子的工艺、合理设计飞轮转子的结构等途径提高飞轮的储能量。

飞轮所用材料自身的强度及形状直接对储能稳定性产生影响，理想的材料

应具有低密度、高强度等特点；国内外研究通过创新飞轮形状取得了预期效果，不断提升飞轮储能的稳定性。

另外，支撑高速旋转的轴承系统也十分关键，目前常用的有机械轴承、被动磁轴承（永磁轴承、超导磁轴承）、电磁轴承以及几种轴承的组合模式。

风电机组配置磁悬浮飞轮装置实现电网友好型风力发电技术。以现有的风电机组为基础，按照机组额定功率 6%～10%，配置可持续 2～10min 的磁悬浮飞轮储能装置，安装于风力发电机组的塔筒底部，与风电机组并联连接，构建基于储能的电网友好型风电机组。通过风储协同运行，实现毫秒级快频响应、分钟级一次调频稳定支撑，可以显著提升风电机组的一次调频能力。另外，可以平滑出力波动，在改善机组的故障穿越及三相不平衡等暂态响应性能提升方面均起到很好的调节作用。基于磁悬浮飞轮装置的电网友好型风电机组技术在提升风电机组对电网电压主动支撑，参与电力辅助服务市场等方面，有良好的应用前景。

6.6　全生命周期环境友好

应从全生命周期的角度出发，运用系统思维，建立风电环境友好体系，把握风电项目在不同阶段的环境风险点，并采取相应的管理措施和技术手段，促进风电绿色可持续发展。

6.6.1　风电场后评价

为实现全生命周期环境友好，并为风电的可持续发展提供客观数据支撑，通过人工智能后评价系统提升风电装机及运营的可靠度和适应性，开展风电场后评价十分必要和重要。

风电场后评价系统的评价是对可研立项指标与实际运营情况的对比分析，包括年发电量、上网电量、年等效满负荷利用小时数、场用电率、机组可利用率及单台机组可利用率等指标，同时需要对风能资源情况进行对比，评价可研与实际存在的差异，分析原因。

风电场后评价系统主要关注已建成风电项目的性能和运行状况，以识别潜在问题、优化性能。与风电场可研阶段相比，后评价系统更专注于实际运行情况，有助于改善项目的长期可维护性和经济效益。两者相互关联，可研阶段提供了项目的基础，后评价系统则在运营阶段不断优化和改进项目的性能。

风电场后评价系统的持续性评价一般从项目所在地外部环境、项目公司内部经营等方面开展发展评价。外部环境评价包括社会政治、法律环境变化、风速资源变化、当地电力政策及价格、市场消纳、电力调度、财税制度变更、汇率变化、电费支付情况等。项目公司内部管理评价包括公司经营管理能力、运维技术能力、设备可利用率、电力调度协调能力、电费收缴能力、安全应急管理能力等，同时需结合项目预计效益，分析项目运营公司的可持续经营能力。

后评价系统最终把数据资产入表，对风电场从规划建设期到运维阶段和后评价所产生的数字化成本和收益进行分解，达到降低企业资产负债率和提升净资产收益率的作用，帮助风电产业实现智慧及环境友好技术到碳价值与数字价值的转换。

6.6.2 叶片回收利用

风电场设计运行周期及风力发电机工作寿命一般为 20 年，按照我国风电产业发展阶段及规模，预计 2025 年，我国将有大批风力发电机达到工作年限，进入退役阶段，到 2030 年退役机组数量将达到 3 万台以上，预计形成超过 300 万 t 固体废弃物。2023 年，我国退役风电回收金属等资源已多达 5 万 t。

2020 年 9 月 1 日起施行的《中华人民共和国固体废物污染环境防治法》，对固体废物污染环境防治提出更为严格的要求，传统的堆放、掩埋处理方法有悖循环经济发展。2024 年 1 月 11 日，国务院发布《中共中央　国务院关于全面推进美丽中国建设的意见》提出，促进废旧风机叶片、光伏组件、动力电池等废弃物循环利用。叶片回收利用作为风电全生命周期的“最后一公里”，尤其是资源化利用对风电产业循环发展尤为重要。

6.6.2.1　叶片回收利用技术

风力发电机叶片材料需满足质量轻、强度高、耐疲劳等要求，玻璃纤维或碳纤维复合材料是主要的材料选择，占原材料的 7%，钢铁占 86%，铜铝和稀土元素润滑油等占 7%。下面是风力发电机叶片回收利用的 4 种主要方法。

1. 物理回收法

物理回收法是将复合材料切碎、研磨或铣削成较小的碎片，再进一步研磨成相应尺寸颗粒的方法。在粉碎过程中，需要根据复合材料特性选取合适的转速、粉碎时间和温度等参数，经过多级分选后可将不同性质的材料分离出来，从而更精准地应用到下游产品生产制造中，保证下游产品的质量稳定性。聚合物复合材料即使经过 20 年使用，仍然是坚固的材料，通过采用机械分解，复合材料被分离成较小但坚固的碎片，可用作各种产品的增强材料。物理回收法的优点是环保、工艺简单、经济可靠，可用于商业规模化，现阶段，使用物理回收法处理的风力发电机叶片已应用到诸多产业中。

2. 化学回收法

化学回收法是一种利用催化剂或者添加剂等化学试剂对风力发电机叶片复合材料进行分解的方法，它的原理是利用溶剂使材料中的化学键断裂，从而分解出需要的材料纤维，产出可用物质。化学回收法对设备与工艺、反应条件要求均较高，且伴随一定危险性，容易产生有毒有害物质，目前主要处于实验室研发阶段，未规模化应用。

3. 热回收法

热回收法是通过降解树脂，回收叶片材料中的惰性较强且更具价值的玻璃纤维，主要的方法有燃烧法、热解法及流化床法。燃烧法在燃烧过程中易产生有毒物质，缺点较明显。热解法所产生的高热值气体和液体可以作为燃料或其他工业原料，目前已实现工业应用。流化床热处理是通过硅砂利用热空气流分离得到玻璃纤维和碳纤维的方法，该方法会对纤维造成一定破坏，回收效率不高。

4. 梯次利用

梯次利用是对废弃风力发电机叶片直接加工再利用，改造成标识牌等新产品的方法，也可用于风力发电机叶片改造。

河北某风电场于 2021 年实施 4 台风力发电机叶片梯次优化利用改造，即用 90 叶片更换 SL1500/82 机组叶片，用替换下的 82 叶片替换 SL1500/77 机组的叶片，并匹配进行主控 PLC 更换、控制系统升级、低风挂网、新型降载等多项新技术应用，能够在保证风力发电机安全可靠运行的基础上，通过降低切入风速、增加扫风面积等改善小风时段风力发电机功率曲线，实现风力发电机增功增效。该风电场 4 台风力发电机叶片梯次优化利用是技术改造创新的良好实践，改造完成以来 4 台风力发电机安全稳定运行，通过第一阶段数据评估，单机发电量提升约 14%。

6.6.2.2 后续工作

退役风电机组规模巨大，回收及梯次利用涉及行业众多，后续工作需政府、科研机构、企业全链条发力，围绕政策、标准、技术研发等方面，健全完善叶片回收再利用体系，做好叶片退役相关工作。

（1）加快政策与标准制定。应尽快研究建立促进退役风力发电机设备的回收再利用机制，完善退役叶片回收处置办法，制定相关复合材料固废处理标准，针对风电回收实施专门的优惠政策，比如退税等。此外，还应明确回收责任主体，落实牵头单位，形成叶片回收产业商业模式，引导和规范退役风电叶片的综合利用。

（2）加强风电叶片回收再利用技术研究。推动退役叶片规模化回收利用，要通盘考虑经济、社会、环保效益，优化资源化回收再利用技术，重点解决回收再利用方法的技术路线、设备产业化以及物料的规模化应用等难题。同时，还需要产学研深化合作，研究探索更高效、更环保的回收处置工艺，拓展应用场景。鼓励设备制造企业完善回收再利用体系，培育叶片制造、使用、回收再利用的完整产业链，使退役风电叶片材料以一种环境友好且经济合理的方式进行高值化回收再利用。

（3）强化风电叶片新材料研发。一方面研究拓展新材料，在保证满足风力发电机力学性能要求的同时注重回收再利用的便利性。如使用热塑性复合材料，从设计之初进行全产业链布局，推动叶片循环利用。另一方面，通过实施老旧风电机组技术改造，延长叶片使用寿命，能够相对减少退役叶片产生量。

6.6.3　碳排放评估

风电碳排放量评估是评估风电项目环境友好性和低碳特性的重要内容[141]。从全生命周期角度，准确计算风力发电项目立项、建设、生产、报废全周期的碳排放量，实现精细化管理，为项目供应链体系建设、碳资产开发等提供决策支撑，并对低碳技术引进和实施提供指导。以下是风电全生命周期碳排放量评估方法。

6.6.3.1　确定系统边界

针对风电场碳排放量评估，确定系统边界，通常考虑以下 4 个方面。

风电装备生产阶段：包括风力发电机等设备的制造过程中，原材料生产和运输以及设备制造等活动产生的碳排放。

风电场建设阶段：包括土地准备、土地平整、基础设施建设、风力发电机设备运输和安装等环节产生的碳排放。

风电场运营阶段：包括风力发电机设备的运行和维护过程中，风力发电机设备运行能耗、设备维护和故障修复等活动产生的碳排放。

风电场拆除阶段：风电场的使用寿命一般为 20～30 年，到期后需要进行拆除和回收处理。在拆除过程中，包括拆除设备的能耗以及回收和处理废弃物产生的碳排放。

在评估碳排放量时，需要综合考虑上述各阶段和相关活动碳排放量，相加得出风电场整体碳排放量，有助于评估风电场碳足迹，并为碳减排、碳资产管理、可持续发展提供参考依据。

6.6.3.2　数据收集与分析

碳排放评估需要收集与风电项目相关的数据，包括风电机组的制造过程数据、建设过程数据、运营阶段电力产出数据等。同时，还需要收集与风电项目相关间接数据，如材料制造过程碳排放数据、运输过程碳排放数据等。以下是需要收集的数据。

风电机组制造过程数据：这包括风力发电机设备的制造过程中所使用的材料和能源消耗数据，如金属、塑料、玻璃纤维等材料的生产数据，以及设备制造过程中的能源消耗数据等。

建设过程数据：包括土地准备和平整过程能源消耗数据，基础设施建设过程中能源和材料消耗数据等。

运营阶段电力产出数据：包括风力发电机设备的发电量、发电效率等数据。这些数据可以通过风电场监测系统、电力公司记录等渠道获得。

间接排放数据：包括与风电项目相关的其他活动碳排放数据，如材料制造过程中能源消耗和碳排放数据，运输过程中能源消耗和碳排放数据等。这些数据可能需要供应链厂商和运输公司等获取。

收集这些数据需要通过上下游合作，以及与相关机构和研究机构数据共享。同时，还可利用各种数据采集和监测技术，如传感器、监测设备等来获取实时运营数据。

6.6.3.3　碳排放量计算

确保数据的准确性、可靠性、翔实性，并使用适当的方法进行转化和计算。此外，参考《温室气体　产品碳足迹　量化要求和指南》（ISO 14067：2018）、《商品和服务的生命周期温室气体排放评价规范》（PAS 2050：2011）等碳排放计算工具和指南，以确保计算结果的可比性和准确性。

1. 直接排放量

根据风电机组制造过程数据、建设过程数据和运营阶段的电力产出数据计算直接排放量，即风电项目在建设和运营过程中直接产生的碳排放量。计算风电项目直接排放量可以通过以下步骤进行：

（1）风电机组制造过程数据。收集风力发电机设备制造过程使用的材料和能源消耗数据，如金属、塑料、玻璃纤维等材料的生产数据，以及设备制造过程中能源消耗数据。将这些数据转化为相应碳排放量，使用碳排放因子或生命周期评估方法进行计算。

（2）建设过程数据。收集风电项目建设过程数据，包括土地准备和平整的能源消耗数据、基础设施建设过程能源和材料消耗数据等。将这些数据转化为碳排放量，可以使用碳排放因子或生命周期评估方法进行计算。

（3）运营阶段的电力产出数据。收集风电场运营阶段数据，包括风力发电机设备发电量、发电效率等。将这些数据转化为碳排放量，使用电力的碳排放因子计算。

（4）计算直接排放量。将上述步骤计算的碳排放量汇总，得到风电项目建设和运营过程的直接排放量。可以按照不同的阶段和活动进行分别计算，也可以将其合并为整体的直接排放量。

2. 间接排放量

根据与风电项目相关的间接排放数据计算间接排放量，即与风电项目相关的其他活动带来的碳排放量。计算与风电项目相关的间接排放量可以通过以下步骤进行：

（1）收集间接排放数据。收集与风电项目相关的其他活动碳排放数据，如材料制造过程的能源消耗和碳排放数据、运输过程的能源消耗和碳排放数据等。这些数据可以从供应链厂商和运输公司等获取，或者通过相关研究和数据源进行估算。

（2）确定相关活动边界。确定应该纳入间接排放计算范围的风电项目相关活动，如材料生产、运输、设备制造等。根据项目具体情况，确定活动边界，以确保计算结果的全面性和准确性。

（3）计算间接排放量。将收集的间接排放数据转化为碳排放量，根据活动和材料类型选择相应碳排放因子或生命周期评估方法计算。

（4）汇总间接排放量。将各相关活动间接排放量汇总，得到与风电项目整体间接排放量。可以按照不同阶段进行分别计算，也可以将其合并为总体间接排放量。

计算出与风电项目相关的直接排放量和间接排放量后，将两者相加，得到整体碳排放量。

3. 减排量

根据风电项目电力产出数据，计算通过取代传统能源产生的减排量，量化风电项目环境效益和碳减排潜力。具体步骤如下：

（1）收集电力产出数据。收集风电项目电力产出数据，包括风力发电机设备发电量、发电效率等。这些数据可以从风电场监测系统、电力公司记录等渠道获得。

（2）确定传统能源数据。确定被风电项目取代的传统能源类型，如煤炭、天然气、石油等。根据项目具体情况，确定需使用传统能源数量。

（3）确定电力排放因子。根据传统能源类型和地区电网特点，确定排放因子，通常由电力公司或相关机构提供。

（4）计算减排量。将风电项目电力产出量乘以传统能源的相应电力排放因子，减去风电项目的实际碳排放量，得到减排量。

6.6.3.4 敏感性分析

对计算结果进行敏感性分析，考虑不确定性因素，评估计算结果的可靠性和准确性。需要注意的是，风电碳排放量评估方法因具体情况而有所不同，应根据实际情况进行调整和改进。同时，随着碳市场和碳定价机制的完善，风电碳排放量的计算和报告需要遵循相应法规和标准。

6.6.4 环境安全监管

智慧风电环境安全监管指利用先进的信息技术和智能化手段，对风力发电项目进行环境保护和安全管理的监督和控制，结合大数据、物联网、人工智能等技术，实现对风电项目全生命周期实时监测、数据分析和预警管理，及时发现和处理问题，提高效率和准确性，降低管理成本。同时，通过信息公开和公众参与，增加社会信任和支持。智慧风电环境安全监管的主要特点和应用包括：

1. 实时监测

通过传感器和监测设备，对风力发电设备、环境参数、空气质量等进行实时监测，及时掌握运行状态和环境变化。

2. 数据分析

采集和分析监测数据，通过数据挖掘和机器学习算法，发现异常情况和潜在风险，提供科学依据和决策支持。

3. 预警管理

基于监测数据和分析结果，建立预警模型和系统，及时发出预警信息，提醒管理人员采取相应的措施，防止事故和环境污染发生。

4. 故障诊断

通过智能诊断系统，对风电设备进行故障诊断和预测，提高设备可靠性和运行效率，减少环境影响。

5. 信息公开

通过互联网和移动应用，向公众提供风电项目的环境数据和管理信息，增加透明度，促进公众参与和监督。

第7章 项目实践案例

7.1 引　　言

本章分别以陆上风电项目及海上风电项目为案例，介绍其开发理念、开发措施及实施成效。项目具有一定的代表性和启发性，对于推动我国风电行业智慧化、环境友好性发展具有示范效应和重要意义。

7.2 环境友好型智慧风电陆上项目

7.2.1 基本情况

项目位于我国云南省规划总装机容量 1250MW，总投资约 75 亿元。目前已投运 800MW，安装完成 135 台风力发电机组，配套建设两座 220kV 升压站、两条 220kV 送出线路，项目整体投运后，每年可提供约 32.19 亿 kWh 清洁电能，节约标煤 100.16 万 t，减排二氧化碳 270.63 万 t、二氧化硫 1830.94t，可满足约 65 万户家庭一年的用电需求。

7.2.2 开发理念

1. 生态友好

牢固树立绿水青山就是金山银山的理念，坚持“在发展中保护、在保护中发展”，实现风电开发与生态环境的和谐统一、平衡发展。

2. 自然友好

按照当地环境因地制宜，将项目与当地景观融合做到深入化，保证项目与当地自然环境有机统一。

3. 人文友好

在项目规划期，调研项目所在地文化、风俗、经济情况，并将党建共建内容与调研充分融合，并与当地群众、政府建立友好联系。

4. 电网友好

引入多项关键技术，确保平稳接入电网，优化能源调度，提高风电利用率，积极参与电力市场，实现经济效益和环境效益双重收益。

7.2.3 开发措施

1. 环境为先，斟酌方案

项目启动前，进行全面的环境和社会影响评估，充分了解当地百姓的想法和意愿，确保项目实施可持续性和对环境影响最小化。在规划和设计中优化总体布局，严格控制风力发电机点位与居民区间距离，尽量减少土地和林地占用，在建设期间通过采取在叶片增加消声装置、合理安排施工时间、减少施工噪声等一系列措施，将噪声控制在最小范围，减少对人民群众生活的影响。从升压站、道路、集电线路等方面进行总体优化，实现项目装机容量不变、工程造价降低约 3.5 亿元，同时减少林地占用 20.5 万 m^2。集电线路按照“地埋电缆＋架空”方式布置，最大程度保护了当地原生植被和周边环境现状，并积极征求当地林业部门及专家的意见和建议，通过种植乡土树种、禁止引入外来物种、就近移植易存活灌丛和人工用林中的树种等一系列措施开展植被恢复，预防水土流失。

考虑将场内外道路、设备转运场等与地方防火通道、农业生产生活等基础设施结合，节约土地资源的同时推动地方经济发展，助力乡村振兴。将升压站外形设计与地方自然环境、文化风貌及民族建筑风格相融合，提升当地百姓的文化认同感。

2. 因地制宜，优化建设

优化建设流程，在保证质量的基础上合理缩短建设周期，创造性地将项目“三期”分步建设方案调整为“三区”同步实施。在项目建设过程中联合风电主机设备制造、工程施工头部企业，结合当地环境特点，就风力发电机设备技术研发、土建施工、设备安装调试工艺等在技术创新上开展多层次、多领域合作，深入开展技术攻关与技术研究。定制化开发了新能源工程建设管理系统，制定风力发电机基础浇筑标准化流程，创新实施混凝土自养护工艺，采用施工流程不间断、分区划片、分组流水线作业方式开展基础浇筑、风力发电机吊装、线路架接、设备调试等工作，在确保安全和质量的同时，极大提高了项目建设进度，最大限度减轻了项目建设对周边居民和环境的影响。

3. 彩绘装点，浑然天成

在调研及与百姓交流基础上，率先使用融合云南民俗、自然生态元素的彩绘风格，集合当地的历史文化、自然风貌、人文艺术、民族风情等元素，设计出碧水蓝天、向日葵、杜鹃花、民族服饰等彩绘方案，为塔筒披上新装，与当地自然景观交相辉映，与当地人文风俗相得益彰。风电场彩绘如图 7－1 所示。

图 7－1　风电场彩绘

4. 智能设计，风尽其用

项目规划初期，收集风电场所在区域风资源观测、地理信息、行政区划、土地利用现状及矿产资源、自然保护区、森林公园分布等信息数据并导入智能规划系统。结合超算技术，针对不同级别的区域，实现精确到风力发电机点位的数据查询。结合地质、道路等公共信息，快速直观地筛选出可用资源优势区域，计算风电场规划容量，并自动推荐机型、排布风力发电机点位，计算发电量指标、收益指标，最终给出风电开发规划选址初步结果，并根据结果自动推荐测风塔位置、高度等，风资源评估系统界面如图 7-2 所示。

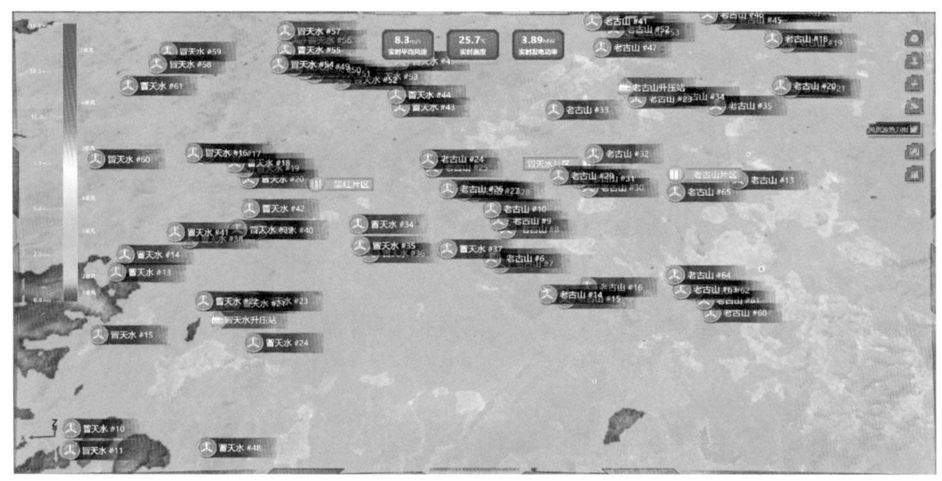

图 7-2　风资源评估系统界面

在上述结果基础上，系统风资源界面建模计算风电场风资源详细分布情况并通过风资源热力图谱进行展示。通过对复杂地形的精细化仿真计算，结合风力发电机选型方案开展风电场定制化设计，提供多套方案对比。结合无人机高精地形图，运用自主开发算法，对风电场高入流角、高湍流、风流回流区以及风资源风险区域开展仿真计算，寻找到优质风资源的同时避开高风险点，准确高效地完成规划与设计目标。

值得一提的是，该系统能够准确评估省域风资源价值，并通过技术经济手段具体量化，为未来风电开发、规划提供科学决策依据，促进省域风电开发新

业态的形成。

5. 智慧运维，可视可控

自主研发智能诊断、智能巡视等一系列创新技术，并运用到风电场运维中，在风力发电机及塔筒安装各类智能传感器设备全方位采集数据，将数据实时上传至升压站中控室，值班人员可 24h 查看现场设备清晰的实时画面。监控台可以展示每一台设备的运行状况，实现发电设备远程监视控制和预警，包括全景三维展示、集中功率预测、设备健康预警、电力交易策略制定、生产运行管理等。

（1）智能监控。通过智能传感器、智能仪表、智能摄像头、智能在线监测系统等各类感知设备，结合人工智能技术，实现对风电场设备、人员及周围环境的全维度信息感知、融合、分析和处理，建立数字镜像模型，并能与业务流程深度集成，为智能控制、分析诊断和管理决策提供依据。

（2）智能巡检系统。智能巡检系统借助无人机技术、智能巡检机器人等，融合设备状态检测技术，在线识别异常和缺陷，并且支持 VR 功能，实现人员远程识别。根据监测系统实时传送的数据，利用多种识别技术，对异常结果进行报警，实现后台自动在线模式识别，判断缺陷及风险程度，推送预警信息。智能巡检可视化界面如图 7－3 所示。

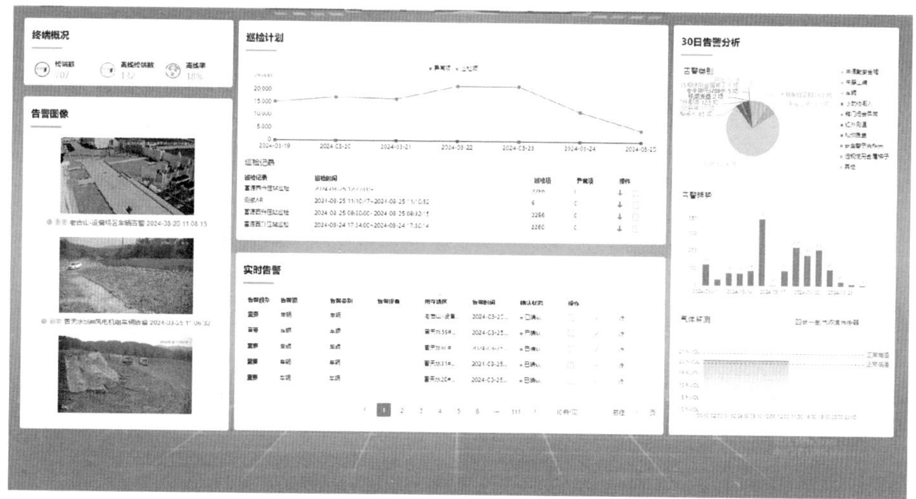

图 7－3　智能巡检可视化界面

（3）智能诊断系统。智能诊断系统对风力发电机组运行状态进行有效的在线健康监测及评估，对异常状态及时报警，在此基础上预测风电机组故障概率及时间，提前发现重大故障征兆并及时处理。

例如，升压站故障诊断系统通过变压器油色谱在线监测、局部放电在线监测、接地电流监测、绕组热点温度监测等在线监测系统，及时发现变压器潜在故障，防止重大恶性故障发生。升压站主变压器智能预警可视化界面如图 7－4 所示。

图 7－4　升压站主变压器智能预警可视化界面

再如，采用双天线定位定向技术，在机舱顶部安装两个北斗天线，接收北斗 GNSS 卫星信号，实现对塔筒晃动位移、机舱方位角的动态定位和动态测向，北斗定位塔筒晃动监测系统界面如图 7－5 所示，塔筒晃动监测结果显示界面如图 7－6 所示。

（4）智能管理系统。系统（如图 7－7 所示）可实现风电场绩效管理、生产信息管理及实时监控管理等功能，通过生产信息与管理信息之间的数据共享与业务联动，追踪所有系统和设备的更新、维护活动及运行状态，构建设备特征模型库和设备健康知识库，形成人、设备、资产之间的协作机制，提高精细化管理水平，实现企业资产优化配置和整体效益的最大化。

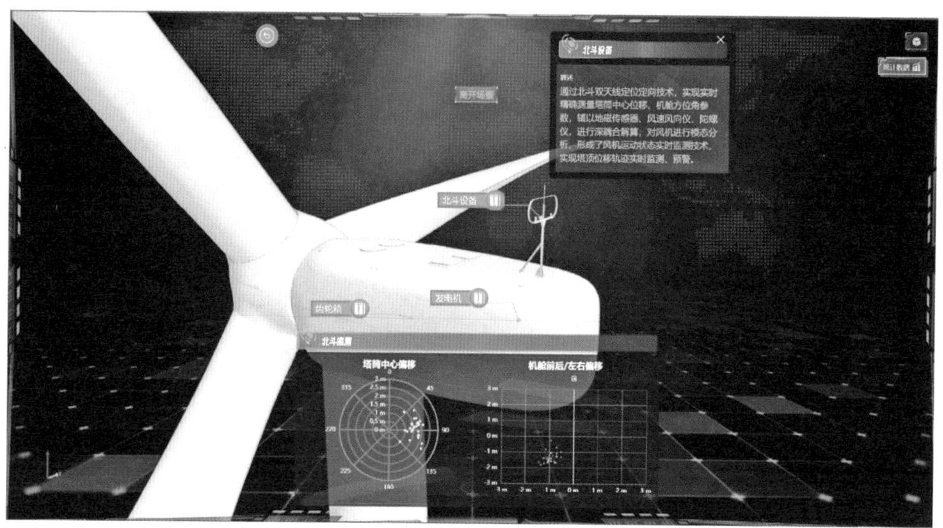

图 7–5　北斗定位塔筒晃动监测系统界面

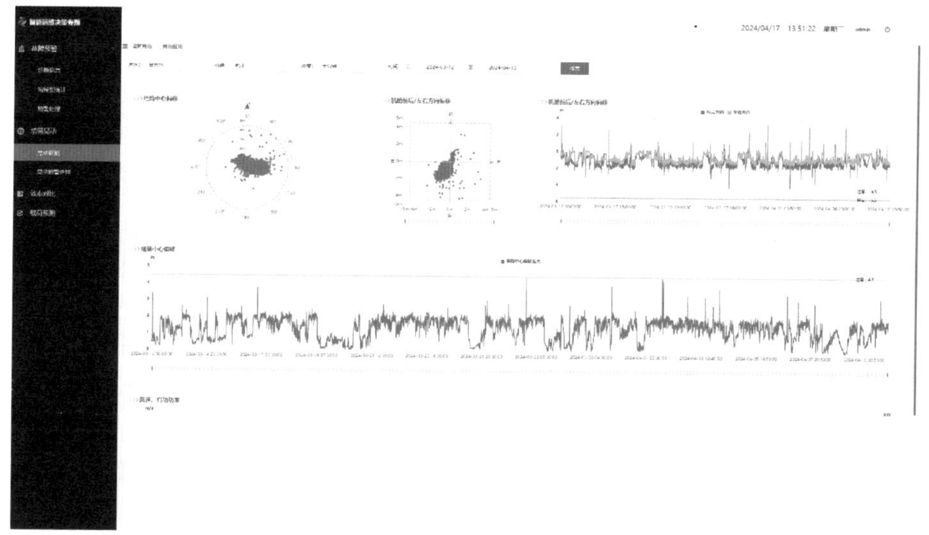

图 7–6　塔筒晃动监测结果显示界面

系统采用功能一体化、系统平台化、建设标准化、业务流程化、信息集成化理念，实现工作内容电子化、自动化，提高工作效率，及时有效地判断风电机组运行状态，降低设备故障率，提高设备利用率，实现备品备件的动态管理和库存的科学调配。

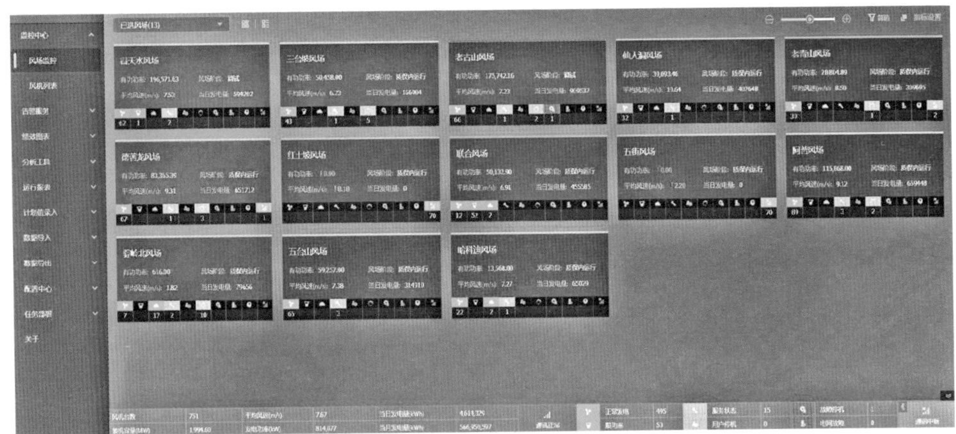

图 7－7　智能管理系统界面

（5）风功率预测及风资源后评估系统。风功率预测及风资源后评估系统通过准确的风功率预测性评估评价现场风功率预测系统运行情况，有效降低风电场双细则考核风险，提升风电场电力交易现货水平；通过风资源后评估回头看设计、建设的技术投入对生产运营的影响，提升风电场以及风力发电机自身设计优化能力，为科学合理提升风电场管理运行水平提供依据。风功率预测及风资源后评估系统可视化界面如图 7－8 所示。

图 7－8　风功率预测及风资源后评估系统可视化界面

（6）三维可视化平台。三维可视化平台采用“通用硬件平台＋边缘操作系统＋算法应用容器”统一框架，实现监测数据阈值分析、设备缺陷主动告警、前端传感集中管理等功能。构建边缘计算算法，通过配置图像识别、故障定位、设备监控告警分析等算法，实现感知数据的就地分析与反馈，提升现场融合判断和计算分析能力。建设智能感知装备管理服务平台，对各类智能感知终端的运行情况、部署位置等进行监测，并实现智能感知终端的接入、控制、退出统一管理。三维可视化界面如图 7－9 所示。

图 7－9　三维可视化界面

6. 飞轮储能，惯量支持

项目首次示范应用新型飞轮储能系统，利用其转动惯量支撑、一次调频和无功补偿等快速动作能力实现与电网的友好互动。后续大规模投运中，预计新型飞轮储能场站惯性时间常数 539s，惯量和调频响应时间（全流程）小于 200ms，一次调频功能由新型飞轮储能实现，可释放风电场 10%的备用容量，增加风电场站的发电收益且具备整体支撑风电场惯量响应的潜力，为有效缓解未来新能源高占比情况下电力系统低转动惯量的困局提供了解决思路。此外，新型飞轮储能系统具备调相及四象限运行等能力，具备替代 SVG 的技术潜力。电网适配性可视化界面如图 7－10 所示。

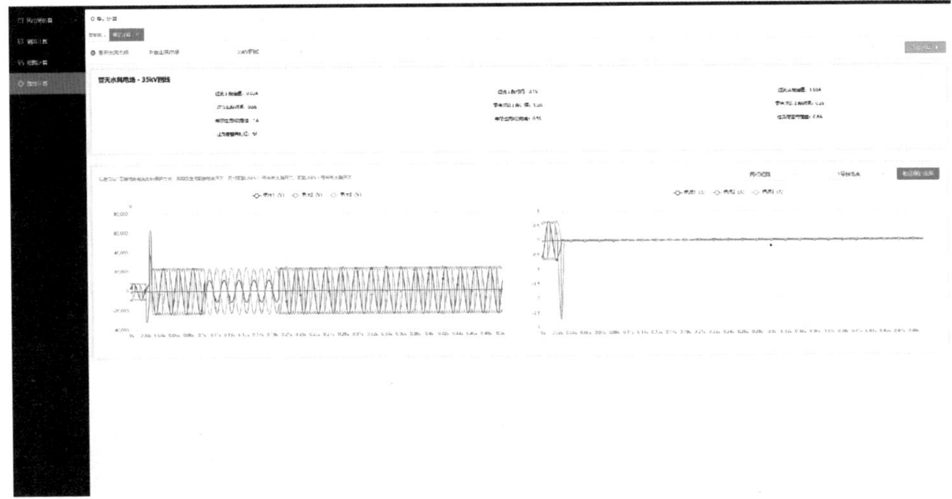

图 7－10　电网适配性可视化界面

7. 数字孪生，仿真管理

项目采用风电场数字孪生管理系统（如图 7－11 所示），满足对信息资产的采集、互用、集成、管理、专业应用等需求，并使信息资产在全生命周期各项应用中不断增值。基于项目开展新能源数字孪生及超算的技术研究和应用，成立新能源数字孪生工程中心和新能源超算技术工程实验室，共同推动行业进步。

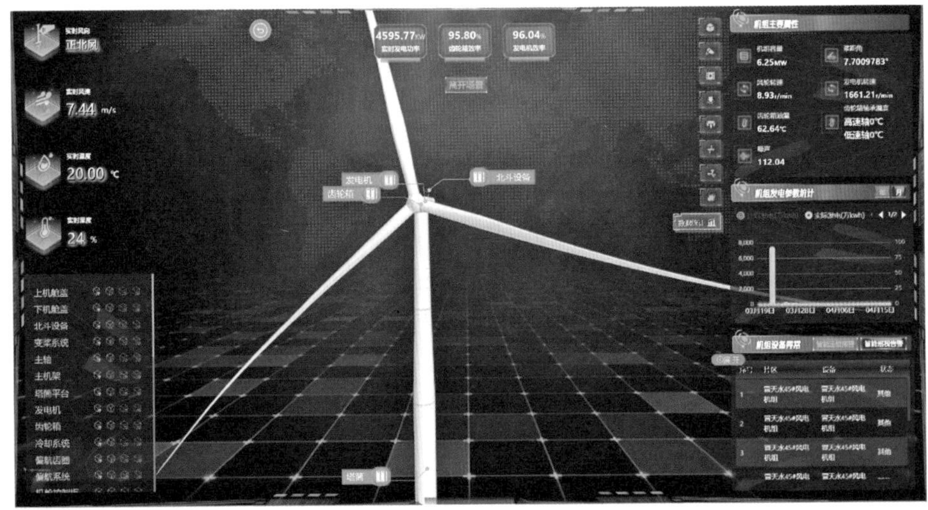

图 7－11　数字孪生可视化界面

7.2.4 实施成效

项目开工后实现 366 天 800MW 全容量并网，树立“环境友好型风电场”示范，创造了风电领域单机容量最大、单体规模最大等多个第一。通过投产前全过程参与施工及设备安装调试，确保工程技术参数及设备可利用率，投产后及时组织开展数据验证、数据分析、调整优化，提高发电效率，优化后同风速时段实际运行功率比保证功率提升约 5%，通过实施一系列智慧化手段，实现风电场远程调节控制，进一步提高风电的接入能力及项目绿电替代率。投产后不断刷新单日及月度发电量最高纪录，各项生产经营指标持续向好，大力推动当地社会经济发展，高质量助推乡村振兴。

7.3 环境友好型智慧风电海上项目

7.3.1 基本情况

项目位于我国南方某海域，一期规划建设容量为 600MW，共布置 94 台海上风电机组并配套建设海上升压站及陆上集控中心等生产生活设施等，项目实景图如图 7－8 所示。项目建成后每年将为地方提供 17.56 亿 kWh 的清洁电能，相当于 35 万户家庭全年的基本用电量，每年可节省标煤消耗约 56.68 万 t、减排二氧化碳约 114.54 万 t、烟尘 38.42t、硫化物 832.28t，相当于 1100 多公顷红树林的“固碳”能力，经济、环境效益显著。项目实景如图 7－12 所示。

7.3.2 开发理念

7.3.2.1 坚持数字赋能

以数字化、信息化、物联网为依托，推进大数据、云计算、物联网、移动互联、人工智能等先进技术在建设、运营等方面的落地应用，为海上风电高质量发展提供有效支撑。

图 7-12　项目实景图

7.3.2.2　坚持安全先行

打造安全监测管理平台，随时查阅区域海上风电项目的地理位置、外部航道、锚地等的相对位置，实现全流程无死角人员安全管理以及台风等极端天气应急响应，最大程度保障安全稳定运行。

7.3.2.3　坚持生态友好

以海洋生态影响最小化为前提，开展生态监测，并利用已规划布局的海上风电场，推动海上风电统一规划、统一送出、统一运维，集约利用海域资源，提升项目开发经济性的同时，最大限度发挥海域资源效益，实现生态友好。

7.3.3　开发措施

7.3.3.1　优化设计，创新成效

1. 风力发电机－塔筒－基础一体化迭代设计

克服地质条件空间差异特点，采用单桩基础形式，建立一体化有限元仿真

模型，实现塔筒与基础钢结构工程量的最优组合。风力发电机管桩基础沉桩实景图如图 7－13 所示。

图 7－13　风力发电机管桩基础沉桩实景图

2. 不同机型混排设计

微观选址中考虑用海限制因素及邻近多风场效应，单机尾流满足安全要求，实现了风能资源的最大化利用和整体发电量最优。利用有限海域，选择最佳机型，设计利用风能最优的布置方案。

3. 升压站创新设计

升压站“手拉手”设计解决了单个升压站海缆线路长谐波超标、重量重吊装风险大等难题，提升了送电可靠性、降低线损、提升设备安全性。同时，在升压站施工全周期采用 BIM 技术，将虚拟施工技术融入施工过程模型中，实现施工过程的优化、评估，得到费用最低、工期最合理、材料利用率最高及建筑方案最优的施工方案。BIM 技术系统界面如图 7－14 所示。

4. 工程智慧管理系统

创新研发使用海上风电场设计采购施工（engineering procurement construction，EPC）总承包工程智慧系统（如图 7－15 所示），实现建设过程的动态管理，并结合海上风电安全管理专业知识，采用数字化手段，使管理过程智慧化、科学化、精细化。

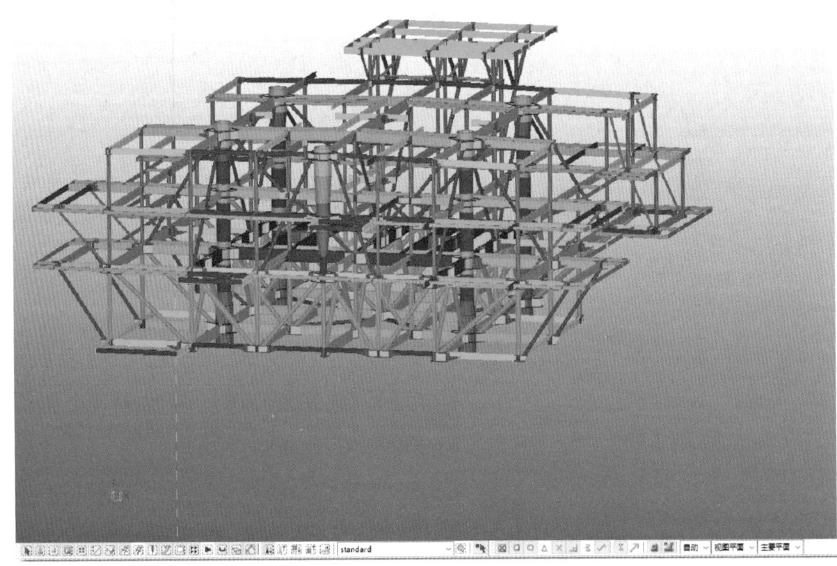

图 7－14　BIM 技术系统界面

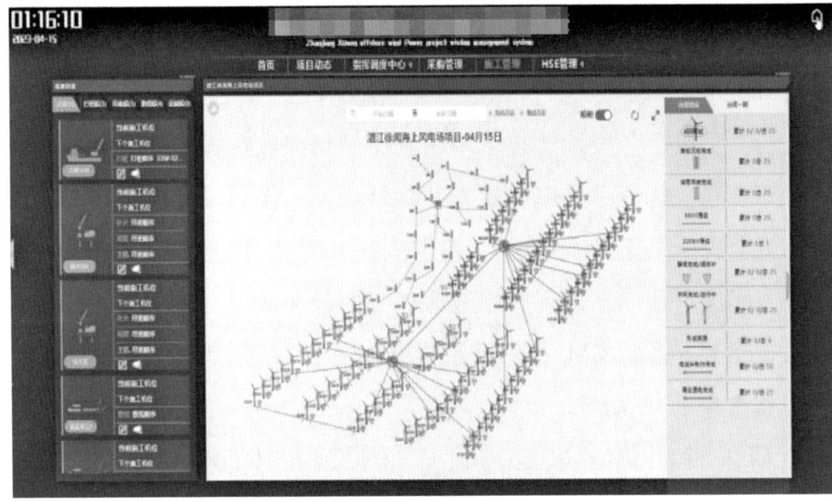

图 7－15　工程智慧管理系统

5. 其他优化设计

采用水平定向钻穿越技术，节约了海缆路由通道和登陆点资源；针对典型海域多强台风、雷暴、滩漕交换频繁、水深落差大的特征，开展了防台、防雷、防冲刷设计；局部铜丝铠装方案，解决了海缆载流量不足的问题。

7.3.3.2　智慧系统，安全运维

项目积极开展海上风电“智慧运维”探索，率先采用数字化手段赋能海上风电安全生产监管，研发了以能源、地理、气象三要素为基础的数字能源海上风电安全监管平台，将该区域海上风电、海上送出通道、电网网架、燃煤电厂、光伏等新能源全部纳入系统，实现人、船、环境的数字化监测与在线监管。海上风电数字化安全管理平台如图 7－16 所示。

图 7－16　海上风电数字化安全管理平台

1. 海缆在线监测系统

通过该系统对海缆整体运行状态监测和评估，实现事前提前预警、发生事故准确定位、事后提供相应的证据，与船舶自动识别系统（automatic identification system，AIS）相结合，实现驱逐船舶，为故障分析提供数据支持并实现海域通航环境可视化，监控和分析受限水域船舶行为。

2. 风电场安全运维辅助决策系统

通过该系统（如图 7－17 所示）针对运维人员安全建立一套集监测、监控、

应急管理于一体的运维辅助决策支撑体系，对开展海上安全管理，提高安全风险意识、应急管理水平，使管理更加高效。

图 7－17　风电场安全运维辅助决策系统

3. 海上升压站巡检机器人

对设备状态检查，应用水下带缆机器人对海缆路由、风机桩基础冲刷扫测，实现设备远程巡检、图像信息实时识别回传、状态评估、在线展示等功能。海上升压站智能巡检监控系统界面如图 7－18 所示。

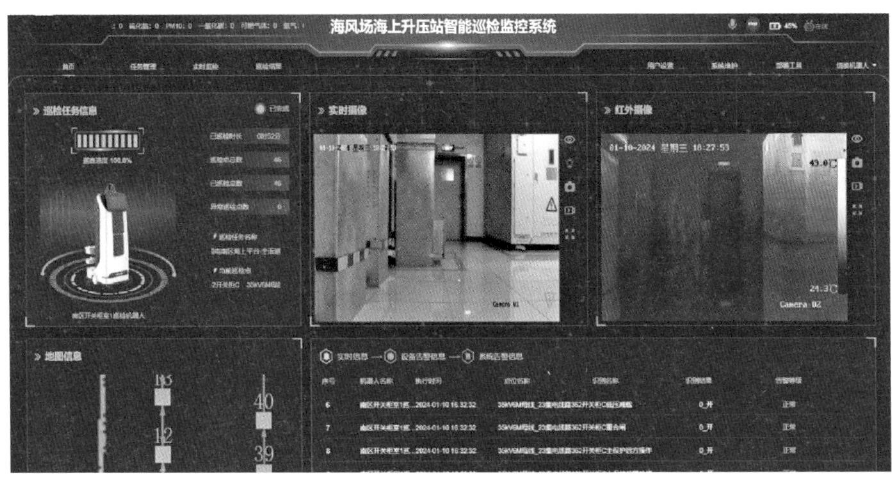

图 7－18　海上升压站智能巡检监控系统

4. 风电场安全监测系统

通过该系统（如图 7－19 所示）可实时监测基础的倾斜角度及方位、结构的振动频率及幅值、结构关键节点的应力变化以及基础钢结构的保护电位等信息，通过设置各监测项目的预警值，实现海上风电工程结构运行期间的安全状态实时预警。

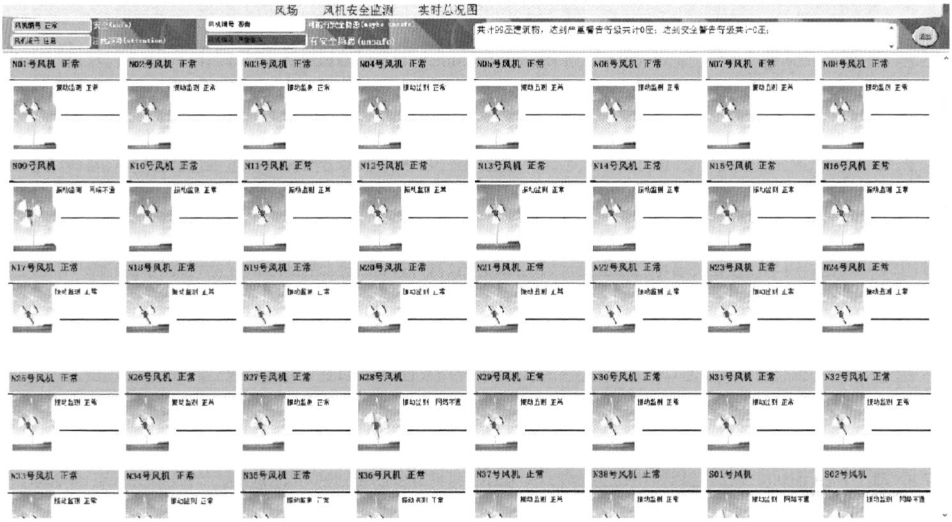

图 7－19　风电场安全监测系统界面

7.3.3.3　动态监测，保护生态

在安全管理数字化建设基础上，项目配套建设了海上环境观测监测站，动态监测海上风电对水流、水质、海洋自我调节能力及鸟类、海洋生物繁殖的影响，评估海洋牧场改善修复生态环境效果，为探索现代能源体系与海洋经济发展、海洋生态保护深度融合提供可靠数据支持。

7.3.3.4　集约用海，一体管理

项目通过立体式开发实现集约化用海，提高海洋资源综合利用效率，探索“海洋牧场＋海上风电”融合发展的产业模式。依托已建成的风力发电机基础作为人工渔礁，在基础周围 50m 海域内布置养殖区，设置网箱养殖鱼虾贝类，实现“水下养殖，水上发电”。

7.3.4 发展展望

随着海上风电规模化、效益化发展，沿海各省正积极探索海上风电发展新模式，进一步提升海洋资源综合开发利用效率。国家和各地方层面相继出台系列政策文件鼓励海上风电创新发展。逐步实现产业融合发展。结合海上风电开发，探索海上风电制氢、深远海碳封存、海上能源岛等新技术、新模式。这些融合发展新模式已逐步成为新时期海上风电发展的热点方向和普遍共识，从试验探索迈向产业规模化发展。同时，数字化赋能传统产业显示出强大动能，随着大数据及人工智能日渐成熟，推动数字技术与海上风电产业创新融合，进一步提升海上风电的智能化、数字化水平，赋能海上风电走上高质量发展之路。

第 8 章 展 望

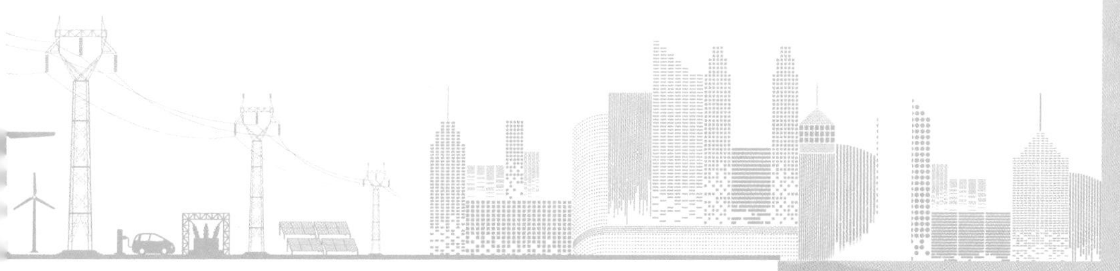

经过近年的规模化发展，环境友好型智慧风电概念逐步明确，定位不断清晰，发展逻辑日渐系统，项目效果更加显著。随着能源绿色转型及新型电力系统建设步伐加快，环境友好型智慧风电日益成为风电发展的主要方向。后续发展需要政策、市场正向引导，更需要技术层面持续突破。尤其面对我国风电向深海发展的需求，环境友好型智慧风电将充分发挥技术优势，助力风电产业实现从量变到质变的跨越式发展。

8.1 环境友好型智慧风电技术面临的挑战

8.1.1 IoT 底层技术挑战

智慧风电技术需要强大的通信技术作为支撑，偏远地区和远海风电场通常缺乏完善的通信基础设施，无互联网连接和移动网络覆盖，极易导致信号的传输困难和延迟，需要进一步探索以北斗卫星导航系统为代表的卫星通信技术在智慧风电的应用，为智慧风电建立起强大的通信基础设施。风电场和风力发电机设备产生的数据量呈爆炸式增长，这些数据涵盖了风力发电机性能参数、运行状态、环境数据以及设备健康状况等诸多重要信息，对智慧风电高效运维和精确管理起到不可或缺的作用。面对如此庞大的数据，采集测点部署和采集数据的处理分析两方面基础和关键工作都面临挑战。另外，智慧风电系统数据中包含诸多敏感信息，一旦遭到泄漏、破坏或篡改，将直接影响用户和企业的生产经营决策。随着技术进步，数据安全和数据破坏将呈现同步创新的状态，保证数据完整性、准确性、安全性是智慧风电系统一直需要面对的课题。

8.1.2 智能电网发展挑战

尽管我国在智能电网技术和市场化改革方面都取得了一定进展，但仍存在来自技术、机制等诸多方面的挑战。首先是新能源发展带来的电网平衡困难问题，由于新能源出力不稳定，当前电力系统尚不适应高比例新能源的发展；其次，建立支撑可再生能源、分布式能源发展以及促进用户侧广泛参与的市场机制仍面临诸多束缚，比如：灵活有效的现货市场机制不健全，售电侧有效的竞争机制尚未建立，大范围、跨区域的电力市场优化配置机制和技术有待完善等；最后，数字化应用和推广仍不普遍，数字化业务水平仍处于初级阶段，数字技术与智能电网发展亟须创新和突破。

8.1.3 气象因素挑战

相比常规电源，风力发电输出功率几乎完全由风速、温度等气象因素决定，提高风电场出力预测精度是增加电网调峰容量、提高接纳新能源发电能力、改善系统运行安全性和经济性的有效手段之一。需要进一步利用大数据技术在数据挖掘和分析方面的优势，提高气象数据预测精度。通过建立电站级气候分析及预警系统，收集区域内气象历史数据以及曾出现的各类极端气候，通过人工智能挖掘等手段，推演未来可能发生的极端气候情况，如冰灾、台风、地震、海啸、山火等，提前做好各类可能影响电源、电网安全稳定运行事件的应对策略，实现极端气候下的可预防、可控制、可恢复。另外，风电场会导致地表气温上升，使风电场下游一定范围内产生风速衰减，并间接影响降水、蒸发等其他气象要素，综合了解和适应不同气候条件与风电的相互影响也是非常必要的。

8.1.4 多方协同挑战

近年来，风电项目对生态环境的影响日益受到重视，许多风电场因违反生态环保要求被拆除。风电要想实现可持续发展，发挥可再生能源绿色清洁本质，实现风电项目环境友好性、推广环境友好型风电项目是行业发展的关键。目前，环境友好型风电项目落地案例并不是很多，仍然处于发展期，后续需要政府、企业和科研机构共同努力。一方面，需要政策和法规的引导，建立相关评价标准和评价体系，加强对环境友好型风电项目政策激励，探讨与电力市场、碳市场的联通与耦合，从全生命周期角度实现环境友好型风电项目经济效益最大化。另一方面，需要加大对环境友好型风电技术研发投入，推动技术创新和合作。

8.2　环境友好型智慧风电技术发展方向

8.2.1　制造技术创新化

近年来，大叶片、高塔筒技术不断成熟，风力发电机尺寸不断增大，风能转换效率和发电能力得到有效提升。未来，将通过多种途径进一步提高风力发电机的效率和自适应性。如通过轻量化技术减轻风力发电机叶片重量；通过探索碳纤维增强聚合物、新型金属合金、纳米材料等先进复合材料提高风力发电机叶片强度和刚度，提高风力发电机部件耐腐蚀性、耐疲劳性和寿命；通过设计新型叶片结构和翼型，增加风能捕获面积，并降低空气动力学噪声和阻力；利用 3D 打印技术，实现更灵活生产，减少材料浪费，并优化部件结构等。另外，由于三、四类低风速区（风速 6m/s 以下）在我国占比超过 60%，我国陆上风电逐渐向中东部地区发展，低风速风力发电机将成为未来主流机型。

8.2.2　多元技术融合化

能源行业数字化、智能化转型速度进一步加快，智慧风电技术将与能源互联网、智能电网实现更加深度融合。通过能源互联网，智慧风电技术将与其他可再生能源技术、传统能源技术相耦合，形成多能互补、高效协调的能源网络。

智慧风电技术实时采集的风能资源数据将不间断上传到能源互联网平台，经能源互联网平台整合后，通过大数据分析和人工智能算法进行综合评估和优化。在智能电网领域，智慧风电技术将与智能电能表、智能电气设备相互连接，构建智能化电力系统，实时监测电网运行状态和负荷需求，通过智能算法预测电网负荷峰谷，合理调度风电场发电功率，确保电网供需平衡和稳定运行。智慧风电技术还将实现对电网的主动响应功能，即在电网遭遇紧急情况或电力故障时，风电场可以迅速响应并实现停机或并网，保障电网安全稳定。借助大数据、云计算、人工智能等先进技术，构建智能化、自动化的能源管理系统，实现能源在源侧和荷侧的实时监测、实时互动、精准控制和智能调度。

8.2.3 运维管理无人化

风电项目往往地处偏远，人工值守的运维方式导致较低安全性和经济性。未来，随着人工智能技术、先进控制技术以及信息通信技术发展，支撑设备远程监控、预测性维护以及自动化运行。无人值守将成为主要趋势，“无人”不是不需要人，而是把人从危险复杂的环境中置换出来，从繁杂重复的劳动中解放出来，从情感好恶的工作中解脱出来。远程监控将取代人工巡检，预测性维护将取代反应性维护，自动化运行将取代手动操作，进一步提高设备运行效率和可靠性，也可大幅降低运维成本。智能巡检系统可高效完成巡检工作，自动探测异常情况，通报异常设备详情及精确位置信息，最大程度避免危险系数极大的高空工作并减少繁复庞杂的工作量。无人值守电力运维平台、检修机器人、巡检无人机等可获取各种智能传感器信息，并实现报警及消息的及时送达，达到远程实时监控目的，取代传统的人工值守模式。一方面，实现精准控制、事前预防、及时响应、提质增效，另一方面，减少人的活动对风电场生态环境的破坏，缩短项目生态恢复期。

8.2.4 海上风电规模化

我国海上风电发展有海岸线长、海域面积广、靠近负荷中心、海洋科技基础好等天然优势，近年来，已逐步呈现规模化发展趋势。2023 年 11 月 30 日发布的《全球海上风电产业链发展报告》显示，我国已成为全球海上风电累计装机规模最大的国家。根据东部沿海各省市海上风电发展规划测算，2030 年，我国海上风电装机将达到 1.5 亿 kW，海上风电发电量占东部沿海地区用电量比重将达到 10%；2060 年，海上风电装机将突破 10 亿 kW，海上风电发电量占东部沿海地区用电量比重将超过 30%。海上风电项目根据所在海域水深不同，可分为滩涂风电项目、近海风电项目和深海风电项目。其中，深海风电项目建设成本远高于同等规模陆上风力发电项目，技术依赖性更强，产业链条更长，海洋生态环境更脆弱，远海建设、运维难度更大，更需要环境友好型智慧风电技术。我国已先后突破了抗台风低风速型风力发电机、大尺寸漂浮式风电机组相关技术，未来，随着环境友好型智慧风电项目经验积累，我国海上风电必然在充分总结陆上风电项目经验教训的基础上，因地制宜、有序推进，打造海洋经济产业链，实现与海上钻井平台、制氢、制氨、制绿色化学品以及海上牧场等的融合发展，展现中国速度、中国质量，展示中国的先进创造、硬核智造，走向大型化、深海化、远海化。

8.2.5 产业链条绿色化

风电发展的初衷是利用清洁、可再生的风能，目标是实现能源高效利用和碳排放量降低。尤其面对我国新型工业化建设要求，风电产业既是重要供能结构，也是工业体系重要组成部分。目前，风电产业链碳足迹核算规则标准制定、碳足迹背景数据库建设、碳足迹国际衔接与互认等工作稳步开展，在碳足迹管理体系的指导下，未来，风电产业将在原材料采购、装备生产、运输、施工、运维、报废回收各环节实现全生命周期碳足迹客观、公开、准确，将进一步推动风电项目的开发运营中环境友好相关技术的应用和发展，风电产品碳足迹管理与评价工作的规范与推进，将推动风电产业链上的相关产业加速绿色用能替代，进一步促进可再生能源发展及新型电力系统构建。为我国的新型工业化建设打造绿色样本，注入绿色动力，为我国的工业尤其是高耗能产业发展赋能，为绿色制造助力，成为产品迈入国际化市场的绿色标签和价值引擎。

8.2.6 绿色价值显现化

风电走过了从补贴退坡到平价上网，走到了即将进入电力现货市场的市场化关键阶段，风电的绿色电力价值已经初步得到了体现。未来，随着“风光水火储”一体化项目的推进及“海上风电+”海洋经济模式的成熟，风电的环境友好性将更加突出，成为全球范围内发展与生态天平保持平衡的重要砝码。风电将创造更大的市场规模，推动更系统的技术创新，在新质生产力发展要求的指导推动下，风电将与数智化实现更深层次的融合，体现更丰富的绿色价值。陆上风电与乡村经济融合发展，在与乡村生态的有机结合的基础上，与农村能源转型形成协同互补，创造更多元的乡村风电产业模式。海上风电基础技术及工程可同时支撑其他能源相关海洋工程，如潮汐能、海上光伏等其他海上发电形式，以及海上油气资源开发利用、海上绿电制氢制氨等其他能源生产方式，实现海洋环境监测、气象预报、海况预报等信息共享，以及海上运维平台等基础设施共享，成为发展蓝色经济的重要力量。提供更多的就业机会，培养更多复合型人才，催生更丰富的产业合作形式，突显更具优势的绿色价值，更好地发挥牵引作用，加快构建绿色低碳循环发展经济体系，全面实现绿色转型发展，以能源安全新优势助推中国式现代化高质量发展新格局。

8.2.7 产业合作国际化

在“一带一路”倡议的推动下，我国风电装备企业、建设企业不断开发海外市场，并迅速在国际市场形成良好的发展局面。我国风电装备制造自主化、国产化能力不断增强，建成了多个集研发、制造、监测等功能的一体化大型风电产业园区，将进一步增强我国在全球可再生能源转型中的风电话语权。另外，我国的风电技术也具有极强的对外输出优势，清洁能源资源丰富的东南亚地区，多年来，能源结构呈高碳排、低效率特征，能源低碳转型发展相对滞后，部分地区存在缺电情况，我国的国际合作区位优势十分突出。未来，面对差异化的市场需求，我国风电均可提供高契合度的技术及产业服务，风电的国际化合作发展速度将不断提升，为我国风电产业拓展更广阔的市场，助力我国风电形成从技术到产业的良性循环发展模式，在全球能源转型中发挥举足轻重的产业担当。

参　考　文　献

［1］福建省习近平新时代中国特色社会主义思想研究中心. 站在人与自然和谐共生的高度谋划发展（深入学习贯彻习近平新时代中国特色社会主义思想）[N]. 人民日报，2023－10－17（13）.

［2］王轶辰. “追风逐日”发展绿色能源 [N]. 经济日报，2022－9－22（9）.

［3］戴小河. 我国首座深远海浮式风电平台启航 [N]. 解放军报，2023－3－27（3）.

［4］闫磊. 多国加速布局海上风电项目 [N]. 经济参考报，2022－1－13（4）.

［5］蒋海波，刘长栋. 我国海上风电发展现状研究及平价发展建议 [J]. 煤质技术，2021（6）：72.

［6］王群伟，杜倩，戴星宇. 面向碳中和的可再生能源发展：研究综述 [J]. 南京航空航天大学学报（社会科学版），2022，24（4）：79－89.

［7］余寅，唐宏德，郭家宝. 中国可再生能源发展前景分析 [J]. 华东电力，2009，37（8）：1306－1308.

［8］赵玉荣. 可再生能源发电支持政策及其影响研究 [D]. 对外经济贸易大学，2019.

［9］王婉琳. 我国新能源与可再生能源立法研究 [J]. 环境经济，2014（3）：50－57.

［10］孙溶锴. 中国能源可持续安全：理念塑造、现状解析与路径构建 [D]. 吉林大学，2023.

［11］曹新. 中国新能源发展战略问题研究 [J]. 经济研究参考，2011（52）：2－19＋30.

［12］全球能源互联网发展合作组织. 中国 2030 年能源电力发展规划研究及 2060 年展望 [R]. 2021－3－18.

［13］中国气象局风能太阳能资源评估中心. 中国风能资源的详查和评估 [J]. 风能，2011（8）：26－30.

［14］秦云甫. 我国风电产业发展问题分析与解决途径 [D]. 华北电力大学，2012.

［15］于午铭，王哲，付江. 风能资源估算与风电规划——从新疆说起 [J]. 风能，2010（2）：32－36.

[16] 张焱. 我国风能产业发展能力预测研究 [D]. 首都经济贸易大学，2020-06-30.

[17] 刘晓明，吴雪松. 新时代我国风电产业创新发展战略、路径与政策协同研究——基于文献综述的视角 [J]. 中国市场，2019 (2)：9-11.

[18] 李方一，许晶晶，肖夕林，等. 中国风电产业景气指数构建与波动分析 [J]. 合肥工业大学学报（社会科学版），2018，32 (3)：1-8.

[19] 黄杰琪，文宗川. 基于 S 曲线的我国风电产业发展阶段研究 [J]. 资源开发与市场，2015，31 (4)：415-418+467.

[20] 张希良. 我国电力需求增量主要来自新能源 [N]. 经济日报. 2022-8-5 (11).

[21] 曹红艳，周雷，齐慧，等. 牢牢抓住能源转型牛鼻子——正确认识和把握碳达峰碳中和（下）[N]. 经济日报. 2022-8-31 (1).

[22] 李林波，钱凯，莫浩，等. 风电场网络安全管理思路 [J]. 云南水力发电，2022，38 (S1)：97-100.

[23] 沃作栋，陈凯波，应宇翔. 风电企业电力监控系统安全现状及防护措施思考 [J]. 产业科技创新，2022，4 (2)：126-128.

[24] 汪义舟. 风电场电力监控系统网络安全防护方案 [J]. 自动化博览，2021，38 (01)：38-41.

[25] 李炳花. 优化风电场运维管理，提高经济效益的方法研究 [J]. 工程建设与设计，2021 (10)：4.

[26] 张兴平. 我国风电的经济性评价及政策建议 [J]. 中国能源，2016，38 (10)：20-26.

[27] 程敏，方婷. 低速风电在中东部地区的发展现状及前景分析 [J]. 经营管理者，2017 (11).

[28] 张春顺，王耀南，李欣然，等. 风力发电工程对环境的影响 [J]. 电力科学与技术学报，2008，23 (2)：19-23.

[29] 任孝良，易小惠. 风电的环保和安全问题 [J]. 风能，2014 (4)：52-56.

[30] 武宁. 山地型风电场的建设对森林生态系统影响浅析 [J]. 河北林业科技，2013 (4)：62-63.

[31] 吴智泉，许昊煜，陈建文. 环境友好型风电项目开发策略研究 [J]. 中国经贸导刊（理

论版），2018（2）：25－28.

［32］DYKES K，HAND M，STEHLY T，et al. Enabling the SMART Wind power plant of the future through science－based innovation［R］. USA：National Renewable Energy Laboratory，2017.

［33］HEWITT S，MARGETTS L，REVELL A. Building a digital wind farm［J］. Archives of Computational Methods in Engineering，2018，25（4）：879－899.

［34］KUIK V G A M. Long－term research challenges in wind energy：a research agenda by the European Academy of Wind Energy［J］. WIND Energy. SCI. ，2016－11：1－39.

［35］SHARMA R N，MADAWALA U . The Concept of a Smart wind turbine system［J］. Renewable Energy，2012，391，403－410.

［36］朱程. 远景“智慧风电场管理”：运用物联网技术实现“无人值守”［J］. 中国信息安全，2016（10）：60－62.

［37］李易珊. 智慧风电场：探索最佳运营模式［J］. 海洋与渔业，2018（5）：68－69.

［38］何立荣，刘春波. 构建云、大、物、移的智能电厂［J］. 中国设备工程，2018（4）：12－17.

［39］王刚. 关于智能化电厂建设的思考［J］. 自动化技术与应用，2018，37（2）：1－3，21.

［40］张晋宾，周四维. 智能电厂概念及体系架构模型研究［J］. 中国电力，2018，51（10）：2－7.

［41］崔青汝，李庚达，牛玉广. 电力企业智能发电技术规范体系架构［J］. 中国电力，2018，51（10）：32－36.

［42］惠婧璇，崔成，韩雪，等. 生态友好型风电光伏发展建议［J］. 中国能源，2021，43（7）：46－53.

［43］刘畅，刘建东，罗明清，等. 澳大利亚环境友好型风电场运行优化策略分析［J］. 水力发电，2023，49（9）：77－84.

［44］何则，赵勇强，袁婧婷. 生态环境友好型风电场规划管理的国际经验与政策启示［J］中国能源，2021，43（12）：74－82.

［45］陈峥. 基于 CPS 的城市智慧能源系统体系架构研究［D］. 东南大学，2020.

[46] 吴智泉，王政霞. 智慧风电体系架构研究 [J]. 分布式能源，2019，4 (2)：8–15.

[47] 吴辰璇，周军，姜国岩. 智慧风电场的建设及探讨 [J]. 自动化博览，2022，39 (4)：66–71.

[48] 柴树飞，张益菲，马驰，等. 智慧风电场发展方向探索 [J]. 自动化技术与应用，2021，40 (5)：1–4.

[49] 金大崴. 智慧风电未来可期——访新疆金风科技股份有限公司董事长武钢 [J]. 国家电网，2021 (5)：52–53.

[50] 金琳. 上海电气风电集团“智慧”成长 [J]. 上海国资，2021 (3)：44–45.

[51] 吴智泉. 推进智慧风电建设，提高风电核心竞争力 [J]. 中国经济周刊，2019 (10)：108–109.

[52] 王明军. 风电“智慧”的风险和大数据问题 [C]//中国农机工业协会风能设备分会《风能产业》编辑部. 风能产业，2018 (7)：15–19.

[53] 汪家瑜，杨丛铣，王胤，等. 运达智慧运维管理系统——加速风电运维降本增效 [C]. 中国农业机械工业协会风力机械分会. 第五届中国风电后市场专题研讨会论文集，2018：41–44.

[54] Ji–Whan Kim，Yoon–Kyung Kim. Induced Effects of Environmentally Friendly Generations in Korea [J]. Sustainability，2021，13 (8)，4404.

[55] Sadek M D. The Opportunity of Utilizing Different Types of Weathered Iron Slag to Develop Low Cost and environmental Friendly Concrete Paving Bricks [J]. Journal of Progress in Civil engineering，2020，21.

[56] 国家林业和草原局.在国家级自然保护区修筑设施审批管理暂行办法 [R/OL]. (2018–03–05). https://www.gov.cn/zhengce/2018-03/05/content_5718735.htm.

[57] 国家林业和草原局.国家林业和草原局关于规范风电场项目建设使用林地的通知 [R/OL]. (2019–02–26). https://www.gov.cn/zhengce/zhengceku/2019-09/30/content_5435366.htm.

[58] 张军，张小萌，苏国军，等. 风电场生产运行测风塔选型选址方法综述 [J]. 华北电力技术，2017 (10)：63–68.

[59] 韩晓亮. 测风塔安装位置对复杂地形风电场风资源评估的影响 [J]. 内蒙古电力技术, 2017, 35 (1): 8-10+29.

[60] 付立, 刘晓光. 基于激光雷达测风仪的风电场风电机组性能评估研究 [J]. 华电技术, 2017, 39 (6): 14-16+40+77.

[61] 马朝利. 平原和山地风电场宏微观选址设计探究 [J]. 工程建设与设计, 2022 (20): 43-45.

[62] 褚金. 兆瓦级风电机组智能偏航液压系统虚拟设计 [D]. 兰州理工大学, 2008.

[63] 武美萍, 廖文和. 虚拟装配技术在兆瓦级风力发电机研究开发中的应用 [J]. 华南理工大学学报 (自然科学版), 2005 (8): 66-70.

[64] 黄朝阳. 风力发电变桨距传动及控制系统的虚拟设计 [D]. 西安理工大学, 2005-3-1.

[65] 方磊, 贾凤海, 王立幼. 智慧高速 GIS+BIM 平台建设及应用 [J]. 中国建设信息化, 2021 (10): 59-61.

[66] 陈可仁, 王亚强. 基于 GIS+BIM 的风电场三维数字化设计系统研究 [J]. 能源科技, 2021, 19 (4): 50-53.

[67] 郭志华. 基于 BIM+GIS 技术的智慧工地建设技术分析 [J]. 居业, 2023 (8): 23-25.

[68] 杨晓峰, 王洋羊. 风电场三维可视化监控模式的研究 [J]. 风力发电, 2019 (3): 16-19.

[69] 葛晓晓. 智慧工地系统在施工现场安全管理中的应用 [J]. 中国建筑装饰装修, 2023 (15): 64-66.

[70] 杨璐, 王晓丽, 宋林烨, 等. 基于阵风系数模型的百米级阵风客观预报算法研究 [J]. 气象学报, 2023, 81 (1): 94-109.

[71] 陈思宇, 杜世康, 毕鸿儒, 等. 沙尘天气识别和预报方法研究综述 [J]. 中国沙漠, 2023 (1): 1-11.

[72] 李强, 王婷婷, 李楠. 基于雷电预警技术的风电设施防雷技术 [J]. 南京信息工程大学学报 (自然科学版), 2012 (6): 512-516.

[73] 黄鑫, 张继文, 于永堂, 等. 基于北斗卫星导航系统的地下车库深基坑沉降监测与分

析［J］. 测绘通报，2023（9）：18－24.

［74］陈玉倩，伍吉仓，宋瑞庆，等. 利用哨兵卫星 SAR 影像数据监测西安地铁沿线地面沉降［J］. 工程勘察，2023，51（4）：48－51＋78.

［75］徐海文，石振威. 基于卫星影像 AI 判读林草火灾变化图斑实现方法［J］. 森林防火，2022，40（2）：13－16.

［76］王新迪，杨夙，张思源，等. 基于时空大数据与卫星图像的城市火灾风险预测［J］. 计算机工程，2023，49（6）：242－249.

［77］冯炎，雷朝锋，潘岩，等. 基于卫星遥感技术的森林火灾监测研究［J］. 测绘技术装备，2022，24（3）：15－19.

［78］李哲全，张贵，谭三清，等. 基于卫星遥感的森林火灾风险预警研究［J］. 中南林业科技大学学报，2021，41（7）：26－33.

［79］Xia，Jiajun，Zou，Guang. Operation and maintenance optimization of offshore wind farms based on digital twin：A review［J］. OCEAN ENGINEERING，2023，268.

［80］覃盛琼，程朗，何占启，等. 风力发电系统研究与应用前景综述［J］. 机械设计，2021，38（8）：1－8.

［81］康宁. 基于 SCADA 数据的风力发电机大部件故障预警方法研究［D］. 华北电力大学（北京），2020.

［82］许琰. 基于风电场 SCADA 的数据综合分析系统的设计与应用［D］. 河北工业大学，2019.

［83］薛鹏，李鑫泉，刘立峰，等. 风力发电机组重要大部件损坏后的处理流程研究［J］. 中国设备工程，2018（23）：43－44.

［84］翟栋，肖扬华. 基于多技术融合的风电大部件健康状态大数据分析［C］. 风能产业，2017（1）.

［85］魏敏，陈克锐，刘军，等. 基于邻近差异分析的风速仪故障诊断［J］. 云南水力发电，2020，36（9）：27－30.

［86］沈清华. 风荷载下通信塔架结构的损伤异常检测方法［J］. 电信快报：网络与通信，2020（2）：40－43.

[87] 曹晓玲，李健，卢冠宇. 数字化技术在风力发电机螺栓健康度与故障诊断中的应用[J]. 电子技术，2023，52(5)：262-263.

[88] 刘子哲，张立柱，葛春丽. 风机高强度螺栓在线监测及疲劳分析技术研究[J]. 工程建设与设计，2023(9)：133-137.

[89] 朱家文. 海上风电机群控制策略及优化研究[D]. 贵州大学，2022.

[90] 谢嫦嫦. 考虑功率预测的风电场群无功分层优化控制策略[D]. 东南大学，2022.

[91] 李军徽，岳鹏程，李翠萍，等. 提高风能利用水平的风电场群储能系统控制策略[J]. 电力自动化设备，2021，41(10)：162-169.

[92] 张学思，于晓琳，丛培田. 双馈风力发电机建模及仿真研究[J]. 一重技术，2022，(6)：55-57.

[93] 王焱. 大型陆上双馈风力发电机系统动力学建模及仿真分析[D]. 重庆大学，2021.

[94] 邱碧丹，邹翔，黄龙杰，等. 智能变电站变压器能耗建模及仿真方法研究[J]. 大众用电，2021，36(11)：45-46.

[95] 赵晓明. 基于电磁暂态仿真系统的变电站建模与继电保护应用研究[D]. 华北电力大学(北京)，2015.

[96] 董哲，何炜. 交直流电力系统短路计算方法讨论[J]. 电工电气，2022，(1)：8-13.

[97] 张泰豪，殷锋，袁平. 风速及风功率预测方法综述[J]. 现代计算机(专业版)，2021(8)：45-48.

[98] 李博文，张靖. 风电场风速及风功率预测研究综述[J]. 贵州电力技术，2017，20(5)：9-13.

[99] 孙潇然. 风功率预测技术发展综述[C]//中国农机工业协会风能设备分会《风能产业》编辑部. 风能产业，2015(12)：67-68.

[100] 王海洋. 风电场风功率预测方法研究综述[C]//中国电力企业联合会科技开发服务中心，全国风力发电技术协作网. 中国电力企业联合会全国风力发电技术协作网第七届年会. 2013：16-24.

[101] 王颖，魏云军. 风电场风速及风功率预测方法研究综述[J]. 陕西电力，2011，39(11)：18-21+30.

[102] 郑婷婷，王海霞，李卫东. 风电预测技术及其性能评价综述［J］. 南方电网技术，2013，7（2）：104－109.

[103] 唐新姿，顾能伟，黄轩晴，等. 风电功率短期预测技术研究进展［J］. 机械工程学报，2022（12）：213－236.

[104] 杨锡运，邢国通，马雪，等. 一种核极限学习机分位数回归模型及风电功率区间预测［J］. 太阳能学报，2020，41（11）：300－306.

[105] 乔颖，鲁宗相，闵勇. 提高风电功率预测精度的方法［J］. 电网技术. 2017，41（10）：3261－3268.

[106] 马文通，朱蓉，李泽椿，等. 基于 CFD 动力降尺度的复杂地形风电场风电功率短期预测方法研究［J］. 气象学报，2016（1）：89－102.

[107] Dawei W. Power transaction optimization model based on new energy power prediction algorithm［P］. State Grid Liaoning Electric Power Co.，Ltd.（China），2022.

[108] 谢建民，邱毓昌，张治源. 风力发电机可用率与容量系数的分区定义及其计算［J］. 电力建设，2001（9）：17－21.

[109] 沈继宝. 功率预测对电力现货交易的影响研究［J］. 产业创新研究，2023（12）：151－153.

[110] 付亮. 功率预测与电力现货交易的关系分析［J］. 电气技术与经济，2023（3）：36－39.

[111] 项子抒. 功率预测对电力现货交易的影响分析［J］. 电子技术，2022，51（11）：157－159.

[112] 邬永，王冰，陈玉全，等. 融合精细化气象因素与物理约束的深度学习模型在短期风电功率预测中的应用［J/OL］. 电网技术，2023，1785.

[113] 王耀健，顾洁，温洪林，等. 基于在线高斯过程回归的短期风电功率概率预测［J/OL］. 电力系统自动化，2024（4）.

[114] 邓韦斯，车建峰，汪明清，等. 基于网格型数值天气预报的风电集群日前功率预测方法［J/OL］. 南方电网技术. 2023（17）：008.

[115] 叶林，赵永宁. 基于空间相关性的风电功率预测研究综述［J］. 电力系统自动化，2013，

38（14）：126－135.

［116］韩斌，刘洋，赵勇，等. 海上风电场无人值守管理模式的探索与应用［J］. 船舶工程，2023，45（S1）：1－6.

［117］许建军，赵世柏，赵小伟，等. 风电场无人值守支撑技术研究与应用［J］. 安装，2022，（S1）：123－124.

［118］宣政. 无人值守风电场区域远程监控系统设计与实现［D］. 新疆大学，2020.

［119］王明军，王周菊，周宏志，等. 风电机组主控、叶片改造及风电场无人值守管理［C］//中国农机工业协会风能设备分会《风能产业》. 东方电气风电有限公司，2015（9）：44－50.

［120］陈彬. 面向数字孪生城市的软件定义物联网架构［J］. 数字技术与应用，2022，40（2）：120－123.

［121］佟鑫. 物联网的定义和应用［J］. 射频世界，2010（4）：20.

［122］张喜平，吴智泉，吴春，等. 基于边缘计算的智慧风场数据采集与分析计算方法［J］. 电工技术，2021（10）：54－57＋79.

［123］张喜平，赵维，王丽杰. 新能源大数据平台物联网数据接入架构设计与实现［J］. 分布式能源，2020（6）：33－38.

［124］李方见. 风电场电力监测系统安全防护技术的研究［D］. 新疆大学，2020.

［125］王其乐. 风电场网络安全防护策略关键技术研究［D］. 北京：中能电力科技开发有限公司，2020.

［126］曲金星，罗蒙蒙，张伟. 风电场自组网无线通讯网络搭建研究与应用［J］. 工业控制计算机，2019（12）：124－125＋128.

［127］焦锦绣. 风电场的无线通信网络研究与实现［D］. 山西大学，2014.

［128］杨雅颂. 基于物联网与云计算的数据挖掘技术［J］. 物联网技术，2022（11）：128－130.

［129］刘彩霞. 云计算在计算机数据处理中的应用发展［J］. 数字技术与应用，2022（10）：55－57.

［130］王智慧，汪洋，孟萨出拉，等. 5G 技术架构及电力应用关键技术概述［J］. 电力信

息与通信技术，2020（8）：8－19.

［131］杨冠杰. 5G 技术在电力机房智能巡检的应用分析［J］. 通讯世界，2019（9）：307－308.

［132］陶志强，王劲，汪梦云. 5G 在智能电网中的应用［J］. 北京：人民邮电出版社，2019.

［133］焦文选. 风电场智慧运维管理［J］. 安防科技，2021（13）.

［134］周江玲. 我国风电南移过程中海－陆风电开发生态环境影响对比研究［D］. 重庆大学，2022.

［135］刘哲，陈子韶，吴卿. 石质荒漠化特征及防治技术［J］. 河南水利与南水北调，2018（5）：83－84.

［136］孙萍玲，李学平，赵海燕，等. 风电机组噪声特性研究［J］. 中国环境监测，2022（2）：129－135.

［137］尚伟，陈宝康，刘永强. 风电工程噪声测试及控制方法分析［J］. 机电工程技术，2021（11）：304－307.

［138］徐婧. 风电机组噪声预测［D］. 浙江大学，2012.

［139］赵新一. 风电光伏清洁能源对缓解环境污染的影响建模研究［J］. 环境科学与管理，2020（8）：187－190.

［140］郭金龙. 风电场无功控制系统研究报告［J］. 科学技术创新，2019（32）：178－179.

［141］周高锋，章天晗，颜拥，等. 基于生命周期评估的需求响应碳减排量评估方法［J/OL］. 电力自动化设备，1－11［2023－12－02］.